“十四五”高等学校新工科计算机类专业系列教材
人工智能专业

总主编　陈　明

深度学习模型与应用

陈　明◎编著

中国铁道出版社有限公司
CHINA RAILWAY PUBLISHING HOUSE CO., LTD.

内 容 简 介

深度学习是人工智能的核心技术之一，本书较系统地介绍了深度学习的基本内容，主要包括深度学习基础、前馈神经网络、卷积神经网络、循环神经网络、自编码器、Transformer 模型、生成对抗网络、深度信念网络和强化学习模型等内容。

本书注重基本概念、基本内容和基本方法的介绍，并通过应用实例来说明模型与算法，语言精练、逻辑层次清晰、内容先进实用，适合作为高等学校人工智能专业课程教材，也可作为人工智能应用、开发人员的参考书。

图书在版编目(CIP)数据

深度学习模型与应用 / 陈明编著. -- 北京 : 中国铁道出版社有限公司, 2025. 6. --（“十四五”高等学校新工科计算机类专业系列教材）. -- ISBN 978-7-113-30933-6

Ⅰ. TP181

中国国家版本馆 CIP 数据核字第 2025U2P241 号

书　　名：深度学习模型与应用
作　　者：陈　明

策　　划：秦绪好　汪　敏　　**编辑部电话：**(010)51873135
责任编辑：汪　敏　包　宁
封面设计：崔丽芳
责任校对：苗　丹
责任印制：赵星辰

出版发行：中国铁道出版社有限公司(100054，北京市西城区右安门西街 8 号)
网　　址：https://www.tdpress.com/51eds
印　　刷：三河市国英印务有限公司
版　　次：2025 年 6 月第 1 版　2025 年 6 月第 1 次印刷
开　　本：787 mm×1 092 mm　1/16　**印张：**14.5　**字数：**388 千
书　　号：ISBN 978-7-113-30933-6
定　　价：49.80 元

编审委员会

序

习近平同志在党的二十大报告中回顾了过去五年的工作和新时代十年的伟大变革，指出："我们加快推进科技自立自强，全社会研发经费支出从一万亿元增加到二万八千亿元，居世界第二位，研发人员总量居世界首位。基础研究和原始创新不断加强，一些关键核心技术实现突破，战略性新兴产业发展壮大，载人航天、探月探火、深海深地探测、超级计算机、卫星导航、量子信息、核电技术、新能源技术、大飞机制造、生物医药等取得重大成果，进入创新型国家行列。"辉煌成就，鼓舞人心，更激发了广大科技工作者再攀科技高峰的决心和信心！

"新工科"建设是我国高等教育主动应对新一轮科技革命与产业革命的战略行动。新工科重在打造新时代高等工科教育的新教改、新质量、新体系、新文化。教育部等五部门在2023年2月21日印发的《普通高等教育学科专业设置调整优化改革方案》"深化新工科建设"部分指出，"主动适应产业发展趋势，主动服务制造强国战略，围绕'新的工科专业，工科专业的新要求，交叉融合再出新'，深化新工科建设，加快学科专业结构调整"。新的工科专业，主要指以互联网和工业智能为核心，包括大数据、云计算、人工智能、区块链、虚拟现实等相关工科专业。工科专业的新要求，主要是以云计算、人工智能、大数据等技术用于传统工科专业的升级改造。交叉融合再出新，指推动现有工科交叉复合、工科与其他学科交叉融合、应用理科向工科延伸，形成新兴交叉学科专业，培育新的工科领域。相对于传统的工科人才，未来新兴产业和新经济需要的是实践能力强、创新能力强、具备国际竞争力的高素质复合型新工科人才。而新工科人才的培养急需有适应新工科教育的教材作为支撑。

在此背景下，中国铁道出版社有限公司联合北京高等教育学会计算机教育研究分会、河南省高等学校计算机教育研究会、河北省计算机教育研究会等组织共同策划组织"'十四五'高等学校新工科计算机类专业系列教材"。本系列教材充分吸收了教育部推出"新工科"计划以来的理念和内涵、新工科建设探索经验和研究成果。

本系列教材涉及范围除了本科计算机类专业核心课程教材之外，还包括与计算机专业相关的蓬勃发展的特色专业的系列教材，例如人工智能、数据科学与大数据技术、物联网工程等专业系列教材。各专业系列教材以子集形式出现，主要有：

- "系统能力课程"系列
- "网络工程专业"系列

·“软件工程专业”系列

·“网络空间安全专业”系列

·“物联网工程专业”系列

·“数据科学与大数据技术专业”系列

·“人工智能专业”系列

本系列教材力图体现如下特点：

(1)在育人功能上：坚持立德树人，为党育人、为国育才，把思想政治教育贯穿人才培养体系，注重培养学生的爱国精神、科学精神、创新精神以及历史思维、工程思维，扎实推进习近平新时代中国特色社会主义思想进教材、进课堂、进头脑。

(2)在内容组织上：为了满足新工科专业建设和人才培养的需要，突出对新知识、新理论、新案例的引入。教材中的案例在设计上充分考虑高阶性、创新性和挑战度，并把高质量的科研创新成果在教材中进行了充分体现。

(3)在表现形式上：注重以学生发展为中心，立足教学适用性，凸显教材实践性。另外，教材以媒体融合为亮点，提供大量的视频、仿真资源、扩展资源等，体现教材多态性。

本系列教材由教学水平高的专家、学者撰写。他们不但从事多年计算机类专业教学、教改，而且参加和完成多项计算机类的科研项目和课题，将积累的经验、智慧、成果融入教材中，努力为我国高校新工科建设奉献一套优秀教材。热忱欢迎广大专家、同仁批评、指正。

“十四五”高等学校新工科计算机类专业系列教材总主编 陳明①

2023 年 8 月

① 陈明，中国石油大学(北京)教授、博士生导师、北京市教学名师。历任北京高等教育学会计算机教育分会副理事长、中国计算机学会理事、开放系统(分布计算系统)专委会副主任、中国人工智能学会理事、智能信息网专委会副主任。曾编著 13 部国家级规划教材、6 部北京高等教育精品教材。对高等教育教学、教改、新工科建设有较深造诣。

前　言

深度学习概念由 Geoffrey Hinton 等科学家在 2006 年提出，是基于机器学习延伸出来的一个新领域，以神经网络算法为起源，并伴随大数据和计算力的提高而产生的一系列新的算法。深度学习已成功应用在自然语言处理、语音识别、图像处理与计算机视觉等领域，并在以上领域取得了突破性的进展。

人工神经网络是基于生理学的智能仿真模型，通过调整其内部大量节点之间相互连接的关系，来达到处理信息的目的，并具有自学习和自适应的能力，是人工智能连接学派的典型代表。

统计学是机器学习重要学派之一，是通过大量的数据发现其所存在的规律。深度学习的出现基本上解决了一对一映射的问题，因此出现了 AlexNet 里程碑式的研究成果。但是，单一的深度学习不能解决序列决策问题，强化学习的出现使该问题得到了新的进展。

深度学习利用深度神经网络特有的感知能力对目标的特征进行提取与识别，从而完成对物体的分类和检测等。深度学习与强化学习融合产生了深度强化学习，深度强化学习结合了深度学习的感知能力和强化学习的决策能力，克服了强化学习只适用于状态为离散且低维的缺陷，可直接从高维原始数据学习控制策略。

本书所介绍的典型深度学习模型，包括曾在神经网络发展史上产生重大影响的前馈神经网络和卷积神经网络，也包括最近出现的信念网和 Transformer 模型。在神经网络发展的历史长河中，众多学者对深度学习的发展做出了卓越的贡献，推动了深度学习的发展。

全书共分 9 章，内容安排如下：

第 1 章主要包括深度学习的发展历程、机器学习基础、神经网络模型基础等内容。

第 2 章主要包括分类模型、感知器和 BP 神经网络等内容。

第 3 章主要包括卷积网络的产生、CNN 结构、CNN 训练、逆 CNN、CNN 应用等内容。

第 4 章主要包括循环神经网络概述、RNN 的结构、RNN 的 I/O 模式、长短期记忆模型、基于 RNN 的语言模型等内容。

第 5 章主要包括自编码器概述、常用的自编码器、深度自编码器、深度自编码器应用等内容。

第 6 章主要包括 Transformer 模型的特点与注意力机制、Transformer 模型结构、Transformer 工作过程与训练等内容。

第7章主要包括GAN概述、GAN算法流程、GAN训练、多种形式的GAN结构、GAN的优点和应用场景等内容。

第8章主要包括DBN的产生和发展、玻尔兹曼机与受限玻尔兹曼机、DBN的结构与构建、DBN训练等内容。

第9章主要包括强化学习原理、SARSA算法、Q-Learning算法、策略梯度算法、Actor-Critic RL算法、强化学习模型与算法、RL的应用等内容。

本书在结构上为积木状，各章内容独立论述。对于每一种模型的介绍，都遵循以下模式：提出问题→设计模型的基本思想→构建数理模型与算法→拓展应用场景。本书适合作为高等学校人工智能专业课程教材，也可作为人工智能应用、开发人员的参考书。

由于编者水平有限，书中不足之处在所难免，敬请读者批评指正。

陳明

2025年2月

目录

第1章 概 述

1

- 深度学习的发展历程
  - 深度学习的起源
  - 深度学习的发展
  - 深度学习的爆发
- 机器学习基础
  - 机器学习方式
  - 机器学习的主要流派与演化过程
  - 泛化能力与增强方法
  - 模型性能评价指标
  - 相似性的度量与误差计算
- 神经网络模型基础
  - 神经网络模型特性
  - 学习方式与学习规则
  - 深度学习模型原理

机器学习是人工智能的重要分支,而深度学习是机器学习的子集。面对大型数据集,深度学习算法凸显优势。人工智能(artificial intelligence,AI)、机器学习(machine learning,ML)和深度学习(deep learning,DL)的真包含关系如图 1-1 所示。

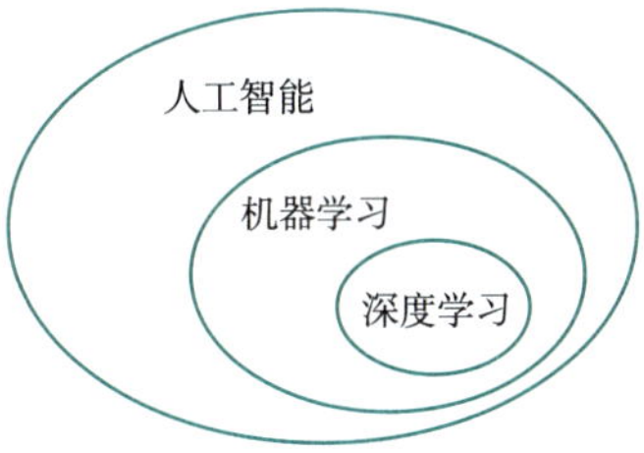

图 1-1 AI、ML、DL 的真包含关系

近年来,深度学习发展迅速,各种优秀的模型不断出现和突破,尤其在计算机视觉、自然语言处理等人工智能领域应用取得了重要成就,深度学习已成为人工智能的核心技术之一。

1.1 深度学习的发展历程

深度学习的发展经历了起源、发展和爆发三个阶段,中间历经两个低谷,如图 1-2 所示。

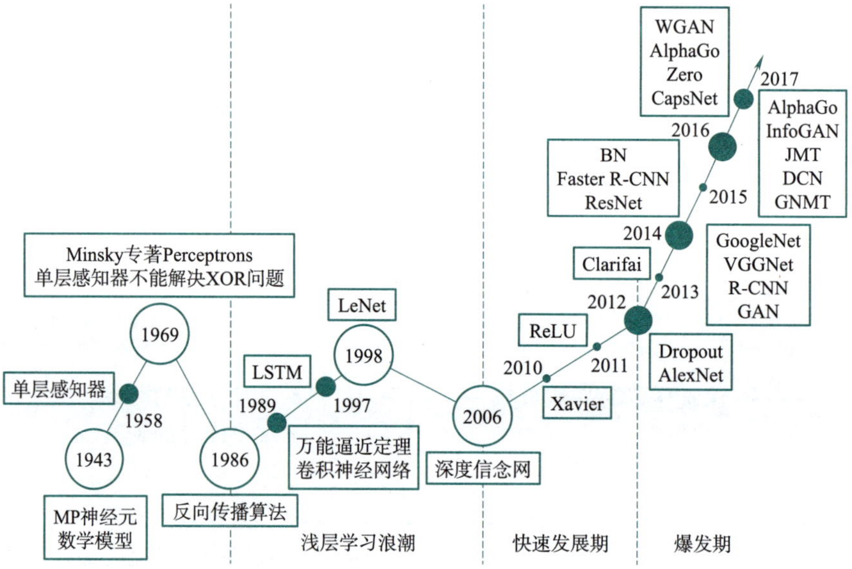

图 1-2 深度学习的发展历程

1943 年 MCP 神经元数学模型出现,标志了深度学习的起源。在 1969 年由于单层感知机不能解决异或问题而导致走向第一次低谷。1986 年反向传播算法的出现,促使深度学习走出第一次低谷而进入新的发展阶段。后来由于出现梯度消失问题,使得深度学习的发展进入了第二次低谷,而 AlexNet 等技术突破,促进了新的研究热潮。

1.1.1 深度学习的起源

1. MP 模型

1943 年,心理学家麦卡洛克和数学逻辑学家提出了 MP 模型。MP 模型是模仿神经元的结构和工作原理,构成出的一个基于神经网络的数学模型,其本质是一种模拟人类大脑神经元的模型。MP 模型奠定了神经网络模型的基础。

2. Hebb 学习规则

1949 年,加拿大心理学家唐纳德·赫布提出了一种基于无监督学习的 Hebb 学习规则。基于学习 Hebb 规则模仿人类认知世界的过程建立一种网络模型,Hebb 学习规则与条件反射机理一致,为以后的神经网络学习算法奠定了基础。

3. 感知器

20 世纪 50 年代末,在 MP 模型和 Hebb 学习规则的研究基础上,美国科学家罗森布拉特于 1958 年正式提出了感知器。感知器是一种线性模型,可以对输入的训练集数据进行线性二分类,并且能够在训练集中自动更新权值。感知器的提出对神经网络的发展具有里程碑式的意义。

4. 线性不可分问题

在 1969 年,AI 之父马文·明斯基和 LOGO 语言的创始人西蒙·派珀特共同证明了单层感知器无法解决线性不可分问题(如异或问题)。由于这个致命的缺陷,没有及时推广感知器到多层神经网络中,在 20 世纪 70 年代,人工神经网络进入了第一个寒冬期。

1.1.2　深度学习的发展

1. Hopfield 神经网络

1982 年,物理学家约翰·霍普菲尔德提出了 Hopfield 神经网络,Hopfield 神经网络是一种结合存储系统和二元系统的循环神经网络,可以模拟人类的记忆。根据激活函数的选取不同,有连续型和离散型两种类型,分别用于优化计算和联想记忆。其缺点是容易陷入局部最小值。

2. 反向传播算法

1986 年,杰弗里·辛顿提出了一种适用于多层感知器的反向传播算法(BP 算法)。BP 算法在传统神经网络正向传播的基础上,增加了误差的反向传播过程。反向传播过程不断地调整神经元之间的权值和阈值,直到输出的误差减小到允许范围之内,或达到预先设定的训练次数为止。BP 算法完美地解决了非线性分类问题,使得人工神经网络再次引起了人们的广泛关注。

3. 梯度消失的问题

20 世纪 80 年代,当神经网络的规模增大时,导致 BP 算法出现梯度消失问题。这使得 BP 算法的发展受到了很大限制。20 世纪 90 年代中期,提出了以 SVM 为代表的其他浅层机器学习算法,并在分类、回归问题上取得了很好的效果,但其原理又明显不同于神经网络模型,所以人工神经网络的发展再次进入了低潮。

1.1.3　深度学习的爆发

1. 深度学习的提出

深度学习是机器学习的第二次浪潮。2006 年,杰弗里·辛顿以及他的学生鲁斯兰·萨拉赫丁诺夫正式提出了深度学习的概念,多隐藏层的人工神经网络具有优异的特征学习能力,通过学习获得的特征对数据有更本质的刻画,从而有利于可视化或分类;深度神经网络在训练上的难度,可以通过逐层初始化来有效克服,并且逐层初始化是通过无监督学习实现的。对于梯度消失问题,可以通过无监督学习方法逐层训练,再使用有监督的反向传播算法进行调优得以克服。

2. AlexNet 模型

2012 年,在 ImageNet 图像识别大赛中,深度学习模型 AlexNet 一举夺冠。AlexNet 采用 ReLU 激活函数,从根本上解决了梯度消失问题,并采用 GPU 极大地提高了模型的运算速度。在图像识别领域取得了惊人的成绩。在人脸识别方面的准确率达到 97% 以上,与人类识别的准确率几乎没有差别。这样的结果也再一次显示了其在图像识别方面的强大能力。

3. 基于深度学习技术的机器人已经超越了人类

2016 年,基于深度学习开发的 AlphaGo 以 4∶1 的比分战胜了国际顶尖围棋高手,后来 AlphaGo 又与众多世界级围棋高手比赛,均取得了胜利。这也证明了在围棋界,基于深度学习技术的智能机器人已经超越了人类。此外,深度学习在医疗、金融、艺术、无人驾驶等领域也取得了显著的成果。深度学习的出现使人工神经网络的研究进入了新的高潮,现已成为人工智能的核心技术之一。

1.2　机器学习基础

机器学习产生于 20 世纪 50 年代,是人工智能的一个重要分支。机器学习涉及概率论、统计学、逼近论、凸分析、算法复杂度等多门学科及领域。机器学习方法已在数据挖掘、计算机视觉、自然语言处理、生物特征识别、搜索引擎、医学诊断、语音和手写识别、战略游戏和智能机器人等领域成功应用。机器学习技术发展迅速，尤其是深度学习的出现与成功应用，进一步促进了机器学习更广泛的应用。

机器学习是一门多学科交叉专业，涵盖概率论、统计学、近似理论和复杂算法等知识，使用计算机作为工具并致力于实时的模拟人类学习方式。机器学习是人工智能的一种实现方式，也是研究怎样使用计算机模拟或实现人类学习活动的科学，是人工智能中最具智能特征，最前沿的研究领域之一。

机器学习是机器从历史数据中学习规律，来提升系统的某个性能度量。其实人类的行为也是通过学习和模仿得来的，所以我们就希望计算机和人类的学习行为一样，从历史数据和行为中学习和模仿，从而实现 AI。

机器学习系统由环境、学习环节、知识库和执行环节四部分组成，如图 1-3 所示。

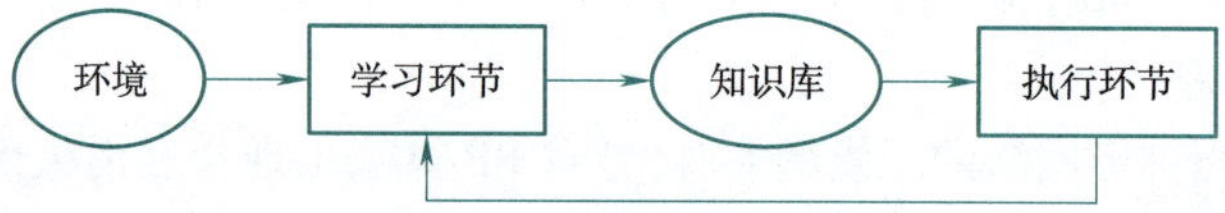

图 1-3　机器学习系统

在机器学习系统中，环境为学习环节提供信息，学习环节利用这些信息修改知识库，以增强系统执行环节完成任务的效能，执行环节根据知识库完成任务，同时将获得的信息反馈给学习环节。

(1) 环境

任何一个学习系统不能在全然没有任何知识的情况下凭空获取知识，环境为学习环节提供信息。影响机器学习系统设计的最重要的因素是环境向系统提供的信息。

(2) 学习环节

学习环节接收环境提供的信息，并能够理解环境的输入信息，将其分析比较，做出假设，检验并修改这些假设。更确切地说，学习环节可对现有知识进行扩展和改进。如果环境信息的质量比较高，则学习环节比较容易处理。如果环境向学习系统提供的是杂乱无章的信息，则学习环节需要在获得足够数据之后，删除不必要的细节等预处理，再获取知识，形成指导动作的规则，放入知识库。

(3) 执行环节

执行环节是整个学习系统的核心，执行部分的动作就是学习环节力求改进的动作。因为学习环节获得的信息往往不完全，所以学习环节所进行的推理也不完全可靠，总结出来的规则不能保证完全正确。这就需要通过执行环节加以检验，使得能使系统的效能提高的规则应予保留，不正确的规则应予修改或从知识库中删除。

(4) 知识库

知识库是学习系统存储知识的集合，是影响学习系统设计的重要因素。知识表示有多种形式，如一阶逻辑、产生式规则、语义网络、框架和知识图谱等。在选择知识表示方式时需要考虑知识表达能力强、易于推理、易于修改和易于扩展。

1.2.1　机器学习方式

机器学习方式是指机器学习模型从数据中学习规律和模式的方法。根据学习过程中使用的数据标签以及学习方式的差异,机器学习主要有下述几种方式。

1. 监督式学习方式

监督式学习方式又称有导师指导的学习方式,在监督式学习中,输入数据称为训练数据,每组训练数据有一个明确的标识或结果,即带有标签的数据。在建立预测模型时,将预测期望结果与训练数据的实际输出结果进行比较,根据比较结果的误差来不断地调整模型参数,直到模型的预测结果达到一个预期的准确率为止。

监督学习是通过一个输入而产生的实际输出数据与一个带标签的数据进行比较来学习。构成监督学习的经验数据集合称为训练集。评估程序效果的数据集合称为测试集。

监督学习主要完成选择一个适合目标任务的数学模型、将一部分已知的问题和答案(训练集)由机器学习总结出了规律之后,即构造出了新的模型,将新的问题输入已训练好了的模型,则可获得结果。监督学习的具体过程如下:

①确定模型的一组超参数。超参数是控制模型训练过程的配置变量,通常在训练开始前设定,并在整个训练过程中保持不变。

②用训练集训练该模型,找到使损失函数最小的最优模型。

③在验证集上对最优模型的性能进行测量。

④重复①、②、③步,直到搜索完指定的超参数组合。

⑤选择在验证集上误差最小的模型,并合并训练集和验证集作为整体训练模型,进而找到最优函数模型。

⑥在测试集上对最优模型的泛化能力进行检测。

由于同一模型在不同训练集上获得的模型往往不同,为了保证选出的模型最优,而不是刚好符合当前数据划分的一个特例,经常采用交叉验证法。其基本过程是:将训练集划分为 k 份,每次采用其中 $k/2$ 份作为训练集,$k/4$ 份作为测试集,另外 $k/4$ 份作为验证集,验证集上误差的平均值作为该模型的误差。当 $k=4$ 时,训练集为 2 份,测试集为 1 份,验证集为 1 份。交叉验证的好处就是从有限的数据中尽可能挖掘更多的信息,从各种角度去学习现有的有限的数据,避免出现局部极值。在这个过程中无论是训练样本还是测试样本都得到了尽可能多的学习。交叉验证法的缺点是,当数据集比较大时,训练模型的开销较大。

偏差描述的是度量学习算法的期望预测与真实结果的偏离程度,偏差越大,越偏离真实数据,如图 1-4 下行所示。方差描述的是预测值的变化范围,离散程度也就是离其期望值的距离。方差度量了同样大小的训练集的变动所导致的学习性能的变化,即刻画了数据扰动造成的影响。方差越大,数据的分布越分散。

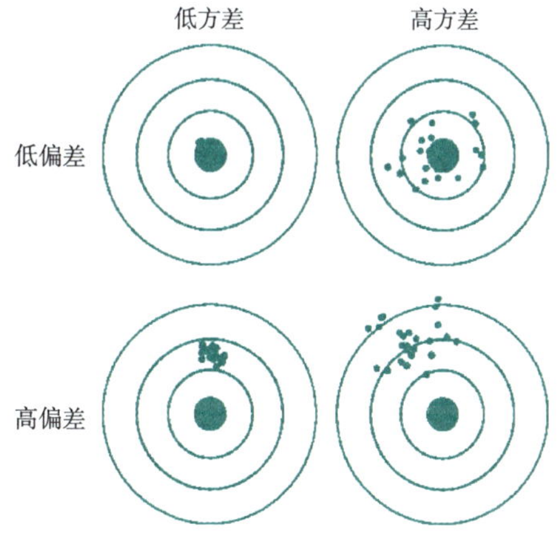

图 1-4　效果评估

在监督学习中,需要考虑学习效果评估。模型的偏差和方差是两种基本的预测误差。高方差的模型是过度拟合了训练集数据,而高偏差的模型是欠拟合了训练集数据。

由图 1-4 可知,低偏差、低方差的模型期望预测与真实结果较接近,而且都集中在一个位置;高偏差、高方差的模型偏离程度大;低偏差、高方差的模型偏离程度小,但很分散;高偏差、低方差的模型偏离程度小,且较集中。

学习 n 次,如果偏差小,同时方差又小,那就相当于每次都集中靶心。这样的结果最好。如果偏差大，即使方差再小，那么结果也还是离靶心有一段距离。反之，如果偏差小，但是方差很大，那么结果将散布在靶心四周。如果偏差大的话，那就是连基本都错了。但是认为减少偏差比减少方差更重要的想法是错误的，因为通常只有一组数据，而不是 n 组，模型是依据已有的那组数据得出来的。因此，偏差和方差同样重要。

在理想情况下，模型具有低偏差和低方差，但是二者具有背反特征，即要降低一个指标时，另一个指标将增加。因此，需要找到一个折中的方案，即找到总误差最小的地方，称为偏差方差均衡，如图 1-5 所示。

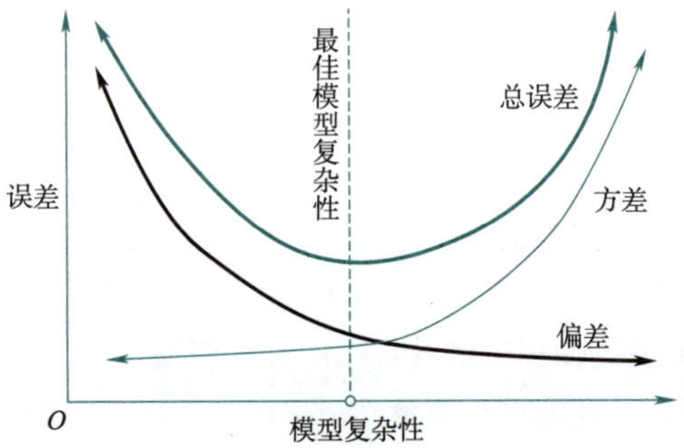

图 1-5　偏差方差均衡

确定模型偏差大还是方差大的方法如下：

①高偏差：训练集误差大，验证集误差和训练集误差差不多。

②高方差：训练集误差小，验证集误差非常大。

解决高偏差或高方差问题的方法如下：

①对于高偏差问题：使用更复杂的模型，加入更多的特征。

②对于高方差问题：获取更多的数据，减少特征，正则化。

自监督学习是一类通过某种方式将无监督学习问题转化为有监督学习问题的方法。自监督学习主要是利用辅助任务从大规模的无监督数据中挖掘自身的监督信息，通过这种构造的监督信息对网络进行训练，从而可以学习到对任务有价值的表征。也就是说，虽然自监督学习不需要任何外部标记数据，但这些标签是从输入数据自身中得到的。自监督学习的模式仍然是预训练微调的模式，即先进行预训练，然后将学习到的参数迁移到下游任务网络中，进行微调得到最终的网络。自监督学习的目标是重构输入，这仍然处于监督学习的范式中。

2. 无监督式学习方式

(1)无监督式学习的概念

输入数据没有标记，也没有确定的结果。样本数据类别未知，需要根据样本间的相似性对样本集进行聚类，试图使类内的差距最小化、类间的差距最大化。在实际应用中，有时无法预先知道样本的标签，也就是说，没有训练样本对应的类别，因而只能从原先没有样本标签的样本集开始训练分类器。

(2)无监督式学习的分类

无监督式学习可分为如下两类：

①基于概率密度函数估计的直接方法，设法找到各类别在特征空间的分布参数，再进行分类。

②基于样本间相似性度量的聚类方法，其原理是设法定出不同类别的核心或初始内核，然后依据样本与核心之间的相似性度量将样本聚集成不同的类别。

利用聚类结果,可以提取数据集中隐藏信息,对未来数据进行分类和预测。应用于数据挖掘、模式识别、图像处理等。

(3)监督学习和非监督学习的比较

①监督学习方法必须有训练集与测试样本。在训练集中找规律,而对测试样本使用这种规律。而无监督学习没有训练集,只有一组数据,在该组数据集内寻找规律。

②监督学习的方法通过识别,给被识别数据加上了标签。因此训练样本集必须是由带标签的样本组成。而无监督学习方法只有要分析的数据集本身,预先没有标签。如果数据集呈现某种聚集性,则可按自然的聚集性分类。

(4)应用场景

简单的方法就是从定义入手,如有训练样本,则考虑采用监督学习方法;如无训练样本,一定不能用监督学习方法。但是,现实问题中,即使没有训练样本,也能够从待分类的数据中,人工标注或自动标注一些样本,并将它们作为训练集,就可使用监督学习方式。

无监督学习适用于大型计算机集群,在社交网络的分析、天文数据分析等方面应用广泛。

3. 半监督式学习方式

在传统的监督学习中,学习器是通过对大量有标记的训练示例数据进行学习,从而建立模型用于预测未见示例的标记。在分类问题中标记就是示例的类别,而在回归问题中标记就是示例所对应的实值输出。随着数据收集和存储技术的飞速发展,收集大量未标记的示例已相当容易,而获取大量有标记的示例则相对困难,因为获得有标记数据需要耗费大量的人力和物力。事实上,在真实世界问题中通常存在大量的未标记示例,但有标记示例则比较少,尤其是在线应用中这一问题更为突出。

半监督学习方式有两个样本集,一个是有标记样本集,一个是无标记样本集,分别记作

$$L=\{(x_i,y_i)\},U=\{(x_i)\},\text{并且 } L\ll U$$

单独使用有标记样本,能够生成有监督分类算法。单独使用无标记样本,能够生成无监督聚类算法。两者都使用,希望在单独使用有标记样本中加入无标记样本,可以增强有监督分类的效果;同样的,在无标记样本中加入有标记样本,可增强无监督聚类的效果。一般而言,半监督学习方式侧重于在有监督的分类算法中加入无标记样本实现半监督分类,可以增强分类效果。

半监督学习算法主要有自训练算法、生成模型、半监督支持向量机、图论方法、多视角算法等。

自训练(self-training)是半监督学习中的一种常用算法,它利用少量的标记数据和大量的未标记数据来训练模型。以下是自训练算法的基本步骤。

步骤1　初始化

使用标记数据训练模型:首先,使用所有可用的标记数据来训练一个初始模型。

步骤2　预测和选择对未标记数据预测

①使用上一步训练好的模型对未标记的数据进行预测,并估计每个预测的可信度(通常是预测概率)。

②选择高置信度的预测:根据预测的可信度,选择一部分最确定的预测结果作为伪标签。通常,只有当模型对其预测非常自信(例如,预测概率超过某个阈值)时,才会将预测结果作为伪标签。

步骤3　更新模型

①将伪标签数据加入训练集:将上一步选出的带有伪标签的未标记数据加入训练集中。

②重新训练模型:使用扩展后的训练集(原始标记数据+带有伪标签的未标记数据)重新训练

模型。

步骤4　迭代

重复步骤2和3：重复预测和选择、更新模型的步骤，直到满足停止条件，如模型性能不再提升、所有未标记数据都被标记等。

上述这些学习方式各有特点，适用于不同的应用场景和数据条件。在选择机器学习方式时，通常要考虑问题的具体需求，可用的数据类型和量级，以及计算资源等因素。

1.2.2　机器学习的主要流派与演化过程

1. 机器学习的主要流派

机器学习的发展历经了很长时间，在这过程中形成了五大流派，各流派的特点如下：

(1)符号流派

符号流派起源于逻辑学、哲学；核心思想是认知即计算，通过对符号的演绎和逆演绎进行结果预测；主要问题是知识结构；代表算法为逆演绎算法；典型应用是知识图谱。

(2)贝叶斯流派

贝叶斯流派起源于统计学；核心思想是主观概率估计、发生概率修正、最优决策；主要问题是不确定性；代表算法是概率推理；典型应用是反垃圾邮件、概率预测。

(3)连接流派

连接流派起源于神经科学；核心思想是大脑仿真；主要问题是信度分配；代表算法是反向传播算法、深度学习；典型应用是机器视觉、语音识别。

(4)进化流派

进化流派起源于进化生物学；核心思想是对进化进行模拟，使用遗传算法和遗传编程；主要问题是结构发现；代表算法是基因编程；典型应用是海星机器人。

(5)行为类比流派

行为类比流派起源于理学；核心思想是新旧知识间的相似性；主要问题是相似性；代表算法是核机器、近邻算法；典型应用是推荐系统。

2. 各流派的演化过程

从20世纪80年代开始，机器学习流派不断演化，各个发展阶段都出现了主导学派。

(1)20世纪80年代

主导学派是符号流派；架构是服务器或大型机；主要理论是知识工程；基本决策逻辑是决策支持系统，实用性有限。

(2)20世纪90年代至2000年

主导学派是贝叶斯；架构是小型服务器集群；主要理论是概率论；可以实现可扩展的比较或对比，足以解决许多任务。

(3)21世纪最初10年

主导学派是连接流派；架构是大型服务器农场，服务器农场就是将海量的服务器集成到一起，形成类似大规模农场一样的规模，只不过这个特殊的农场里种植的是特殊的经济作物，即无穷无尽的数据；主要理论是神经科学和概论；可以实现更加精准的图像和声音识别、翻译、情绪分析等。

(4)21世纪第二个10年

主导学派是连接流派+符号流派；架构是多云架构；主要理论是记忆神经网、大规模集成、基于知识的推理；可以实现简单的问答(范围狭窄的、领域特定的知识共享)。

(5)21 世纪 20 年代后

主导学派是连接流派 + 符号流派 + 贝叶斯 + …;架构是云计算和雾计算,雾计算的目标是使用与数据生成设备位于同一位置的计算单元进行尽可能多的处理,以便发送处理过的数据而不是原始数据,并减少带宽需求;主要理论是感知时有网络、推理和工作时有规则;可以实现简单感知、推理和行动(称为有限制的自动化或人机交互)。

(6)预测 21 世纪 40 年代

主导学派是算法融合;架构是无处不在的服务器;主要理论是最佳组合的元学习;可以实现感知和响应:基于通过多种学习方式获得的知识或经验来采取行动或做出回答的感知和响应。

1.2.3　泛化能力与增强方法

在机器学习中,使用泛化能力来衡量训练出的模型优劣。

1. 泛化能力

泛化能力就是指训练后的模型对未知数据的预测能力,即模型对新样本的适应能力,为了检测模型的泛化能力,训练集的数据不能出现在测试集中,如果一个通过记忆训练数据来学习预测模型,能够通过训练集准确预测响应变量的值,但是在处理新数据时,由于泛化能力差将可能预测失败,输出的仅是简单的记忆结果。

2. 泛化误差

一个机器学习模型的泛化误差是一个描述学生机器在从样品数据中学习之后,距离教师机器之间的差距的函数。泛化误差表明推理能力,即从样品数据中推导出的规则能够适用于新的数据的能力。

泛化误差反映了学习方法的泛化能力,如果一种方法学习的模型比另一种方法学习的模型具有更小的泛化误差,那么表示这种方法就更有效,事实上,泛化误差就是所学到的模型的期望误差。在统计学和机器学习中,模型的期望误差(expected error)通常指的是模型在所有可能的数据样本上的平均误差。这可以看作模型预测的准确度的一个度量,它衡量了模型预测结果与真实值之间的差距。

在实际情况中,通常通过测试误差来评价学习方法的泛化能力。如果在不考虑数据量不足的情况下出现模型的泛化能力差,那么其原因基本为对损失函数的优化没有达到全局最优。

3. 提高泛化能力

在机器学习过程中,为了获得高泛化能力模型,需要考虑过拟合、适度拟合与欠拟合三个参数。

(1)三种拟合

①欠拟合:对于特征集过小的情况,称为欠拟合,模型没有很好地捕捉到数据特征,不能够很好地拟合数据,或者是模型过于简单无法拟合或区分样本。

②过拟合:特征集过大,模型把数据学习得太彻底,以至于把噪声数据的特征也学习到了,这样就导致在测试时,不能够很好地识别数据,也不能正确分类,模型泛化能力太差。

③适度拟合:特征集适中,泛化能力强。

从学习系统的学习能力来看,过拟合模型学习能力过于强大,而欠拟合模型学习能力低。

在回归问题中,三种拟合结果如图 1-6 所示。

在分类问题中,三种拟合状态如图 1-7 所示。

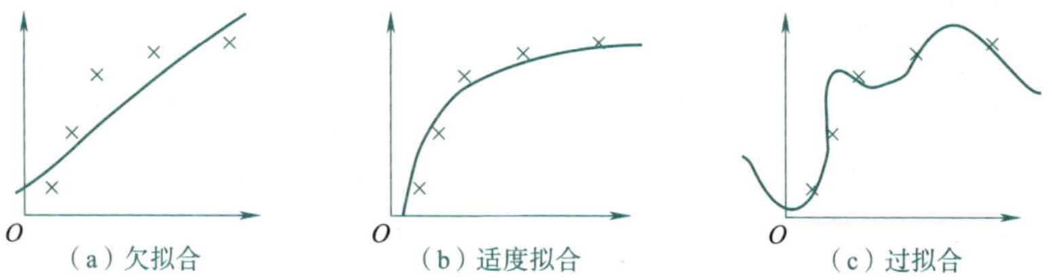

图 1-6 回归问题的三种拟合结果

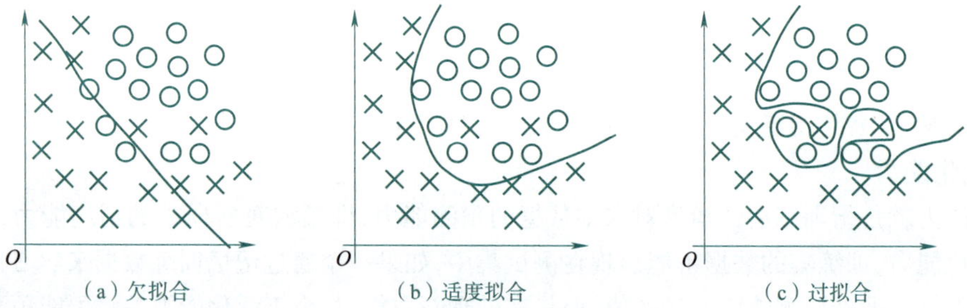

图 1-7 分类问题的三种拟合结果

(2)逼近适度拟合的方法

逼近适度似合的常用方法有提前停止、数据集扩增、正则化、丢弃法等。

①提前停止。对模型进行训练的过程即是对模型的参数进行学习更新的过程,这个参数学习的过程往往用到一些迭代方法,如梯度下降学习算法。提前停止便是一种迭代次数截断的方法来防止过拟合,即在模型对训练数据集迭代收敛之前停止迭代来防止过拟合。提前停止方法的具体做法是,在每一个 Epoch 结束时(1 个 Epoch 是指使用训练集中的全部样本训练一次)计算验证数据的准确性,当准确性不再提高时,就停止训练。

②数据集扩增。在机器学习中,训练数据与将来的数据是独立同分布。即使用当前的训练数据来对将来的数据进行估计与模拟,而更多的数据估计与模拟的更准确。因此,更多的数据有时更优秀。但是条件有限,而不能收集到更多的数据,所以,此时需要采取一些计算的方式与策略在已有的数据集上进行扩展,以得到更多的数据。数据集扩增需要得到更多的符合要求的数据,与已有的数据是独立同分布,或者近似独立同分布。

③正则化。机器学习中,如果参数过多,模型过于复杂,容易造成过拟合,即模型在训练样本数据上表现得很好,但在实际测试样本上表现得较差,不具备良好的泛化能力。为了避免过拟合,最常用的一种方法是使用正则化,正则化方法是指在进行目标函数或代价函数优化时,在目标函数或代价函数后面加上一个正则项,一般有 L1 正则与 L2 正则等。L1 正则直接在原来的损失函数基础上加上权重参数的绝对值,L1 正则化偏向于稀疏,它将自动进行特征选择,去掉一些没用的特征,也就是将这些特征对应的权重置为 0;L2 正则是直接在原来的损失函数基础上加上权重参数的平方和。L2 主要功能是为了防止过拟合,当要求参数越小时,说明模型越简单,而模型越简单则越趋向于平滑,从而防止过拟合。

④丢弃法。在神经网络训练中经常使用丢弃法。丢弃法(dropout)是在训练时让神经网中神经元以一定的概率不工作。如图 1-8 所示,实心神经元不工作。图 1-8(a)所示为全连接网络;图 1-8(b)所示的网络以 0.5 的概率丢弃神经元。详细描述见 2.3.3 节。

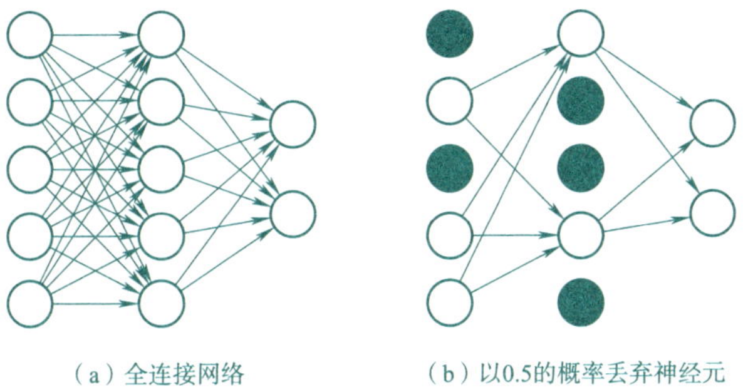

图 1-8　丢弃法

4. 超参数和验证集

在机器学习过程中，为了找到泛化能力最强的模型，需要确定两方面的参数，即函数参数和超参数，函数参数也就是通常所说的 w 和 b，这类参数可以通过各种最优化算法自动求得，如逻辑回归学习算法。

(1) 模型超参数

超参数又称模型参数，大多数的机器学习算法都有超参数，这些参数用来控制算法的行为。超参数的值通常不是通过学习算法本身学习而得，一般在模型训练之前通过手工设定，当然也可以采用网格法等算法进行寻优。确定模型超参数的过程称为模型选择。例如，多项式模型的阶就是超参数。

当阶为 1 时的多项式模型为

$$y = wx + b$$

当阶为 2 时的多项式模型为

$$y = w_1x^2 + w_2x + b$$

选定了超参数(多项式模型的阶)后，再使用学习算法求模型的参数 w 和 b。

(2) 验证集

使用训练集来训练模型，使用测试集来评估模型超参数选择的优劣，但是当通过测试集选择了最优的超参数，就无法再使用测试集来评估模型的泛化能力，因此，可以从数据集中再划分出一部分数据子集用于选择超参数，通常将这部分数据子集称为验证集。

①训练集：用于训练模型，找出最佳的 w 和 b。

②测试集：仅用于对训练好的最优函数进行性能测试评估。

③验证集：用以确定模型超参数，选出最优模型。

训练集、测试集和验证集的大小都没有要求，按实际观测值的规模来定。一般将 50% 以上的数据作为训练集，25% 的数据作为测试集，剩下的作为验证集。训练集、测试集和验证集不可互相取代，尤其是不能混淆，验证集与测试集的主要区别见表 1-1。

表 1-1　验证集与测试集的主要区别

区　别	验 证 集	测 试 集
作用	确定模型的超参数	仅用于对训练好的最优函数进行性能评估
是否用于训练	否(在选出最优模型后，需要将验证集也放入训练集一起训练最优函数)	否

续表

区　别	验 证 集	测 试 集
使用次数	多次使用，每次更新超参数后都要用验证集对模型性能进行验证	仅在最后使用

对最终学习得到的模型进行性能评估的数据称为测试集，必须保证测试集完全独立，直到模型调整和参数训练全部完成前应该将测试集进行封存，不可以任何形式使用测试集中的数据。

1.2.4 模型性能评价指标

在模型训练中，经常涉及正样本和负样本，正样本是指属于某一类别的样本，负样本是指不属于某一类别的样本。例如，在做字母 A 的图像识别时，字母 A 的样本就属于正样本，不是字母 A 的样本就属于负样本。对于一个训练后的模型，需要结合正样本和负样本，直观地进行性能评价。

1. 混淆矩阵

混淆矩阵又称误差矩阵，就是分别统计分类模型归错类、归对类的观测值个数，然后将结果放在一个表中展示出来，这个表就是混淆矩阵。混淆矩阵是衡量分类模型准确度中最基本、最直观、计算最简单的方法。

混淆矩阵（见表 1-2）的每一列代表了预测类别，每一列的总数表示预测为该类别的数据数目；每一行代表了数据的真实归属类别，每一行的数据总数表示该类别的数据实例数目。每一列中的数值表示真实数据被预测为该类的数目：第一行第一列中的 45 表示有 45 个实际归属第一类的实例被预测为第一类，同理，第一行第二列的 2 表示有 2 个实际归属为第一类的实例，被错误预测为第二类。

表 1-2　混淆矩阵

混淆矩阵	类 1	类 2	类 3
类 1	45	2	0
类 2	5	48	1
类 3	2	5	50

在二分类的模型中，将预测情况与实际情况的所有结果进行组合，就将有：

真的正：TP（true positive）；

假的正：FP（false positive）；

真的负：TN（true negative）；

假的负：FN（false negative）。

分别用 TP、FP、TN、FN 表示（T 代表预测正确，F 代表预测错误），其混淆矩阵如下：

<table>
<tr><td colspan="2" rowspan="2">混淆矩阵</td><td colspan="2">直实值</td></tr>
<tr><td>positive</td><td>negative</td></tr>
<tr><td rowspan="2">预测值</td><td>positive</td><td>TP</td><td>FP
Type Ⅰ</td></tr>
<tr><td>negative</td><td>FN
Type Ⅱ</td><td>TN</td></tr>
</table>

预测性分类模型,肯定是希望越准越好。那么,对应到混淆矩阵中,肯定是希望 TP 与 TN 的数量大,而 FP 与 FN 的数量小。所以当得到模型的混淆矩阵后,就需要去看有多少观测值在第二、四象限对应的位置,这里的数值越多越好;反之,在第一、三象限对应位置出现的观测值越少越好。

例如,在所有的样本(数据)中,可以被分为正样本和负样本。在对样本进行分类时也将分出正样本和负样本,但判断是有错误的,故存在以下情况:

TP:将正样本预测为正样本;

TN:将负样本预测为负样本;

FP:将负样本预测为正样本;

FN:将正样本预测为负样本。

所以,P 为正样本,N 为负样本,就有以下关系:

$$\mathrm{TP} + \mathrm{FN} = \mathrm{P}$$

$$\mathrm{FP} + \mathrm{TN} = \mathrm{N}$$

根据混淆矩阵提供的概念,可以延伸出准确率、错误率、灵敏度、特效度、精确率、精度、召回率和综合评价指标,这些指标是评价模型的基本要素。

2. 主要参数

(1)准确率

准确率(accuracy)表示在所有样本中,判断对了多少,其计算公式为

$$\mathrm{Acc} = (\mathrm{TP} + \mathrm{TN})/(\mathrm{P} + \mathrm{N})$$

显然,Acc 越高越好,但是,Acc 很高(100% 除外)并不一定代表模型优秀。

例如,有 10 万个样本,其中 9.999 万都是正样本,剩下的只有 10 个负样本,则模型只要在正样本中表现好就可达到高准确率。所以 10 个负样本的重要性被忽略,如果那 10 个负样本是重心,这个准确率就无现实意义。其中也暴露出另一个问题,数据的分布对模型训练和评价非常重要。

(2)错误率

错误率(error rate)表示在所有样本中,判断错了多少,其计算公式为

$$\mathrm{Er} = 1 - \mathrm{Acc}, \mathrm{Er} = (\mathrm{FP} + \mathrm{FN})/(\mathrm{P} + \mathrm{N})$$

(3)灵敏度

灵敏度(sensitivity)又称召回率(recall),是指所有正样本中被判断正确的比例,其计算公式为

$$\mathrm{sensitivity} = \mathrm{TP}/\mathrm{P}$$

灵敏度衡量了分类器对正样本的识别能力,灵敏度也等于召回率。

(4)特效度

特效度(specificity)是指所有负样本中被判断正确的比例,计算公式为

$$\mathrm{specificity} = \mathrm{TN}/\mathrm{N}$$

特效度衡量了所有负样本中被判断正确的比例。

(5)精确率

精确率又称精度(precision),表示被分为正样本的数据中实际为正样本的比例。计算公式为

$$\mathrm{precision} = \mathrm{TP}/(\mathrm{TP} + \mathrm{FP})$$

(6)综合评价指标

精度和灵敏度有时出现矛盾的情况,所以需要综合考虑,常用的有 F-Measure,又称 F-Score,其使用为:精度和灵敏度的加权平均,计算公式为

$$F=((\alpha^2+1)PR)/(\alpha^2(P+R))$$

当 $\alpha=1$ 时,$F1=2PR/(P+R)$。

F1-Score 指标综合了精确率与灵敏度的产出结果。F1-Score 的取值范围为[0,1],1 代表模型的输出结果最好,0 代表模型的输出结果最差。综合评价指标的值越高说明模型性能越强。

1.2.5 相似性的度量与误差计算

1. 相似性的度量

机器学习中经常需要相似性的度量,样本相似性的度量可以通过样本距离计算实现。例如,计算不同样本之间的相似性,采用的方法就是计算样本间的距离。相似度越大,则其距离就越小。目前已提出多种距离计算方法,不同的距离方法适用于解决不同的问题。在机器学习中常用的距离计算方法如下:

(1)欧氏距离

欧氏距离是最常用的距离计算方法,欧氏距离是指欧氏空间中两点间的距离。

①二维平面上两点 $a(x_1,y_1)$ 与 $b(x_2,y_2)$ 间的欧氏距离为

$$d_{12}=\sqrt{(x_1-x_2)^2+(y_1-y_2)^2}$$

②三维空间两点 $a(x_1,y_1,z_1)$ 与 $b(x_2,y_2,z_2)$ 间的欧氏距离为

$$d_{12}=\sqrt{(x_1-x_2)^2+(y_1-y_2)^2+(z_1-z_2)^2}$$

③两个 n 维向量 $\boldsymbol{a}(x_{11},x_{12},\cdots,x_{1n})$ 与 $\boldsymbol{b}(x_{21},x_{22},\cdots,x_{2n})$ 间的欧氏距离为

$$d_{12}=\sqrt{\sum_{k=1}^{n}(x_{1k}-x_{2k})^2}$$

也可以表示成向量运算的形式,即

$$d_{12}=\sqrt{(\boldsymbol{a}-\boldsymbol{b})(\boldsymbol{a}-\boldsymbol{b})^{\mathrm{T}}}$$

(2)曼哈顿距离

曼哈顿距离又称城市街区距离。在曼哈顿市要从一个十字路口开车到另外一个十字路口,驾驶距离不是两点间的直线距离,而实际驾驶距离就是曼哈顿距离,这也是曼哈顿距离名称的来源。a 和 b 两点的曼哈顿距离如图 1-9 所示。

曼哈顿距离是两点在南北方向上的距离加上在东西方向上的距离,即

$$d(i,j)=|x_i-x_j|+|y_i-y_j|$$

对于一个具有正南正北、正东正西方向规则布局的城市街道,从一点到达另一点的距离正是在南北方向上旅行的距离加上在东西方向上旅行的距离之和。在早期的计算机图形学中,屏幕是由整数的像素构成,点的坐标也是整数,如果直接使用浮点计算 a 和 b 两点的欧氏距离,则运算速度慢,而且有误差;如果使用曼哈顿距离,则只需加减法计算,这就提高了运算速度,而且不管累计运算多

少次,都不会有误差。

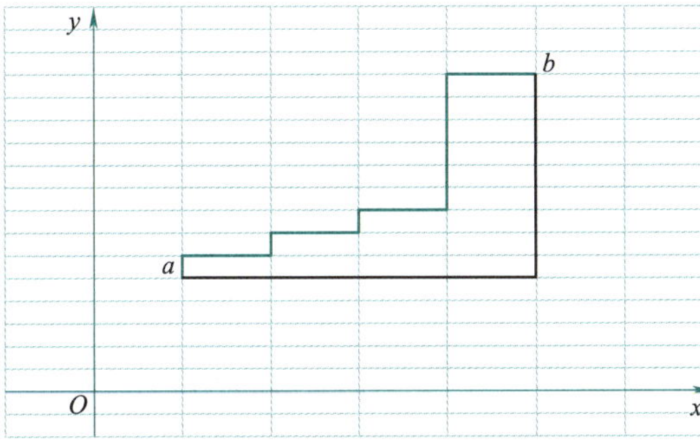

图 1-9　a 和 b 两点的曼哈顿距离

①二维平面两点 $a(x_1,y_1)$ 与 $b(x_2,y_2)$ 间的曼哈顿距离为

$$d_{12}=|x_1-x_2|+|y_1-y_2|$$

②两个 n 维向量 $\boldsymbol{a}(x_{11},x_{12},\cdots,x_{1n})$ 与 $\boldsymbol{b}(x_{21},x_{22},\cdots,x_{2n})$ 间的曼哈顿距离为

$$d_{12}=\sum_{k=1}^{n}|x_{1k}-x_{2k}|$$

(3)夹角余弦

机器学习中使用夹角余弦概念来衡量样本向量之间的差异。

两向量的夹角余弦计算。在二维空间中向量 $\boldsymbol{a}(x_1,y_1)$ 与向量 $\boldsymbol{b}(x_2,y_2)$ 的夹角余弦计算公式为

$$\cos\theta=\frac{x_1x_2+y_1y_2}{\sqrt{x_1^2+y_1^2}\sqrt{x_2^2+y_2^2}}$$

类似地,对于两个 n 维样本点 $a(x_{11},x_{12},\cdots,x_{1n})$ 和 $b(x_{21},x_{22},\cdots,x_{2n})$,可以使用类似于夹角余弦的概念来衡量它们间的相似程度,即

$$\cos\theta=\frac{a\cdot b}{|a||b|}$$

$$\cos\theta=\frac{\sum_{k=1}^{n}x_{1k}x_{2k}}{\sqrt{\sum_{k=1}^{n}x_{1k}^2}\sqrt{\sum_{k=1}^{n}x_{2k}^2}}$$

夹角余弦取值范围为[-1,1]。夹角余弦值越大,夹角越小,表示两个向量越相似;夹角余弦值越小,表示两向量的夹角越大,表示两个向量越不相似。当两个向量的方向重合时夹角余弦值取最大值 1,当两个向量的方向完全相反时夹角余弦取最小值 -1。

(4)海明距离

海明距离是指对于两个等长字符串 s_1 与 s_2,将其中一个变为另外一个所需要做的最小替换次数。例如,字符串"1111"与"1001"之间的海明距离为 2。

(5)杰卡德距离

两个集合 A 和 B 的交集元素在 A、B 的并集中所占的比例,称为两个集合的杰卡德(Jaccard)相

似系数,用符号 $J(A,B)$ 表示为

$$J(A,B) = |A \cap B| / |A \cup B|$$

杰卡德相似系数是衡量两个集合相似度的一种指标,其值越大,则两个集合的相似度越大。也就是说,杰卡德相似系数只关心个体间共同具有的特征是否一致这个问题。例如:

如果比较 X 与 Y 的杰卡德相似系数,只需比较 x_n 和 y_n 中相同元素的个数,公式如下:

如集合 $X = \{1,2,3,4\}, Y = \{3,4,5,6\}$;

那么它们的 $J(X,Y) = 2/6 = 1/3$。

与杰卡德相似系数相反的概念是杰卡德距离,杰卡德距离越大,则杰卡德相似系数越小,A 和 B 两个集合的杰卡德距离 $J_\delta(A,B)$ 为

$$J_\delta(A,B) = 1 - J(A,B) = (|A \cap B| - |A \cup B|) / |A \cup B|$$

如果 $J(A,B) = 2/6 = 1/3$,则 $J_\delta(A,B) = 1 - 1/3 = 2/3$。

杰卡德距离用两个集合中不同元素占所有元素的比例来衡量两个集合的区分度。其值越大,则两个集合的相似度越小。

(6)相关系数

相关系数是用以反映变量之间相关关系密切程度的统计指标。相关系数按积差(accumulated rate)方法计算,同样以两变量与各自平均值的离差为基础,通过两个离差相乘来反映两变量之间的相关程度。着重研究线性的单相关系数。

两个变量的相关系数定义如下:

$$\mathrm{cov}(x,y) = \frac{\sum_{i=1}^{n}(x_i - \bar{x})(y_i - \bar{y})}{n}$$

相关系数是衡量随机变量 x 与 y 相关程度的一种方法,相关系数的取值范围是$[-1,1]$。相关系数的绝对值越大,则表明 x 与 y 相关度越高。当 x 与 y 线性相关时,相关系数取值为 1(正线性相关)或 -1(负线性相关)。

在概率论中,两个随机变量 x 与 y 之间的相互关系有下列三种情况。

①正相关。如果 x 越大,则 y 也越大,如果 x 越小,则 y 也越小,即相关系数 $\mathrm{cov}(x,y) > 0$ 时,表明 x 与 y 正相关,将这种情况称为正相关。

②负相关。如果 x 越大,则 y 反而越小,如果 x 越小,则 y 反而越大,即相关系数 $\mathrm{cov}(x,y) < 0$ 时,表明 x 与 y 负相关;将这种情况称为负相关。

③不相关。如果不是 x 越大,y 也越大,也不是 x 越大,y 反而越小,当 $\mathrm{cov}(x,y) = 0$ 时,表明 x 与 y 不相关,将这种情况称为不相关。

(7)编辑距离

编辑距离是求字符串 s_1 到字符串 s_2 的最少修改次数。每次修改的方式如下:

①增加一个字符,如 abc →abcd。

②删除一个字符,如 abc →ab。

③修改一个字符,如 abc →abd。

编辑距离主要用来计算两个字符串的相似度,其定义如下:

例如,将 abc 转化为 acb,通过两次操作(即修改)将 abc 转化为 acb(使用删除再增加操作也可

以），所以其编辑距离为 2。

(8) 应用场景

文本相似度计算的常用距离计算应用场景如下：

①欧氏距离、曼哈顿距离用于估算不同样本之间的相似性。

②夹角余弦用来衡量样本向量之间的差异。

③海明距离计算两个等长字符串的相似度。

④相关系数是衡量随机变量 x 与 y 相关程度的计算方法。

⑤杰卡德距离用来衡量两个集合 A 和 B 的相似度。

⑥编辑距离用来计算两个字符串的相似度。

2. 误差计算

在机器学习及应用中，尤其是深度学习及应用中，经常使用样本方差、标准差、变异系数、极差和协方差等误差来描述数据处理前后的特征。

(1) 样本方差

样本方差是样本相对于均值的偏差平方和的平均，n 个测量值 $x_1, x_2, x_3, \cdots, x_n$ 的样本方差 s^2 的计算公式为

$$s^2 = \frac{1}{n-1}\sum_{i=1}^{n}(x_i - \bar{x})^2$$

式中，$\bar{x}$ 是样本均值。

例如，$n=5$ 时，样本观测值为 3、4、4、5、4，则样本均值（数学期望值）为

$$\bar{x} = (3+4+4+5+4)/5 = 4$$

样本方差为

$$s^2 = ((3-4)^2 + (4-4)^2 + (4-4)^2 + (5-4)^2 + (4-4)^2)/(5-1) = 0.5$$

样本方差是描述一组数据变异程度或分散程度大小的指标。实际上，样本方差是对所给总体方差的一个无偏估计。

(2) 标准差

由于方差是数据的平方，与检测值本身相差太大，难以直观的衡量，所以常用方差开根号换算回来就是标准差。

(3) 变异系数

变异系数（coefficient of variation，CV）又称离散系数，是统计学中用于衡量资料中各观测值变异程度的统计量。

①变异系数定义。

变异系数是标准差与平均数的比值，通常以百分比的形式表示。

变异系数的计算公式为

$$\mathrm{CV} = (\sigma/\mu) \times 100\%$$

式中，σ 是数据的标准差；μ 是数据的平均数。

变异系数用于比较不同数据集的离散程度，尤其是当这些数据集的平均数相差较大时。

②变异系数的特点。

- 单位无关性:由于它是标准差与平均数的比值,因此它是一个无量纲的量,可以用来比较不同单位或不同量级的资料的离散程度。
- 离散程度的相对度量:变异系数越大,表示数据的离散程度越大;变异系数越小,表示数据的离散程度越小。

③变异系数的应用。

- 在经济分析中,变异系数可以用来衡量经济指标的稳定性。
- 在金融领域,可以用来评估投资的风险。
- 在工程和科学研究中,可以用来比较实验数据的波动情况。

需要注意的是,变异系数的使用也有其局限性,它依赖于数据分布的正态性,当数据分布严重偏斜时,变异系数的解释需要谨慎。

(4)极差

极差是指一组观测值内最大值与最小值之差,又称范围误差或全距,用 R 表示。它标识值变动的最大范围,极差是测定标识值变动的最简单的指标,计算公式为

$$R = x_{\max} - x_{\min}$$

式中,$x_{\max}$ 为最大值;$x_{\min}$ 为最小值。

极差是用来描述数据分散性的指标。数据越分散,则其极差越大。但由于极差取决于两个极值,容易受到异常值的影响,所以在实际中应用较少。极差没有充分利用数据的信息,但计算简单,仅适用样本容量较小($n < 10$)情况。例如,12、12、13、14、16、21,这组数的极差为

$$R = 21 - 12 = 9$$

极差越大,表示观测值分得越开,最大数和最小数之间的差就越大;该数越小,数字就越紧密。

(5)协方差

在概率论和统计学中,协方差用于衡量两个变量的总体误差。协方差可表示两个变量变化是否同方向还是反方向、变化程度。而方差是协方差的一种特殊情况,如果当两个变量相同,则协方差等于方差。当两个变量是同向变化,其协方差为正值;当两个变量是反向变化,其协方差为负值。当两个变量无关,其协方差为0。协方差的数值越大,两个变量同向程度也就越大,反之亦然。可以看出,协方差代表了两个变量之间是否同时偏离均值、偏离的方向是相同还是相反。

如果有 x、y 两个变量,每个时刻的 x 值与其均值 μ_x 之差乘以 y 值与其均值 μ_y 之差得到一个乘积,再对每时刻的乘积求和后计算均值,即为协方差,即

$$\mathrm{cov}(x,y) = E((x-\mu_x)(y-\mu_y))$$

公式简单解释为:如果有 x,y 两个变量,每个时刻的 x 值与其均值之差乘以 y 值与其均值之差得到一个乘积,再对每时刻的乘积求和并求出均值(数学期望)。

$$\mathrm{cov}(x,y) = E((x-E(x)(y-E(y)))$$
$$\mathrm{cov}(x,y) = E(xy) - E(x)E(y)$$

$E(x)$为随机变量 x 的数学期望,同理,$E(xy)$是 xy 的数学期望。

例1-1 协方差计算。

x_i 为1.1,1.9,3

y_i 为 5.0,10.4,14.6

$E(x) = (1.1 + 1.9 + 3)/3 = 2$

$E(y) = (5.0 + 10.4 + 14.6)/3 = 10$

$E(xy) = (1.1 \times 5.0 + 1.9 \times 10.4 + 3 \times 14.6)/3 = 23.02$

$\text{cov}(x,y) = E(xy) - E(x)E(y) = 23.02 - 2 \times 10 = 3.02$

3. 交叉熵

交叉熵(cross-entropy)是信息论中一个重要的概念,它用来度量两个概率分布之间的差异。在机器学习和深度学习中,交叉熵经常被用作损失函数,特别是在分类问题中。

(1)定义

给定两个概率分布 p 和 q,其中 p 是真实分布,q 是非真实分布或者是模型的预测分布,交叉熵 $H(p,q)$ 可以定义为

$$H(p,q) = -x\sum p(x)\log q(x)$$

这里的 x 是所有可能的事件,$p(x)$ 是事件 x 在真实分布中的概率,$q(x)$ 是事件 x 在预测分布中的概率。

(2)在机器学习中的应用

在机器学习中,特别是对于分类问题,交叉熵损失函数经常用来衡量模型的预测结果与真实标签之间的差异。对于二分类问题,交叉熵损失函数通常表达为

$$L(y,\hat{y}) = -y\log(\hat{y}) - (1-y)\log(1-\hat{y})$$

这里的 y 是真实的标签(通常是 0 或 1),$\hat{y}$ 是模型预测的概率。

对于多分类问题,交叉熵损失函数可以表达为

$$L(y,\hat{y}) = -\sum_i y_i\log(\hat{y}_i)$$

这里的 y 是一个 one-hot 编码的向量,表示真实的类别标签,$\hat{y}$ 是模型预测的概率分布。

(3)使用交叉熵的原因

- 非负性:交叉熵总是非负的,当预测分布与真实分布完全相同时,交叉熵为 0。
- 单调性:如果预测的概率分布总是真实分布的子集,那么交叉熵是单调递减的。
- 惩罚错误分类:交叉熵对于错误的预测给予较大的惩罚,特别是当真实标签的概率接近 1 而预测概率接近 0 时。

在优化模型参数时,最小化交叉熵损失函数等同于最大化模型预测的概率与真实标签的对数似然,这是机器学习中训练分类器的常见目标。

1.3　神经网络模型基础

神经网络模型发展经历三代,第一代神经网络为感知器,在 1950 年左右被提出,其呈现线性结构,它不能解决线性不可分异或问题。为了解决第一代神经网络的缺陷,在 1980 年左右 Rumelhart、Williams 等人提出第二代神经网络多层感知器(multilayer perceptron,MLP)。第二代神经网络在输入层与输出层之间有多个隐藏层的感知机,可以引入非线性结构,解决了之前无法解决的异或问题。但是随着层数的增加,优化函数越容易出现局部最优解的现象,又由于存在梯度消失的问题,深层网

络往往训练困难。当前的人工神经网络处于第二代神经网络，它们通常是全连接的，接收连续的值，输出连续的值。新出现的神经网络是脉冲神经网络（spiking neural network，SNN），旨在弥合神经科学和机器学习之间的差距，更接近生物神经元机制。第三代的 SNN 与目前流行的 ANN 有本质上的不同，SNN 通常是稀疏连接，并利用特殊的网络拓扑实现了更高级的生物神经模拟水平。除了神经元和突触状态之外，SNN 还将时间概念纳入了其操作之中，是一种模拟大脑神经动力学的模型。

1.3.1 神经网络模型特性

神经网络模型是一种基于生理学的智能仿生模型，是由大量处理单元（神经元）互连组成的非线性大规模自适应动力学系统。它具有自组织、自适应和自学习能力，以及具有非线性、非局域性、非定常性和非凸性等特点。

神经网络模型属连接学派，是一种基于生理学的智能仿生模型，是模拟人脑的神经系统对复杂信息处理机制的一种数学模型，是一个含有大量简单元件相互连接而成的复杂网络，能够进行复杂的逻辑操作和非线性关系实现。

神经网络模型主要包括数学模型与认知模型。数学模型是对神经系统生理特征的数学抽象的描述；而认知模型是根据神经系统信息处理过程而建立的，利用它可以模拟感知、思维、问题求解等过程。

人脑信息处理的特点是：大规模神经元并行处理、强大容错能力和自适应能力。脑是最复杂、最完美、最有效的信息处理系统。

1. 神经元模型

神经元模型是组成神经网络模型的细胞，神经元模型如图 1-10 所示。

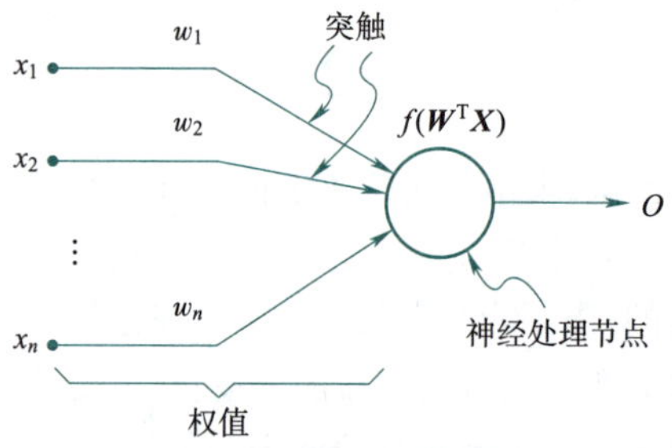

图 1-10 神经元模型

神经元输出 O 为

$$\begin{aligned} O &= f(\boldsymbol{W}^{\mathrm{T}}\boldsymbol{X}) \\ &= f\left(\sum_{i=1}^{m} w_i x_i\right) \end{aligned}$$

式中，$\boldsymbol{W}$ 是权向量，定义为

$$\boldsymbol{W} = (w_1 w_2 \cdots w_n)^{\mathrm{T}}$$

$\boldsymbol{X}$ 为输入向量，定义为：

$$\boldsymbol{X} = (x_1 x_2 \cdots x_n)^{\mathrm{T}}$$

$\boldsymbol{W}$ 和 $\boldsymbol{X}$ 都定义为列向量。函数 $f(\boldsymbol{W}^{\mathrm{T}}\boldsymbol{X})$ 常称为激活（或作用）函数，其定义域为神经元模型的净入值，常用 net 表示。变量 net 定义为权和输入向量的标量积（点积），又称为状态。

$$\mathrm{net} = \boldsymbol{W}^{\mathrm{T}}\boldsymbol{X}$$

net 是生物神经元潜力的模拟。其中 $x_1, x_2, \cdots, x_{n-1}$ 为实际的输入变量；而 $x_n = -1$ 且 $w_n = T$，T 为阈值，由于阈值对某些模型起了重要作用，因此有时需要明显地将 T 作为一个独立的神经元参数。神经元输出 O 为

$$O = f(\boldsymbol{W}^{\mathrm{T}}\boldsymbol{X}) = f\left(\sum_{i=1}^{n-1} w_i x_i - T\right)$$

f 为非线性作用函数，其形式是多样的，典型的有阶跃函数、阈值函数和 S（sigmoid）形函数。其输入与输出的非线性关系如图 1-11 所示。

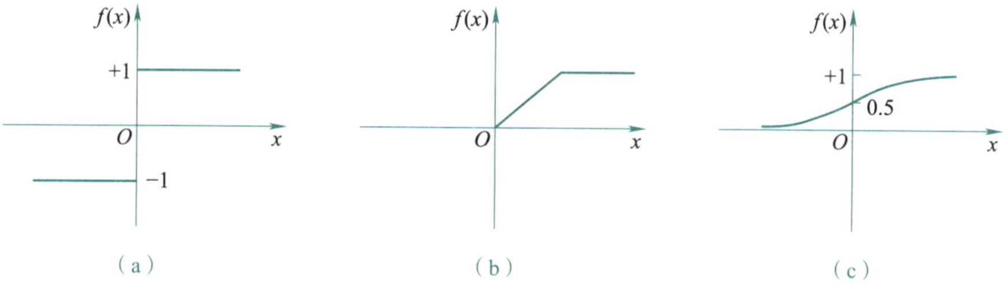

图 1-11　非线性作用函数

图 1-11（a）所示为阶跃函数，图 1-11（b）所示为阈值函数，图 1-11（c）所示为 S 形函数。有时也采用双曲函数或其他函数。通常将阶跃函数和阈值函数等称为硬限函数，S 形函数称为软限函数。

2. 神经网络模型定义

关于神经网络模型，基于不同角度与背景提出了多种定义，常用下述两种典型的定义。

神经网络模型是完成认知任务的算法，在数学上可定义为具有下述性质的有向图：

①节点状态变量 net_i 与节点 i 有关。

②权值 w_{ij} 与两节点 i 和 j 之间的连接有关。

③阈值 θ_i 与节点 i 有关。

④节点 i 的输出 $O_i = f_i(O_j, w_{ij}, \theta_i)$，$(j \neq i)$ 取决于连接到节点 i 的那些节点输出 O_j，w_{ij} 以及作用函数 f_i。

由著名的神经网络学者 T. Khonen 教授提出的神经网络模型的定义是：由简单单元组成的广泛并行互连的网络，能够模拟生物神经系统的真实世界物体所作出的交互反应。

3. 神经网络模型的特点

为了使神经网络模型能够模拟大脑的部分智能，神经网络模型的基本特点归纳如下：

（1）非线性

非线性关系是自然界中各种规律的普遍特征，大脑的智能就是一种非线性现象。神经网络模型是用构造性方法提出的脑功能模型，它具有非线性属性。

（2）非局域性

非局域性是自然界中事物间普遍联系的一种表现，一个系统的许多整体行为不仅仅取决于系统单元的个性，而且还由单元之间的相互连接、相互作用所决定。大脑的智能是大脑的整体行为，决定

于由神经细胞组成的整个神经网络,这就是大脑的非局域性含义。在神经网络模型中,不使用传统计算机中的局域性记忆方式,而是以单元之间的大量连接模拟大脑的非局域性。这些连接称为权,由于它是可塑的,进而使神经网络模型具有学习功能。

(3)非定常性

自然界万物处于永恒的运动与变化之中,大脑的思维也在不断演化。为了使神经网络模型具有智能,能够学习、能够发现规律、能够发明创造,就不能处于定常状态,这就必须使神经网络模型在某种程度上是一个能模拟思维运动的动力学系统。由于神经网络模型具有自适应、自组织和自学习能力,因此神经网络模型不但可以处理各种变化的信息,而且神经网络模型本身也在不断演化。迭代是描述神经网络模型演化的基本方法。

(4)非凸性

一个动力学系统的演化方向,在一定条件下取决于某个特定的状态函数。例如,能量函数就是一种状态函数。函数的极值对应于系统的较稳定状态。非凸性是指这种函数具有多极值性,表明系统可以有多个较稳定的平衡态。这就导致了系统演化的多样性和复杂性。

神经网络模型的学习过程就是改变其内部的连接权值的过程。可以定义某种评估函数来描述学习效果。但评估函数是多极值性的,这就导致了神经网络模型演化的非凸性。

4. 神经网络模型的拓扑结构

拓扑是指将实体抽象成与其大小、形状无关的点,而把连接实体的线路抽象成线,进而以图的形式来表示这些点与线之间关系的方法,其目的是研究点、线之间的相连关系。将表示点和线之间关系的图称为拓扑结构图。拓扑结构与几何结构属于两个不同的数学概念。在几何结构中,需要考察的是点、线之间的位置关系,或者说几何结构强调的是点与线所构成的形状及大小。如梯形、正方形、平行四边形及圆都属于不同的几何结构,但从拓扑结构的角度去看,由于点、线间的连接关系相同,从而具有相同的拓扑结构即环状结构。也就是说,不同的几何结构可能具有相同的拓扑结构。

(1)层次网络模型

在这种模型中将大量神经元按层次结构分成若干层顺序连接,在输入层加上输入(刺激)信息,通过中间各层变换,到达输出层,则完成一次信息处理。图 1-12 所示为层次网络模型中的三种基本结合方式。

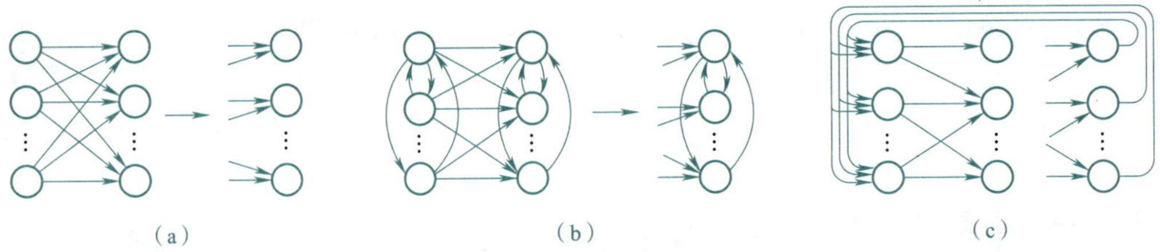

图 1-12 层次网络模型

(2)互连网络模型

在这种模型中任意两个神经元之间都具有相互连接的关系,如图 1-13 所示。网络的动作采用动态分析方法,即由某一个初始状态出发,根据网络的结构和神经元的特性进行网络的能量最小化计算逼近,最后达到稳定状态。

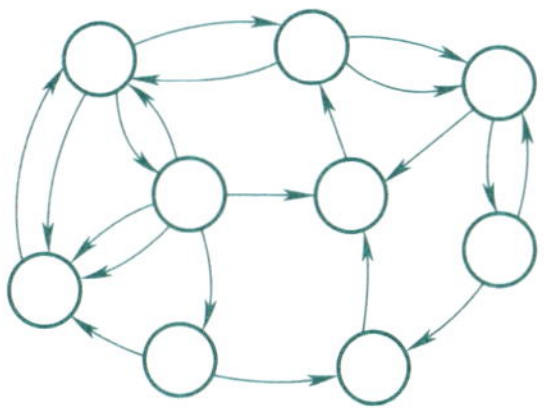

图 1-13　互连网络

5. 典型模型的基本结构

（1）前馈神经网络模型

前馈神经网络模型是信息单向流动的神经网络模型，含有 m 个神经元，n 个输入端的单层，前馈神经网络模型的结构如图 1-14 所示。

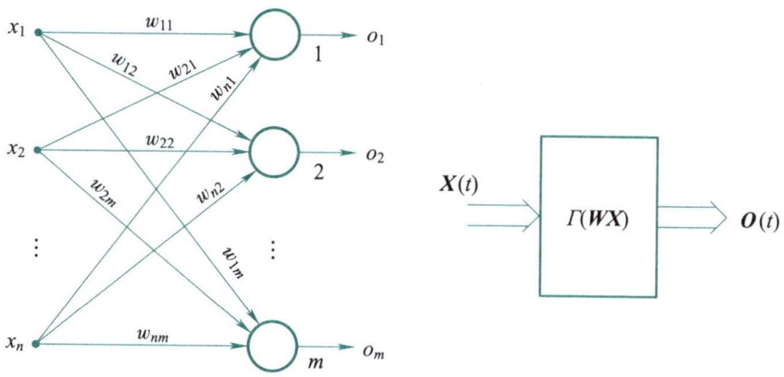

图 1-14　前馈神经网络

其输入向量为 $\boldsymbol{X}=(x_1,x_2,\cdots,x_n)^{\mathrm{T}}$，

其输出向量为 $\boldsymbol{O}=(o_1,o_2,\cdots,o_m)^{\mathrm{T}}$，

w_{ij}表示为第 j 个神经元与第 i 个输入之间的连接权。其中第 j 个神经元的净入值为

$$\mathrm{net}_j=\sum_{i=1}^{m} w_{ij}x_i,\quad j=1,2,\cdots,m$$

在网络中每个神经元完成的转换是一个非常强烈的非线性映射，即

$$O_j=f(\boldsymbol{W}_j^{\mathrm{T}}\boldsymbol{X}),\quad j=1,2,\cdots,m$$

其中权向量 $\boldsymbol{W}_j$ 包含与第 j 个神经元相连接的所有权值，即

$$\boldsymbol{W}_j=(w_{1j},w_{2j},\cdots,w_{nj})^{\mathrm{T}}$$

引入非线性矩阵运算符 Γ，则输入空间 $\boldsymbol{X}$ 到输出空间 $\boldsymbol{O}$ 的映射为

$$\boldsymbol{O}=\Gamma(\boldsymbol{W}\boldsymbol{X})$$

其中权矩阵为

$$\boldsymbol{W}\triangleq\begin{pmatrix} w_{11} & w_{21} & \cdots & w_{n1} \\ w_{12} & w_{22} & \cdots & w_{n2} \\ \vdots & \vdots & & \vdots \\ w_{1m} & w_{2m} & \cdots & w_{nm} \end{pmatrix}$$

$$\Gamma(\cdot) \triangleq \begin{pmatrix} f(\cdot) & 0 & \cdots & 0 \\ 0 & f(\cdot) & \cdots & 0 \\ \vdots & \vdots & & \vdots \\ 0 & 0 & \cdots & f(\cdot) \end{pmatrix}$$

输入向量 $\boldsymbol{X}$ 和输出向量 $\boldsymbol{O}$ 又称输入模式和输出模式。上面所描述的映射关系是一种前馈瞬时模型，如果考虑到 $\boldsymbol{X}$ 与 $\boldsymbol{O}$ 之间的延迟，则可用包含时间 t 的形式重写上式为

$$O(t) = \Gamma(\boldsymbol{WX}(t))$$

前馈神经网络的特点是无反馈，利用这种单层前馈神经网络连接可以构成多层前馈神经网络。在这种多层网络中，前一层的输出是下一层的输入。在 $x(t)$ 映射成 $O(t)$ 时，虽然前馈神经网络中无反馈，但输出值要与监督的指导信息相比较，利用产生的误差信号调整网络中的权值。

(2)反馈神经网络模型

将图 1-15 所示的前馈神经网络模型的输出与输入相连接就可以得到反馈神经网络模型，如图 1-15(a)所示。

闭合反馈环能够使得输出 $O_j(t-\Delta)$ 对 $O_i(t)$ 进行控制，$i=1,2,\cdots,n$；$j=1,2,\cdots,m$。

如果当前的输出为 $O(t)$，控制下一时刻的输出为 $O(t+\Delta)$，则这样的控制是有意义的。在图 1-15(a)中，用延迟单元来表示 t 和 $t+\Delta$ 之间的时间间隔。它是对基本生物神经元的模拟。$O(t)$ 到 $O(t+\Delta)$ 的映射可以写成

$$O(t+\Delta) = \Gamma(\boldsymbol{W}O(t))$$

图 1-15(b)所示为该公式的方框图表示，输入 $X(t)$ 仅用于初始化网络，使 $O(0)=X(0)$。当 $t>0$ 时，$X(0)$ 被取消，系统开始自动工作。

在离散时间系统中，由于时间间隔 Δ 是确定的。因此，选择自然数表示时间更为简洁而方便。对于一个离散时间人工系统，有下式关系：

$$\boldsymbol{O}^{k+1} = \Gamma(\boldsymbol{W}\,\boldsymbol{O}^{k}), \quad k=1,2,\cdots$$

式中，k 表示时间的自然数。

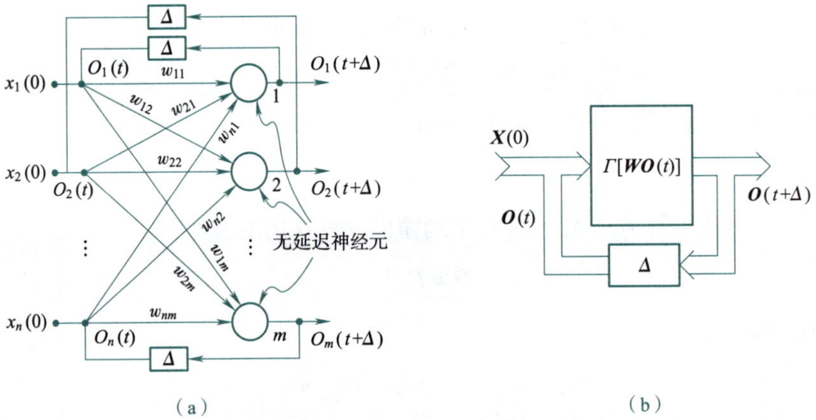

图 1-15 单层离散时间反馈网络

由于在图 1-15 中的网络是反馈的，也就是说在 $k+1$ 时刻的输出依赖于从 $k=0$ 时刻到 k 时刻的

所有输出。因此,可以得到一系列迭代表达式,即

$$O^1 = \Gamma(W X^0)$$
$$O^2 = \Gamma(W\Gamma(W X^0))$$
$$\vdots$$
$$O^{k+1} = \Gamma(W\Gamma(W\Gamma(\cdots W\Gamma(W X^0)\cdots)))$$

显然,这类反馈神经网络可以用自动机描述。将网络稳定输出状态称为吸引子,一个吸引子可以是一个确定状态或在几个状态绕行(又称极限环)。

1.3.2　学习方式与学习规则

人类通过学习掌握技术与增强能力。对于心理学家来说,学习方法的研究是一个重要课题。在神经网络中,学习是一个更为直接的过程。神经网络需要从一组例子的输入输出映射中进行学习。设计一个联想器或分类器,可根据学习将输入转换为输出。

1. 学习方式

在近似理论中,主要通过一个函数 $H(\boldsymbol{W},\boldsymbol{X})$ 来逼近另一个连续的多变量函数 $h(x)$,其中 $\boldsymbol{X}=(x_1,x_2,\cdots,x_n)^{\mathrm{T}}$ 为输入向量,$\boldsymbol{W}=(w_1,w_2,\cdots,w_m)^{\mathrm{T}}$ 为参数(权)向量。

对于神经网络模型,可以通过学习实现函数逼近。学习的任务是根据训练样本集 $\{\boldsymbol{X}\}$ 找到能够提供最佳逼近的 $\boldsymbol{W}$ 值。需要进行的重要选择是使用近似函数 $H(\boldsymbol{W},\boldsymbol{X})$,如图 1-16 所示,不能使用通过任意两点的直线逼近函数。为了表示 $h(x)$ 而进行函数 $H(\boldsymbol{W},\boldsymbol{X})$ 的选择称为表象问题。一旦选择了 $H(\boldsymbol{W}^*,\boldsymbol{X})$,网络学习算法便可以寻找最佳参数 $\boldsymbol{W}^*$。关于学习的更精确描述可以用包含 $\boldsymbol{W}$ 的下述计算式来表示

$$\boldsymbol{\rho}(\boldsymbol{H}(\boldsymbol{W}^*,\boldsymbol{X}),\boldsymbol{h}(\boldsymbol{X})) \leqslant \boldsymbol{\rho}(\boldsymbol{H}(\boldsymbol{W},\boldsymbol{X}),\boldsymbol{h}(\boldsymbol{X}))$$

式中,$\boldsymbol{\rho}(\boldsymbol{H}(\boldsymbol{W},\boldsymbol{X}),\boldsymbol{h}(\boldsymbol{X}))$ 为距离函数,它是 $\boldsymbol{H}(\boldsymbol{W},\boldsymbol{X})$ 和 $\boldsymbol{h}(\boldsymbol{X})$ 之间近似程度的描述和度量。前馈神经网络就是通过逼近实现输入到输出关系的映射。

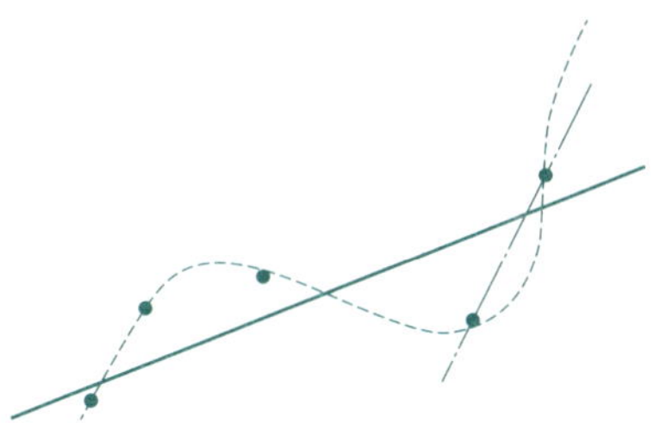

图 1-16　函数逼近

(1)有监督学习

在神经网络模型中使用了有监督或无监督的学习方式,但是也有一些神经网络模型不需逐渐训练,而是一次性学习,如 Hopfield 神经网络。

当神经网络的权值仅需一次调整时,需要输入、输出训练数据全集来决定权值。网络本身产生的反馈信息并不包含在网络运行过程中,这种技术又称译码。然而带有来自监督或者来自环境反馈的学习是神经网络更重要的学习。图 1-17 所示为神经网络的有监督学习和无监督学习的示意图。

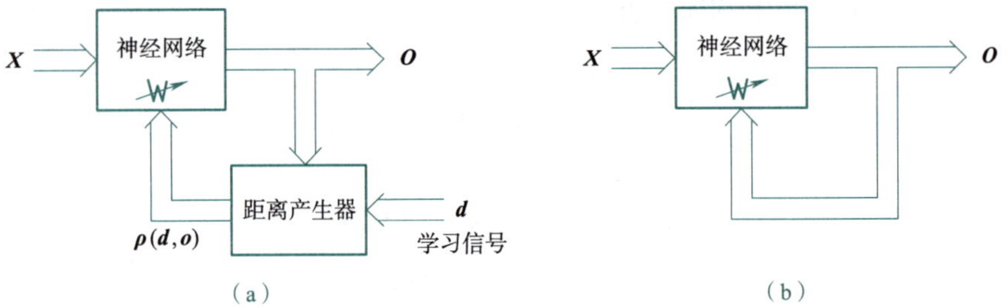

图 1-17 神经网络的学习方式

在有监督的学习方式中，当输入模式加入网络后，监督提供一个期望输出 $\boldsymbol{d}$ 给系统。将网络产生的实际输出值 $\boldsymbol{o}$ 和期望输出 $\boldsymbol{d}$ 间的距离 $\boldsymbol{\rho}(\boldsymbol{d},\boldsymbol{o})$ 作为误差，并用来调整网络参数，即使用一个奖惩方案修改网络的权矩阵。这种学习方案需要训练例子集，对神经网络的训练是有效的，大部分有监督学习算法都能将多维空间误差减至最小。

(2)无监督学习

在无监督学习方式中，期望输出是未知的，因此没有直接的误差信息用来改善网络的行为。由于得不到正确输出指导信息，因此，学习必须根据对输入应答的观察来完成。有监督学习能够容易地找到各类输入模式的边界。无监督学习算法使用大量的未经处理的输入数据，这些数据没有标记它们属于哪类标记。网络本身能发现任何可能存在的模式、规律性等，在发现的同时，网络进行参数的变化，这个过程称为神经网络模型的自组织。

无监督学习常用于完成聚类问题，例如不提供任何关于分类信息的无监督指导分类，然而在一些无监督环境中的学习常常是不可能的。

2. 学习规则

一个神经元可以看作一个适应单元。连接权可以根据神经元接收的输入信号(刺激)、输出值(响应)及相对应的监督应答进行调整，图 1-18 所示为监督学习的神经元 j 权向量 $\boldsymbol{W}_j$ 的调节示意图。神经网络学者 Amari 教授于 1990 年提出了神经网络的通用学习规则，即权向量 $\boldsymbol{W}_j$ 的增量 $\Delta\boldsymbol{W}_j$，与输入向量 $\boldsymbol{X}$ 和学习信号 r 的乘积成正比。学习信号通常是 $\boldsymbol{W}_j$、$\boldsymbol{X}$ 和信号 $\boldsymbol{d}_j$ 的函数。对于图 1-18 所示的网络

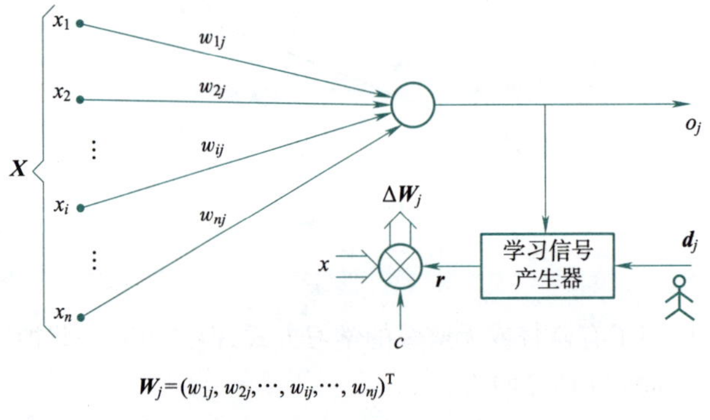

图 1-18 权值调整

$$\boldsymbol{r}=\boldsymbol{r}(\boldsymbol{W}_j,\boldsymbol{X},\boldsymbol{d})$$

根据通用学习规则，在 z 时刻学习中产生的权向量的增量为

$$\Delta \boldsymbol{W}_j(t)=cr\boldsymbol{X}(t)$$

式中，c 为正数，称为学习常量，其值决定学习速度。下一学习步 $t+1$ 时刻权向量为

$$\boldsymbol{W}_j(t+1)=\boldsymbol{W}_j(t)+cr[\boldsymbol{W}_j(t),\boldsymbol{X}(t),\boldsymbol{d}_j(t)]\boldsymbol{X}(t)$$

如果用上角标表示离散时间学习步骤，则第 k 步可改写为

$$\boldsymbol{W}_j^{k+1}=\boldsymbol{W}_j^k+cr(\boldsymbol{W}_j^k,\boldsymbol{X}^k,\boldsymbol{d}_j^k)\boldsymbol{X}^k$$

上面所讨论的是基于离散时间权调整的形式。基于连续时间的学习可表示为

$$\frac{\mathrm{d}\boldsymbol{W}_j(t)}{\mathrm{d}t}=cr\boldsymbol{X}(t)$$

基于离散时间权调整（学习）的基本规则，在每次学习之前，假设已对权值做了初始化。

(1) Hebbian 学习规则

在 Hebbian 学习规则中学习信号与神经元的输出相等，即

$$\gamma=f(\boldsymbol{W}_j^{\mathrm{T}}\boldsymbol{X})$$

权向量的增量为

$$\Delta \boldsymbol{W}_j=cf(\boldsymbol{W}_j^{\mathrm{T}}\boldsymbol{X})\boldsymbol{X}$$

权 w_{ij} 使用下述增量修改：

$$\Delta w_{ij}=cf(\boldsymbol{W}_j^{\mathrm{T}}\boldsymbol{X})x_i$$

也可以写成

$$\Delta w_{ij}=co_jx_i \quad i=1,2,\cdots,n$$

这个学习规则要求在学习前连接权初始化成很小的随机数（在 $\boldsymbol{W}_j=0$ 附近）。Hebbian 学习规则代表了一种纯前馈、无监督学习。这个规则表明：如果 o_jx_i 是正数，则使权 w_{ij} 增大；否则，权减小。例如：

$$\boldsymbol{W}^1=\begin{pmatrix}1\\-1\\0\\0.5\end{pmatrix}$$

图 1-19 所示的网络其权向量的初值为

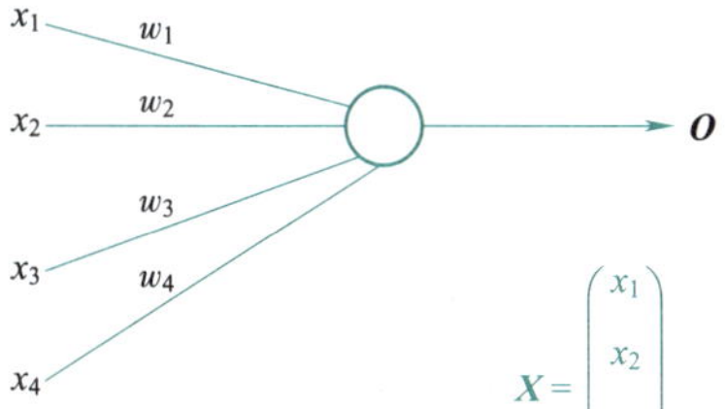

$$\boldsymbol{X}=\begin{pmatrix}x_1\\x_2\\x_3\\x_4\end{pmatrix}\qquad \boldsymbol{W}=\begin{pmatrix}1\\-1\\0\\0.5\end{pmatrix}$$

图 1-19　网络其权向量的初值

需要利用下面三个向量进行训练：

$$X_1=\begin{pmatrix}1\\-2\\1.5\\0\end{pmatrix}\qquad X_2=\begin{pmatrix}1\\-0.5\\-2\\-1.5\end{pmatrix}\qquad X_3=\begin{pmatrix}0\\1\\-1\\1.5\end{pmatrix}$$

学习常量 c 选为 1，作用函数选择双向符号函数，即 $f\in\{-1,1\}$。

第 1 步：输入 X_1，获得净入 net^1 为

$$\mathrm{net}^1=W^{1\mathrm{T}}X_1=(1,-1,0,0.5)\begin{pmatrix}1\\-2\\1.5\\0\end{pmatrix}=3$$

$$W^2=W^1+\mathrm{sgn}(\mathrm{net}^1)X_1=W^1+X_1=\begin{pmatrix}1\\-1\\0\\0.5\end{pmatrix}+\begin{pmatrix}1\\-2\\1.5\\0\end{pmatrix}=\begin{pmatrix}2\\-3\\1.5\\0.5\end{pmatrix}$$

第 2 步：X_2 作为输入

$$\mathrm{net}^2=W^{2\mathrm{T}}X_2=(2,-3,1.5,0.5)\begin{pmatrix}1\\-0.5\\-2\\-1.5\end{pmatrix}=-0.25$$

$$W^3=W^2+\mathrm{sgn}(\mathrm{net}^2)X_2=W^2-X_2=\begin{pmatrix}1\\-2.5\\3.5\\2\end{pmatrix}$$

第 3 步：X_3 作为输入

$$\mathrm{net}^3=W^{3\mathrm{T}}X_3=(1,-2.5,3.5,2)\begin{pmatrix}0\\1\\-1\\1.5\end{pmatrix}=-3$$

$$W^4=W^3+\mathrm{sgn}(\mathrm{net}^3)X_3=W^3-X_3=\begin{pmatrix}1\\-3.5\\4.5\\0.5\end{pmatrix}$$

在上述计算中，由于 $c=1$，则有 $f\cdot c\in(-1,1)$。进而使输入模式加或减到权向量中。如果作用函数 f 选为 Sigmoid 形式，则可使权向量得到更细致的调节。

重新使用上述例子，作用函数 f 为

$$f=1/(1+e^{-\lambda x})$$

其中 $\lambda=1$,则有

第 1 步:$f(\mathrm{net}^1)=0.905$

$$\boldsymbol{W}^2=\begin{pmatrix}1.905\\-2.81\\1.357\\0.5\end{pmatrix}$$

第 2 步:$f(\mathrm{net}^2)=-0.077$

$$\boldsymbol{W}^3=\begin{pmatrix}1.828\\-2.772\\1.512\\0.616\end{pmatrix}$$

第 3 步:$f(\mathrm{net}^3)=-0.932$

$$\boldsymbol{W}^4=\begin{pmatrix}1.828\\-3.70\\2.44\\-0.783\end{pmatrix}$$

(2)感知机学习规则

感知机学习规则的学习信号是神经元的期望输出和实际输出之间的差值,其学习信号为

$$\gamma=\boldsymbol{d}_j-\boldsymbol{o}_j$$

式中,$\boldsymbol{o}_j=\mathrm{sgn}(\boldsymbol{W}_j^{\mathrm{T}}\boldsymbol{X})$;$d_j$ 是期望输出,如图 1-20 所示。

$$\Delta\boldsymbol{W}_j=c[d_j-\mathrm{sgn}(\boldsymbol{W}_j^{\mathrm{T}}\boldsymbol{X})]\boldsymbol{X}$$
$$\Delta\boldsymbol{W}_{ij}=c[d_j-\mathrm{sgn}(\boldsymbol{W}_j^{\mathrm{T}}\boldsymbol{X})]x_i,\quad i=1,2,\cdots,n$$
$$\mathrm{sgn}(\boldsymbol{W}_j^{\mathrm{T}}\boldsymbol{X})\in\{-1,1\}$$

由于学习信号是代标签的期望输出函数,所以这种学习规则是一种有监督的学习规则。权可以初始化成任何值,这种规则仅适用于二进制神经元。

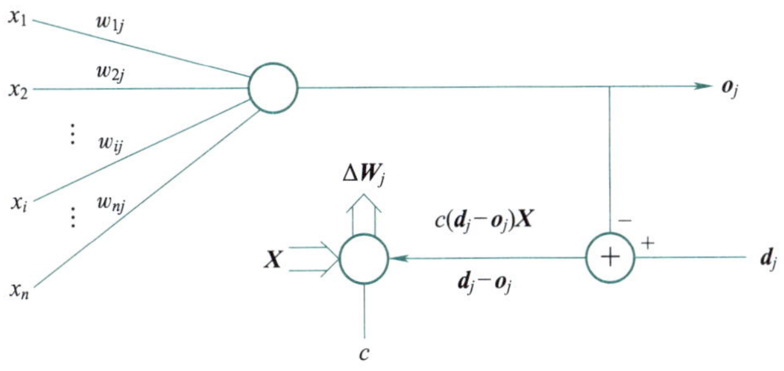

图 1-20　感知器学习规则

例如,输入样本向量为

$$\boldsymbol{X}_1=\begin{pmatrix}1\\-2\\0\\-1\end{pmatrix}\qquad \boldsymbol{X}_2=\begin{pmatrix}0\\1.5\\-0.5\\-1\end{pmatrix}\qquad \boldsymbol{X}_3=\begin{pmatrix}-1\\1\\0.5\\-1\end{pmatrix}$$

初始权向量为

$$\boldsymbol{W}_1=\begin{pmatrix}1\\-1\\0\\0.5\end{pmatrix}$$

学习常数 $c=0.1$,则与 $\boldsymbol{X}_1,\boldsymbol{X}_2,\boldsymbol{X}_3$ 相对应的期望输出为 $d_1=-1,d_2=-1,d_3=1$。

第 1 步:输入 $\boldsymbol{X}_1,\boldsymbol{d}_1$,净入值 net 为

$$\text{net}^1=\boldsymbol{W}^{1\text{T}}\boldsymbol{X}_1=(1,-1,0,0.5)\begin{pmatrix}1\\-2\\0\\-1\end{pmatrix}=2.5$$

由于 $\boldsymbol{d}_1=-1\neq\text{sgn}(\text{net}^1)$,所以

$$\boldsymbol{W}^2=\boldsymbol{W}^1+0.1(-1-1)\boldsymbol{X}_1=\begin{pmatrix}1\\-1\\0\\0.5\end{pmatrix}-0.2\begin{pmatrix}1\\-2\\0\\-1\end{pmatrix}=\begin{pmatrix}0.8\\-0.6\\0\\0.7\end{pmatrix}$$

第 2 步:输入 $\boldsymbol{X}_2,\boldsymbol{d}_2$

$$\text{net}^2=\boldsymbol{W}^{2\text{T}}\boldsymbol{X}_2=(0,1.5,-0.5,-1)\begin{pmatrix}0.8\\-0.6\\0\\0.7\end{pmatrix}=-1.6$$

由于 $\boldsymbol{d}_2=-1=\text{sgn}(-1,6)$,所以这一步不修正权值。

第 3 步:输入 $\boldsymbol{X}_3,\boldsymbol{d}_3$

$$\text{net}^3=\boldsymbol{W}^{3\text{T}}\boldsymbol{X}_3=(-1,1,0.5,-1)\begin{pmatrix}0.8\\-0.6\\0\\0.7\end{pmatrix}=-2.1$$

由于 $\boldsymbol{d}_3=1$,所以

$$\boldsymbol{W}^4=\boldsymbol{W}^3+0.1(1+1)\boldsymbol{X}_3=\begin{pmatrix}0.8\\-0.6\\0\\0.7\end{pmatrix}+0.2\begin{pmatrix}-1\\1\\0.5\\-1\end{pmatrix}=\begin{pmatrix}0.6\\-0.4\\0.1\\0.5\end{pmatrix}$$

如果用同样的训练集重新对网络进行训练,则输出误差通常比原来小。

(3) Delta 学习规则

Delta 学习规则只适合于连续作用函数(Sigmoid)的情况,并用于有监督的学习方式。该规则的学习信号称为 Delta,其定义如下:

$$\boldsymbol{r} \triangleq [d_j - f(\boldsymbol{W}_j^{\mathrm{T}}\boldsymbol{X})]f'(\boldsymbol{W}_j^{\mathrm{T}}\boldsymbol{X})$$

其中,$f'(\boldsymbol{W}_i^{\mathrm{T}}\boldsymbol{X})$是作用函数$f(\mathrm{net})$的导数。

其误差 E 定义为

$$\begin{aligned}\boldsymbol{E} &\triangleq \frac{1}{2}(\boldsymbol{d}_j - \boldsymbol{o}_j)^2 \\ &= \frac{1}{2}[\boldsymbol{d}_j - f(\boldsymbol{W}_j^{\mathrm{T}}\boldsymbol{X})]^2\end{aligned}$$

可以得到误差的梯度向量值,即

$$\nabla E = -(d_j - o_j)f'(\boldsymbol{W}_j^{\mathrm{T}}\boldsymbol{X})\boldsymbol{X}$$

$$\frac{\partial E}{\partial w_{ji}} = -(d_j - o_j)f'(\boldsymbol{W}_j^{\mathrm{T}}\boldsymbol{X})\boldsymbol{X}_i, \quad i = 1,2,\cdots,n$$

为了减小误差,权向负梯度方向变化,即

$$\Delta\boldsymbol{W}_j = -c\nabla E$$

式中,c 为正的常数。

$$\begin{aligned}\Delta\boldsymbol{W}_j &= -c(d_j - o_j)f'(\mathrm{net}_j)\boldsymbol{X} \\ \Delta\boldsymbol{w}_{ji} &= -c(d_j - o_j)f'(\mathrm{net}_j)x_i\end{aligned}$$

在 Delta 学习规则中,网络的初始权可为任意值。Delta 学习规则通常称为连续感知器学习规则,Delta 学习规则可被推广到多层网络。

(4) Widrow-Hoff 学习规则

Widrow-Hoff 学习规则是一种有监督的学习规则,与神经元所使用的作用函数无关。其学习信号定义为

$$\boldsymbol{\gamma} = \boldsymbol{d}_j - \boldsymbol{W}_j^{\mathrm{T}}\boldsymbol{X}$$

权向量增量为

$$\begin{aligned}\Delta W_j &= c(d_j - \boldsymbol{W}_j^{\mathrm{T}}\boldsymbol{X})\boldsymbol{X} \\ \Delta w_{ji} &= c(\boldsymbol{d}_j\boldsymbol{W}_j^{\mathrm{T}}\boldsymbol{X})x_i\end{aligned}$$

Widrow-Hoff 学习规则是 Delta 学习规则的特殊情况。如果在 Delta 学习规则中作用函数为单位函数,则 Delta 学习规则与 Widrow-Hoff 学习规则完全一致。Widrow-Hoff 学习规则又称 LMS(least mean square)学习规则,在这种规则中,权可被初始化为任意值。

(5) Correlation 学习规则

在 Correlation 学习规则中

$$\boldsymbol{\gamma} = \boldsymbol{d}_j$$

$$\Delta W_{\mathrm{j}} = c\boldsymbol{d}_{\mathrm{j}}\boldsymbol{X}$$
$$\Delta w_{\mathrm{ij}} = c\boldsymbol{d}_{\mathrm{j}}x_{\mathrm{i}}$$

这个规则说明，如果 $\boldsymbol{d}_j$ 是 x_i 的期望输出，则相应的权的增量与 $\boldsymbol{d}_j x_i$ 成正比。这个规则通常用于双向输出神经元构成的记忆网络中。也可被解释为 Hebbian 规则的特殊情况，即具有一个二进制作用函数 $\boldsymbol{o}_i = \boldsymbol{d}_i$。但是 Hebbian 学习规则是在无监督环境中完成的，Correlation 学习规则是有监督的学习规则，并且要求将权向量初始化为 $\boldsymbol{W} = 0$。

(6) Winner-Take-All 学习规则

Winner-Take-All 学习规则是一种竞争学习规则，并且用于无监督的网络训练。在网络的输出层中有 p 个神经元，对于输入 X 第 m 个神经元有最大输出，如图 1-21 所示。这个神经元称为胜利者，作为这个获胜事件的结果。其权向量 $\boldsymbol{W}_m = (w_{1m}, w_{2m}, \cdots, w_{mm})^{\mathrm{T}}$。

其增量为

$$\Delta \boldsymbol{W}_m = \alpha(\boldsymbol{X} - \boldsymbol{W}_m)$$
$$\Delta w_{ij} = \alpha(x_i - w_{im}) \quad i = 1, 2, \cdots, n$$

其中 $\alpha > 0$，一般随学习过程的进展而不断增加。选择胜利者的标准是：在所有参加竞赛的神经元中取最大的响应，即

$$\boldsymbol{W}_m^{\mathrm{T}}\boldsymbol{X} = \max_{i=1,2,\cdots,n}(\boldsymbol{W}_i^{\mathrm{T}}\boldsymbol{X})$$

显然，这个标准与寻找最接近输入 $\boldsymbol{X}$ 权向量是一致的。在这种规则中，除了获胜神经元连接权被调节之外，获胜神经元的相邻神经元也被补充进来调节。权通常被初始化为任意值并被归一化处理。

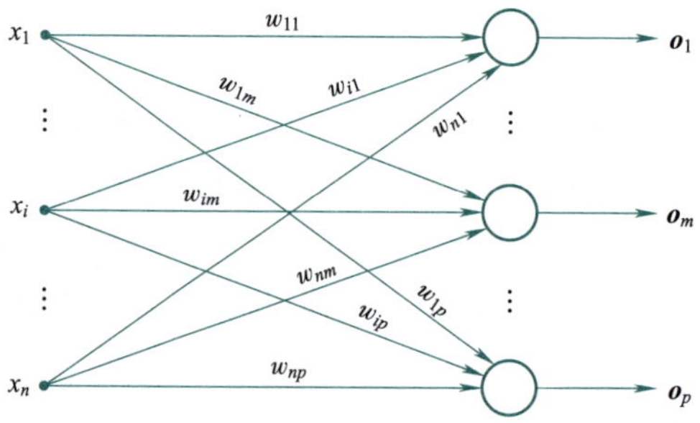

图 1-21 Winner-Take-All 学习规则

(7) Outstar 学习规则

Outstar 学习规则用于实现在输出层中 p 个神经元的期望输出 D，如图 1-22 所示。这个规则能够反复学习输入/输出关系的特征。Outstar 学习规则与有监督学习有关，但是它被认为允许网络抽取输入和输出信号的统计特征。其权调节为

$$\Delta \boldsymbol{W}_j = \beta(\boldsymbol{d} - \boldsymbol{W}_j)$$
$$\Delta w_{ij} = \beta(\boldsymbol{d}_j - w_{ij}) \quad j = 1, 2, \cdots, p \quad i = 1, 2, \cdots, n$$

其中，$\boldsymbol{W}_j = (w_{1j}, w_{2j}, \cdots, w_{nj})^{\mathrm{T}}$，$\beta$ 为在学习中逐渐减小的正的常量。

反复学习之后，输出模式与期望输出非常相似。

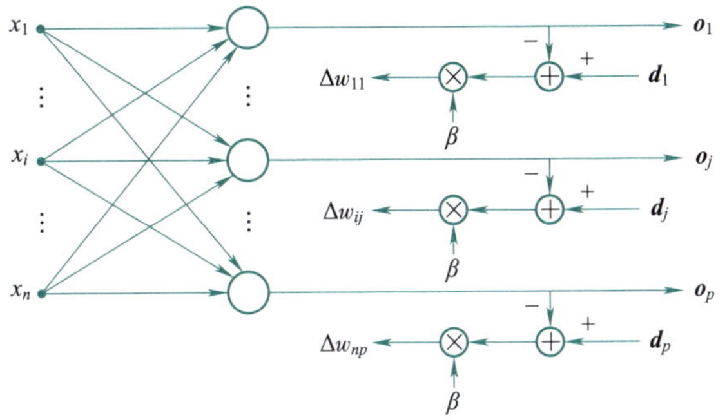

图 1-22　Outstar 学习规则

(8)学习规则总结

表 1-3 给出了上述几种学习规则的比较。除了 Winner-Take-All 和 Outstar 学习规则之外,大多数学习规则适用单个神经元学习。在这里,仅列举了几种较常使用的学习规则,并没有包括现存的所有学习规则。

表 1-3　学习规则比较

学习规则	权调节 Δw_{ji}	初始权	学习	神经元特征
Hebbian	$co_j x_i \quad i=1,2,\cdots,n$	0	U(无监督)	任意
感知器	$c[d_j - \text{sgn}(\boldsymbol{W}_j^{\text{T}}\boldsymbol{X})]x_i \quad i=1,2,\cdots,n$	任意	S(有监督)	双态
Delta	$c(\boldsymbol{d}_j - \boldsymbol{o}_j)f'(\text{net}_j)x_i \quad i=1,2,\cdots,n$	任意	S(有监督)	连续
Widrow-Hoff	$c(\boldsymbol{d}_j - \boldsymbol{W}_j^{\text{T}}\boldsymbol{X})x_i \quad i=1,2,\cdots,n$	任意	S(有监督)	任意
Correlation	$c\boldsymbol{d}_j x_i \quad i=1,2,\cdots,n$	0	S(有监督)	任意
Winner-Take-All	$\Delta w_{im} = \alpha(x_i - w_{im}) \quad i=1,2,\cdots,n$	随机规一化	U(无监督)	连续
Outstar	$\beta(\boldsymbol{d}_j - w_{ij}) \quad i=1,2,\cdots,p$	0	S(有监督)	连续

1.3.3　深度学习模型原理

大规模数据为深度学习提供了好的训练资源,计算机硬件的飞速发展,特别是图形处理器(graphics processing unit,GPU)的出现,使得构建与训练大规模网络成为可能。

1. 深度学习的概念

深度学习的目的在于建立、模拟人脑进行分析学习的神经网络模型。深度学习的基本思想是通过构建多层网络,对目标进行多层表示,以期通过多层的高层次特征来表示数据的抽象语义信息,获得更好的特征健壮性。

2. 特征学习

特征是一事物不同于其他事物的特点,也就是某些突出性质的表现。特征是区分事物的关键,所以当需要对事物进行分类或者识别时,实际上就是提取特征。通过对提取到的特征表现进行比较与判断的结果。由于事物的特征非常多,所以最终需要有选择地提取目标特征。

图像由大量像素组成,像素是图像的最基本特征,特征是分层次的,可以通过多次抽取获得多层次的特征。

3. 浅层学习

浅层结构通常只包含 1 层或 2 层的非线性特征转换层,典型的浅层结构有高斯混合模型

(GMM)、隐马尔可夫模型(HMM)、条件随机域(CRF)、最大熵模型(MEM)、逻辑回归(LR)、支持向量机(SVM)和多层感知器(MLP)等。其中,最成功的分类模型是SVM,SVM使用一个浅层线性模式分离模型,当不同类别的数据向量在低维空间无法划分时,SVM将其通过核函数映射到高维空间中并寻找分类最优超平面。

浅层结构学习模型是采用一层或两层简单结构将原始输入信号或特征转换到特定问题的特征空间中。浅层模型对复杂函数的表示能力有限,针对复杂分类问题(人类语音和图像)其泛化能力受到一定制约。

4. 深度学习

深度学习的基础是机器学习中的分散表示。分散表示是指观测值由不同因子相互作用生成,这一相互作用的过程可分为多个层次,代表对观测值的多层抽象。不同的层数和层的规模可用于不同程度的抽象。深度学习运用了分层次抽象的思想,更高层次的更有效的特征是从低层次的特征学习得到的。

假设系统 S 有 n 层($S_1,\cdots,S_n$),I 为输入,O 为输出,深度学习可形象地表示为

$$I \to S_1 \to S_2 \to \cdots \to S_n \to O$$

为了使输出 O 尽可能地接近输入 I,可以通过调整系统中的参数,这样就可以得到输入 I 的一系列层次特征 $S_1,S_2,\cdots,S_n$,模型自动地学习这些特征,其中一层的输出作为其下一层的输入,以实现对输入数据的分级表达。层次越多,则深度越大,这就是深度学习的基本思想。对于深度学习来说,通过堆叠多个层的方式实现对输入信息的分级表达。

深度学习是从数据中学习表示的一种新方法,强调从连续的层中进行学习,这些层对应于越来越有意义的表示。深度学习模型不是大脑模型。没有证据表明大脑的学习机制与现代深度学习模型所使用的机制相同,针对目的而言,深度学习是从数据中学习表示的一种数学框架,图1-23所示为对数字分类的多层次模型。

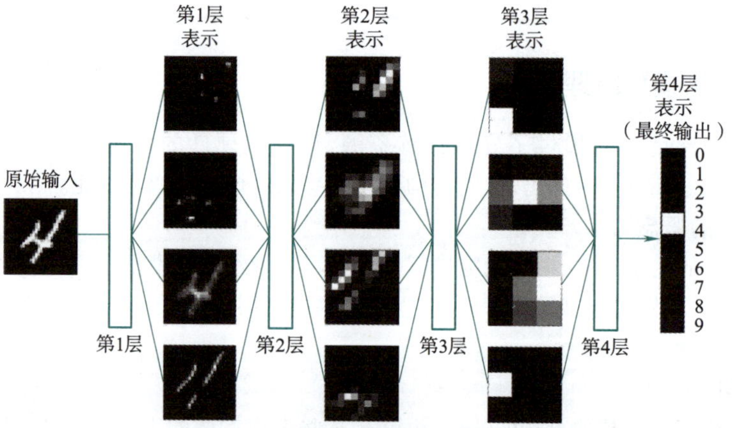

图1-23 对数字分类的多层次模型

这个网络将数字图像通过多层转换成与原始图像差别越来越大的表示,而其中最终结果的信息却越来越丰富。信息穿过连续的过滤器,其纯度越来越高。表明深度学习是学习数据表示的多级方法。

5. 神经网络深度学习原理

神经网络中每层对输入数据所做的具体操作保存在该层的权中，学习的是为神经网络的所有层找到一组权值，使得该网络能够将每个示例输入与其目标正确地一一对应。神经网络是通过其权重进行参数化，如图 1-24 所示。

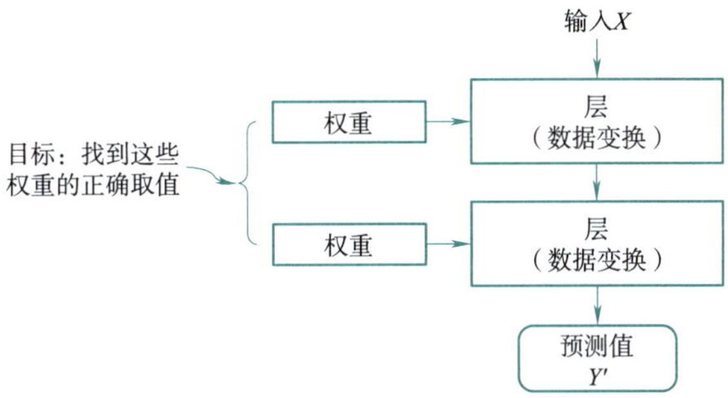

图 1-24　神经网络是由其权重来参数化

如要控制神经网络的输出，就需要能够衡量该输出与预期值之间的距离。这是神经网络损失函数的任务，该函数又称目标函数。损失函数的输入是网络预测值与真实目标值（即希望网络输出的结果），然后计算一个距离值，衡量该网络在该示例上的效果好坏，如图 1-25 所示。

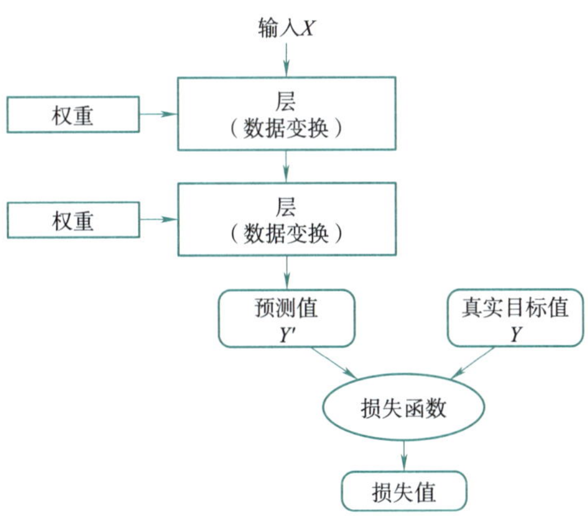

图 1-25　损失函数用来衡量网络输出结果的质量

在多层前馈神经网络中，利用距离值作为反馈信号对权重值进行微调，以降低当前示例对应的损失值，如图 1-26 所示。这种调节由优化器完成，它实现了 BP 反向传播算法，BP 算法是深度学习的核心算法之一。

6. 浅层学习与深度学习的比较

（1）多隐藏层模型和海量数据

深度学习可通过学习一种深层非线性网络结构，实现复杂函数逼近，可以用较少的参数表示复杂的函数。例如，一个复杂函数包括 sin( )、x^2、exp( )、log( ) 等简单函数，通过神经网可完成 log(exp(sin(x^2))) 运算。深度学习是通过构建具有很多隐藏层的机器学习模型和利用大量的训练数据来学习更有用的特征。

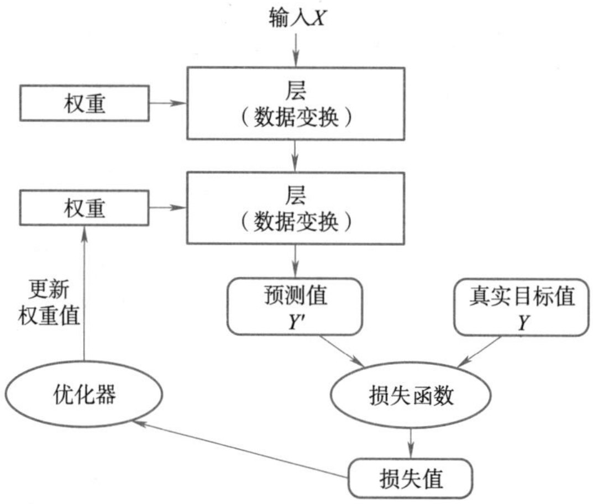

图 1-26 将损失值作为反馈信号来调节权重参数

深度学习可以理解为传统神经网络的拓展，深度学习与传统神经网络之间的相同之处是，深度学习采用了与神经网络相似的分层结构：系统是一个包括输入层、多个隐藏层（可单层、可多层）、输出层的多层网络。深度学习强调了模型结构的深度，通常有 5 层或 6 层，甚至 10 多个隐藏层，多隐藏层结构可以使用较少的参数表示复杂的函数。

（2）自动学习复杂特征

深度学习框架将特征和分类器结合到一个框架中，应用数据去学习特征，在使用中减少了人工设计特征的巨大工作量。无监督学习是不需要通过人工方式进行样本类别标注完成学习，因此，深度学习是一种可以自动学习特征的方法。深度学习通过学习一种深层非线性网络结构，可以只需简单的网络结构就可实现复杂函数的逼近，并展现了强大的从大量无标注样本集中学习数据集本质特征的能力。

深度学习突出了特征学习的重要性，也就是说，通过逐层特征变换，将样本在原空间的特征表示变换到一个新的特征空间的特征，从而使分类或预测更加容易。与人工规则构造特征的方案相比，能自动从简单特征中提取更加复杂的特征，如图 1-27 所示。

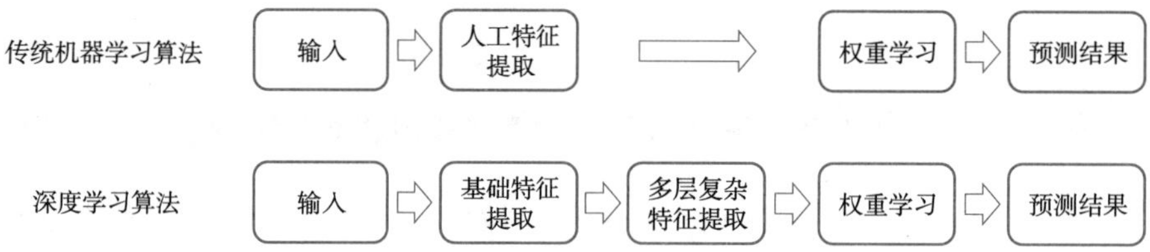

图 1-27 深度学习提取复杂特征

（3）逐层预训练

深度学习能够获得更好的表示数据的特征，同时由于模型的层次深（通常有 5 层、6 层，甚至 10 多层的隐藏层节点）、表达能力强。对于图像、语音等特征不明显的问题，深度学习首先利用无监督学习对每一层进行逐层预训练去学习特征，每次单独训练一层，并将训练结果作为更高一层的输入；然后到最上层改用监督学习从上到下进行微调去学习。

深度学习的特点是学习能力强、数据量越大，学习效果越好、覆盖范围广，适应性好、可移植性好。

7. 深度神经网络的主要问题

随着神经网络层数的加深，出现非凸优化问题、梯度消失问题和过拟合问题。

(1)非凸优化问题

非凸优化问题是优化函数越来越容易陷入局部最优解问题。随着隐藏层层数的增加，非凸的目标函数越来越复杂，局部最小值点成倍增长，利用有限数据训练的深层网络，性能还不如较浅层网络。

(2)梯度消失问题

随着隐藏层层数的增加，梯度消失问题是指在 BP 反向传播梯度时，每传递一层，梯度迅速衰减。层数一多，梯度指数衰减后，低层基本上接收不到有效的训练信号，造成梯度消失。

(3)过拟合问题

随着隐藏层层数的增加，结构庞大和参数增多，使得尽管训练误差可降得很低，但是测试误差却很高。

小　　结

最早出现的深度神经网是深度信念网络，应用图处理器 GPU 可以完成深层网络随机初始化训练。残差网的出现打破了层次限制，使得训练更深层次的神经网络成为可能。深度学习是神经网络的发展和延续。生物神经网络主要研究智能的机理；人工神经网络主要研究智能机理的实现，两者相辅相成。随着网络层数的不断加深，其学习效果也越来越好，新的网络设计结构不断被提出，使得神经网络的结构越来越复杂。本章内容是全书内容的起点，是全书内容的基础，主要介绍了深度学习的产生与发展、机器学习基础和神经网络模型基础等。

思考与练习

1. 解释下列术语：

机器学习、监督式学习方式、无监督式学习方式、机器学习的主要流派。

2. 在所有样本(数据)中，可以被分为正样本和负样本。在对样本进行分类时，也将分出正样本和负样本，但判断是有错误的，存在哪几种情况？

3. x_i 为 1.2,2.0,3,y_i 为 4.9,10.5,14.7,求

$E(X)=$

$E(Y)=$

$E(XY)=$

$\text{cov}(X,Y)=$

4. 假设有一个二分类问题，其中真实标签 y 和预测概率$\hat{y}$如下：

- 真实标签 $y=1$(表示正类)；
- 预测概率$\hat{y}=0.6$(模型预测样本属于正类的概率是60%)。

使用自然对数(以 e 为底)计算二元交叉熵。

第2章 前馈神经网络

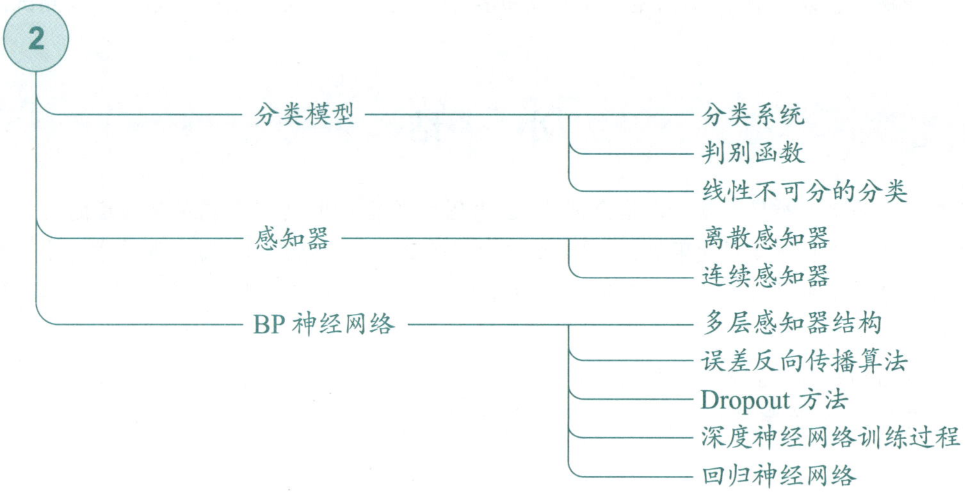

前馈神经网络在人工神经网络发展史上产生过重大影响,并且是常用的神经网络学习模型之一。前馈神经网络主要有感知器、BP 神经网络等。

2.1 分类模型

模式是对象、事件或现实的定量描述。分类的对象包括时间模式和空间模式,空间模式的例子有图片、轮船的视觉图像、气象地图、手印以及字体等;时间模式的例子有语言信号、心电图仪及地震仪等产生的时间信号,时间信号常常涉及数据在时间上出现的先后次序。

2.1.1 分类系统

分类系统框图如图 2-1 所示。传送器为特征抽取器提供数据,这些数据是一个向量集合。特征抽取器完成特征抽取,进而使维数降低,然后利用分类器根据特征进行分类。

图 2-1　分类系统

图 2-2 所示为神经网络分类器，该分类器输入端接收的数据不是 n 维特征向量，而是输入数据，省略了特征抽取器。神经网络分类器不仅具有分类功能，而且也具有特征抽取的功能。

图 2-2　分类系统

神经网络分类器的输入为数据向量 $\boldsymbol{X}$，利用判别函数 $f(\boldsymbol{X})$ 获得分类结果。

其中 i 为 $1,2,\cdots,R$。

可以利用转换或映射完成下述分类功能。

$$Y=f(\boldsymbol{X})\quad Y\in\{1,2,\cdots,R\}$$

$$\boldsymbol{X}=\begin{pmatrix}x_1\\x_2\\x_3\\\vdots\\x_n\end{pmatrix}$$

2.1.2　判别函数

空间模式向量和时间模式向量的产生方法如图 2-3 所示。

在图 2-3(a) 中，空间模式向量 $\boldsymbol{X}=(x_1,x_2,\cdots,x_n)^{\mathrm{T}}$ 中的任一元素 x_i 被赋值为 1 或 0，即 $\forall x_i\in\{0,1\}$。如果第 i 个单元被字符 p 所覆盖，则 $x_i=1$；否则 $x_i=0$。

在图 2-3(b) 中，时间模式向量为连续时间 t 的函数，通过 $y_i=f(t_i)$，$i=1,2,\cdots,n$ 形成在离散时间 t_i 的模式向量。

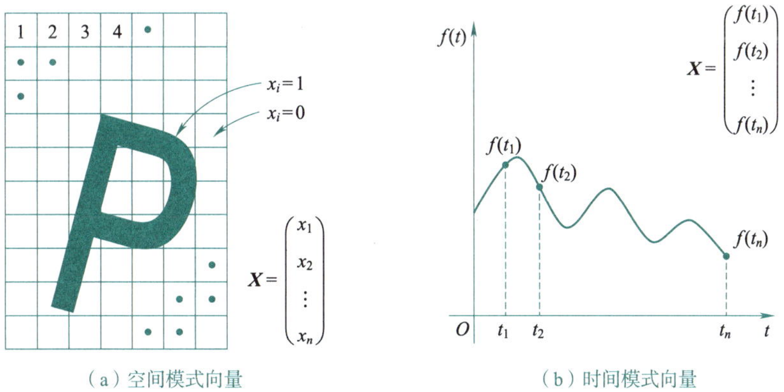

（a）空间模式向量　（b）时间模式向量

图 2-3　模式向量

分类问题经常使用几何描述，任何 n 维模式向量都可以用 n 维欧式空间 E^n 中的点来表示，该空间又称模式空间，n 维空间中的每一个向量含有 n 个元素。$f_1,f_2,\cdots,f_R$ 分别表示 R 个模式向量。

判别函数是直接用来对模式向量进行分类的决策函数，又称判决函数或决策函数。如果分属于 A_1,A_2 的两类模式在空间中的分布区域可以用代数方程 $d(\boldsymbol{X})=0$ 划分，那么称 $d(\boldsymbol{X})$ 为判别函数，又称决策函数。

1. 线性判别函数

函数 $d(\boldsymbol{X})=w_1x_1+w_2x_2+w_3$ 是线性判别函数。

如果 $d(\boldsymbol{X})>0$，则 $\boldsymbol{X}\in A_1$ 类；

如果 $d(\boldsymbol{X})<0$，则 $\boldsymbol{X}\in A_2$ 类；

如果 $d(\boldsymbol{X})=0$，则 $\boldsymbol{X}\in A_1$ 或 $\boldsymbol{X}\in A_2$ 或拒绝分类。

线性判别函数如图 2-4 所示，由于维数 $n=2$，所以判别边界为一直线。

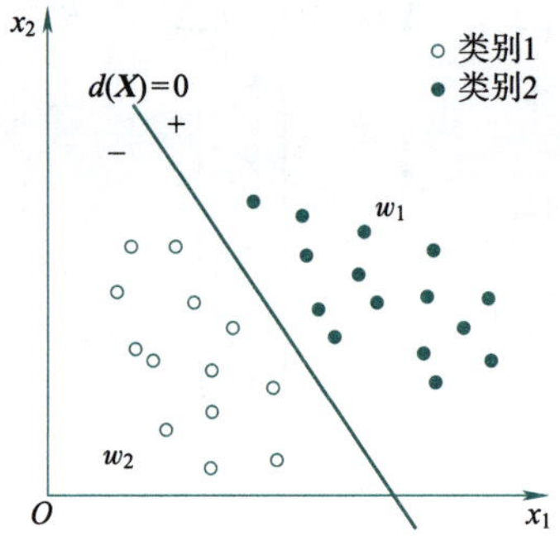

图 2-4　线性判别函数

判别界面的正负是在训练判别函数的权值时确定的。一般，令 A_1 类样本的函数值大于零，A_2 类样本的函数值小于零。

当维数 $n=3$ 时，判别边界为一平面；当维数 $n>3$ 时，判别边界为一个 $n-1$ 维超平面。

2. 判别函数的几何性质

判别函数 $d(\boldsymbol{X})$ 可以是线性函数，也可以是非线性的函数。判别函数 $d(\boldsymbol{X})$ 的系数由所给的模式样本确定。

将二维模式推广到 n 维，线性判别函数的一般形式为

$$d(\boldsymbol{X})=w_1x_1+w_2x_2+\cdots+w_nx_n+w_{n+1}=\boldsymbol{W}^{\mathrm{T}}\boldsymbol{X}+w_{n+1}$$

式中，$\boldsymbol{X}=[x_1,x_2,\cdots,x_n]^{\mathrm{T}}$；$\boldsymbol{W}=[w_1,w_2,\cdots,w_n]^{\mathrm{T}}$ 为权向量，即参数向量。

(1) 两类情况

$$d(\boldsymbol{X})=\boldsymbol{W}^{\mathrm{T}}\boldsymbol{X}$$

如果 $d(\boldsymbol{X})>0$，若 $\boldsymbol{X}\in A_1$；

如果 $d(\boldsymbol{X})<0$，若 $\boldsymbol{X}\in A_2$；

如果 $d(\boldsymbol{X})=0$，为不可判别情况，可令 $\boldsymbol{X}\in A_1$ 或 $\boldsymbol{X}\in A_2$ 或拒绝分类。

(2) 多类情况

对 M 个线性可分模式，$A_1,A_2,\cdots,A_M$ 有三种分类。

①是非两分法。用线性判别函数将属于 A_i 类的模式与其余不属于 A_i 类的模式分开。能用本方法分类的模式集称为整体线性可分。

$$d_i(\boldsymbol{X}) = \boldsymbol{W}_i^{\mathrm{T}}\boldsymbol{X} = \begin{cases} >0, & \text{如果 } \boldsymbol{X} \in A_i \\ <0, & \text{如果 } \boldsymbol{X} \in \neg A_i \end{cases}$$

识别出 M 类需要 M 个判别函数,有可能存在不定义区。

②成对两分法。一个判别界面只能分开两个类别,不需要把其余所有的类别都分开。判别函数为

$$d_{ij}(\boldsymbol{X}) = \boldsymbol{W}^{\mathrm{T}}\boldsymbol{X}$$

这里 $d_{ij} == d_{ij}$。

判断函数性质:

$$d_{ij}(\boldsymbol{X}) > 0,\ \forall j = f_i; i,j = 1,2,\cdots,M, \text{如果 } X \in A_i$$

③成对两分法特例。当 A_i/A_j 成对两分法中的判别函数 $d_{ij}(\boldsymbol{X})$,如果可以分解为 $d_{ij}(\boldsymbol{X}) = d_i(\boldsymbol{X}) - d_j(\boldsymbol{X})$。

2.1.3 线性不可分的分类

如果判别函数 $g(\boldsymbol{X})$ 是输入 $x_1, x_2, \cdots, x_n$ 的非线性函数,如图2-5所示,则可实现线性不可分的分类。

在神经网络模型中,单个神经元可以实现线性可分的分类,但使用多层神经网络就可以实现线性不可分的分类。这也就是说线性判别函数是基础,利用线性函数的组合就可以避开使用非线性判别函数。

例 2-1 线性不可分。

图2-6所示为在二维及三维空间中线性不可分的例子。图2-5所示的异或函数是一种线性不可分函数,定义为

$$\mathrm{XOR}(x_1, x_2) = x_1 \oplus x_2$$

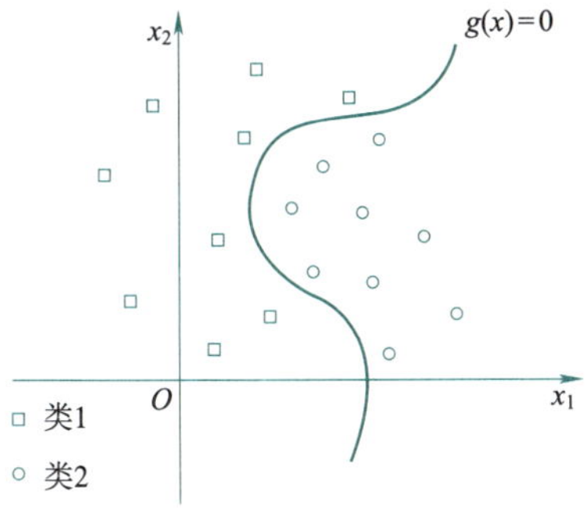

图2-5 非线性判别函数

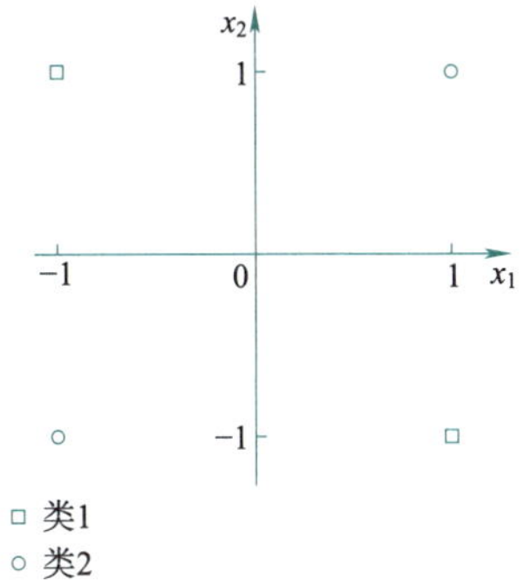

图2-6 线性不可分的例子($R=2$)

2.2 感 知 器

感知器(perceptron)由美国学者 F. Rosenblatt 于 1957 年提出,它是一个具有单层计算单元的神经网络。图 2-7 所示为单个感知器示意描述。

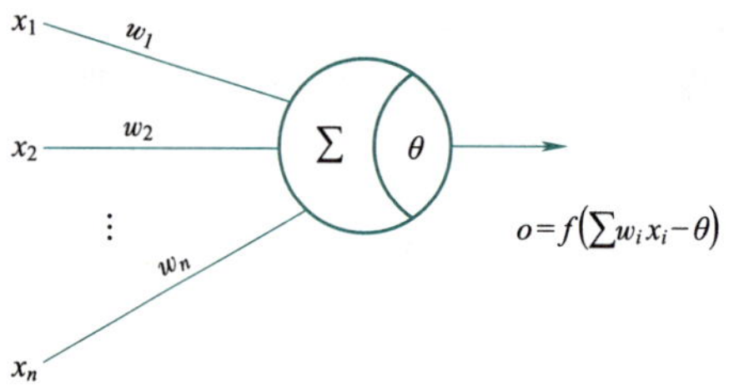

图 2-7 单个感知器

图 2-7 中,当输入 $\sum w_i x_i$ 大于或等于阈值 θ 时,输出为 1;否则为 0 或 -1。感知器与 MP 模型的区别是神经元的耦合强度(连接权)可以改变,这表明它具有学习能力。当利用它进行两类模式分类时,相当于在高维样本空间中,用一个超平面将两类样本分开。Rosenblatt 证明:如果两类模式是线性可分的,则学习算法一定收敛,否则判定边界产生振荡。

2.2.1 离散感知器

对于离散感知器,给出 p 个学习样本:

$$\{x_1,d_1,x_2,d_2,\cdots,x_p,d_p\}$$

其中,x_i 为 $(n\times1)$ 维,d_i 为 (1×1) 维,$i=1,2,\cdots,p$。

输入向量为

$$\boldsymbol{Y}_i=\begin{pmatrix}\boldsymbol{X}_i\\1\end{pmatrix}\quad i=1,2,\cdots,p$$

在训练中 k 为训练步,p 为训练周期中的步计数器。

①选择 $c>0$。

②权向量随机初始化(小的随机数),$\boldsymbol{W}$ 为 $(n+1)\times1$,步长、计数器与误差的初始值分别为 $k=1,p=1,E=0$。

③输入一个样本,计算其输出:

$$y=y_p,d=d_p$$

④调节权值,即

$$\boldsymbol{W}=\boldsymbol{W}+(c(d-o)\boldsymbol{Y})/2$$

⑤计算误差,即

$$\boldsymbol{E}\leftarrow\frac{1}{2}(d-o)^2+\boldsymbol{E}$$

⑥如果 $p<P$(学习样本数),那么 $p \leftarrow p+1$,$k \leftarrow k+1$,并转至步骤③,否则转步骤⑦。

⑦如果 $\boldsymbol{E}=0$,则结束训练,输出权值;否则 $\boldsymbol{E} \leftarrow 0$,$p \leftarrow 1$ 转步骤③。

例 2-2 感知器。

训练感知器,实现下述模式分类:

类 1: $x_1=1, x_3=3, d_1=d_3=1$

类 2: $x_2=-0.5, x_4=-2, d_2=d_4=-1$

被训练的单个感知器如图 2-8(a)所示。

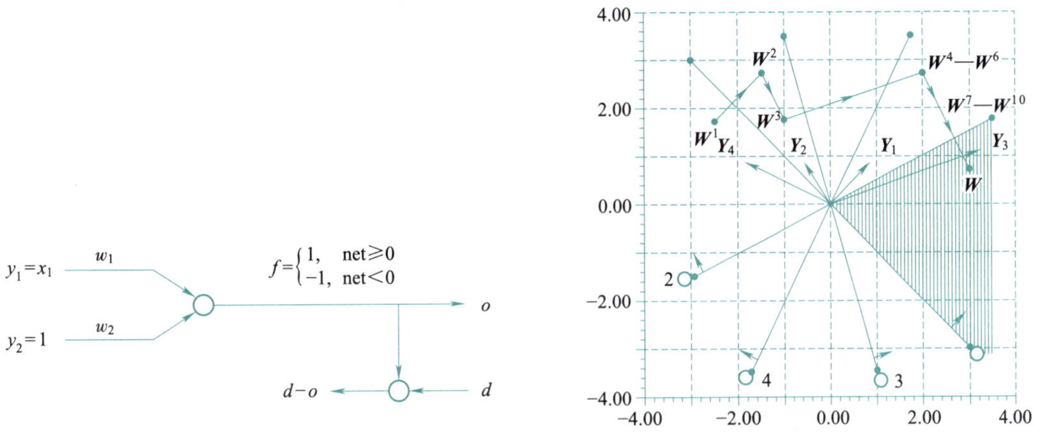

(a) (b)

图 2-8 离散感知器训练举例

从图 2-8(a)中可以看出,感知器具有两个未知权,即 w_1 和 w_2。

其输入向量为

$$\boldsymbol{Y}_1=(1,1)^{\mathrm{T}} \qquad \boldsymbol{Y}_2=(-0.5,1)^{\mathrm{T}}$$

$$\boldsymbol{Y}_3=(3,1)^{\mathrm{T}} \qquad \boldsymbol{Y}_4=(-2,1)^{\mathrm{T}}$$

如果选择 $c=2$,随机选择的初始权向量为

$$\boldsymbol{W}^1=(-2.5,1.75)^{\mathrm{T}}$$

则前 10 步的权调节过程的说明如图 2-8(b)所示。

①输入 $\boldsymbol{Y}_1$ 模式向量,则得

$$o=\operatorname{sgn}\left[(-2.5,1.75)\begin{pmatrix}1\\1\end{pmatrix}\right]=-1$$

$$\mathrm{d}-\mathrm{o}=2$$

模式向量 $\boldsymbol{Y}^1=\boldsymbol{Y}_1$,加入当前权向量 $\boldsymbol{W}^1$,得

$$\boldsymbol{W}^2=\boldsymbol{W}^1+\boldsymbol{Y}^1=\begin{pmatrix}-1.5\\2.75\end{pmatrix}$$

②输入 $\boldsymbol{Y}_2$ 模式向量,则得

$$o=\operatorname{sgn}\left[(-1.5,2.75)\begin{pmatrix}-0.5\\1\end{pmatrix}\right]=1$$

$$\mathrm{d}-\mathrm{o}=-2$$

从当前权向量 $\boldsymbol{W}^2$ 中减去 $\boldsymbol{Y}^2=\boldsymbol{Y}_2$，则得

$$\boldsymbol{W}^3=\boldsymbol{W}^2+\boldsymbol{Y}^2=\begin{pmatrix}-1\\1.75\end{pmatrix}$$

③输入 $\boldsymbol{Y}_3$ 模式向量，则得

$$o=\operatorname{sgn}\left[(-1,1.75)\begin{pmatrix}3\\1\end{pmatrix}\right]=-1$$

$$\mathrm{d}-\mathrm{o}=-2$$

模式向量 $\boldsymbol{Y}^3=\boldsymbol{Y}_3$ 加入当前权向量 $\boldsymbol{W}_3$ 中，得

$$\boldsymbol{W}^4=\boldsymbol{W}^3+\boldsymbol{Y}^3=\begin{pmatrix}2\\2.75\end{pmatrix}$$

④～⑤ $\boldsymbol{W}^6=\boldsymbol{W}^5=\boldsymbol{W}^4$

因为不存在错误分类，因此无须调整权值。

⑥～⑩步的权调整为

$$\boldsymbol{W}^7=(2.5,1.75)^{\mathrm{T}}$$

$$\boldsymbol{W}^{10}=\boldsymbol{W}^9=\boldsymbol{W}^8=\boldsymbol{W}^7$$

$$\boldsymbol{W}^{11}=(3,0.75)^{\mathrm{T}}$$

在 10 个训练步之后，权向量 $\boldsymbol{W}^{11}$ 终止于答案区域。$w_1=3$，$w_2=0.75$ 为最后的权值，可以为整个样本集提供正确分类，如图 2-9 所示。给出了从步 1 到步 10 训练产生的分界线。

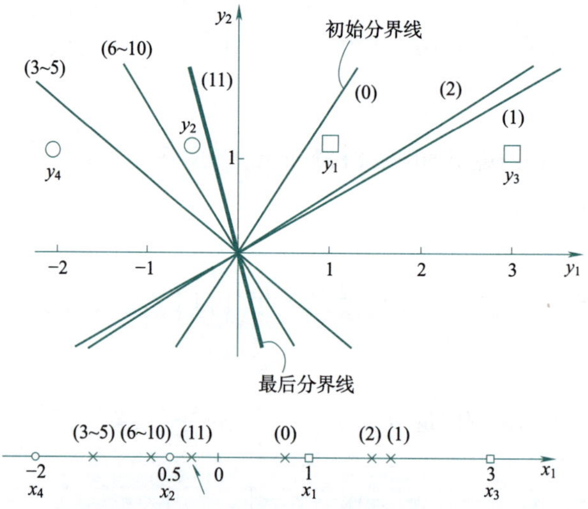

图 2-9 分界线

2.2.2 连续感知器

在许多实际问题中,两种类别的集合往往是非线性可分的,甚至是犬牙交错、相互重叠,如图 2-10 所示。

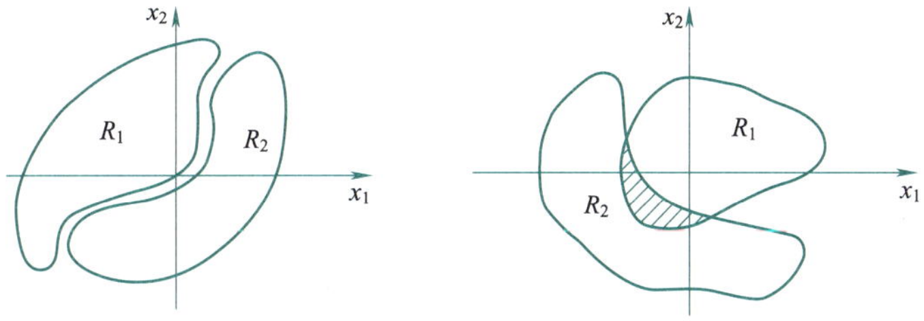

图 2-10 二维空间非线性可分类举例

对于上述情况,如果利用前述的感知器学习算法,使神经元的输出值为 -1 或 1 进行分类,就不可能准确求解。为了解决这个问题,可以采用如下方法:当输入向量属于 R_0 时,输出值尽可能接近 1,否则接近 0。若按照最小二乘法,就要求实际输出值与这两个理想的期望值(1/0)之间的误差均方值为最小。为此,需把单元特性改为可微函数(如 Sigmoid 形式)。

随机选择权向量 $\boldsymbol{W}$,计算当前误差函数的梯度$\nabla E(\boldsymbol{W})$,通过沿着多维误差表面在负梯度方向上移动获得下一步的 $\boldsymbol{W}$ 值。算法可归纳如下:

$$\boldsymbol{W}_{k+1} = \boldsymbol{W}_k - \eta \nabla E(\boldsymbol{W}_\mathrm{k})$$

式中,η 为正的常数,称为学习常数。

定义第 k 训练步的误差 E_k 为期望值 d_k 和感知器实际输出值 o_k 的平方差,期望值由教师提供。

分类误差的最小化表达式为

$$\begin{aligned} E_k &= \frac{1}{2}(d_k - o_k)^2 \\ &= \frac{1}{2}[d_k - f(\boldsymbol{W}_k^\mathrm{T}\boldsymbol{Y}_\mathrm{k})]^2 \end{aligned}$$

单个连续感知器学习算法如下:

①选择 $\eta > 0, \lambda = 1, E_{\max} > 0$。

②与单个离散感知器学习算法相同。

③输入 $\boldsymbol{Y}$,并计算输出,即

$$\boldsymbol{Y} = \boldsymbol{Y}_p, d = d_p$$
$$O = f(\boldsymbol{W}^\mathrm{T}\boldsymbol{Y})$$

④调节权值,即

$$W = W + \eta((d - o)(1 - o^2)Y)/2$$

⑤~⑥与单个离散感知器学习算法相同。

⑦如果 $E < E_{max}$，则输出权值 k 和 E；如果 $E \geqslant E_{max}$，$E=0$，$p=1$，并转向步③。

例 2-3 梯度算法。

图 2-11 所示为使 E_k 最小化的一个例子。$\boldsymbol{W}_f$ 为误差函数最小时的权值。这可以利用初始化权向量为零，使用梯度算法在有限步内达到。其中图 2-11(a)表示误差表面情况，图 2-11(b)表示误差等值线。

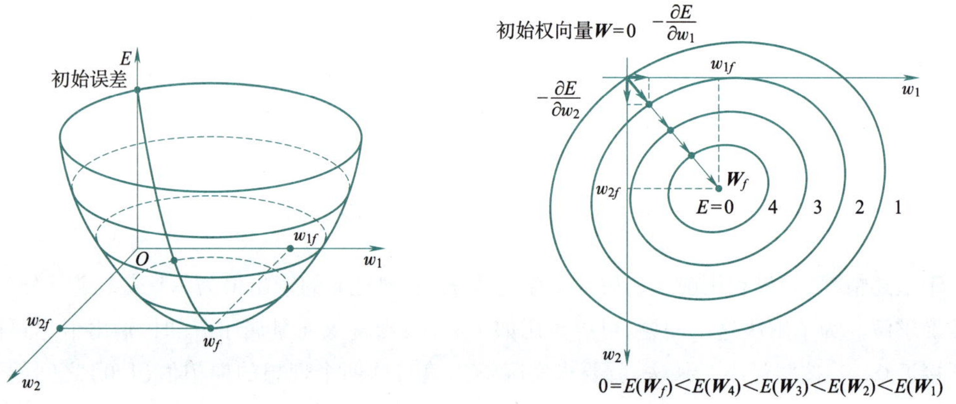

（a）误差表面（n=1）　　（b）误差等位线

图 2-11 误差函数的最小化

感知器是最简单的前馈网络，主要用于模式分类，也可用在基于模式分类的学习控制和多模态控制中。上述介绍的是单层感知器。

2.3 BP 神经网络

BP 神经网络是指连接权调整采用了误差反向传播(back propagation)学习算法的前馈神经网络。BP 神经网络的神经元变换函数采用了 S 形函数(Sigmoid 函数)，因此输出量是 0 ~ 1 之间的连续量，可实现从输入到输出任意的非线性映射。

2.3.1 多层感知器结构

多层感知器(multilayer perceptron，MLP)的主要特点是结构简单、应用广泛，能够以任意精度逼近任意连续函数及平方可积函数，而且可以精确实现任意有限训练样本集。从系统的观点看，多层感知器是一种静态非线性映射，通过简单非线性处理单元的复合映射，可获得复杂的非线性处理能力。从计算的观点看，缺乏丰富的动力学行为。大部分前馈网络都是学习网络，其分类能力和模式识别能力一般都强于反馈网络。

多层感知器是一种层次结构的神经网络，多层感知器是由输入层，多个隐藏层和输出层组成的全连接网络，结构如图 2-12 所示。

结构特点如下：

①每一层都由多个神经元组成，神经元和输入向量全连接，每层神经元与下一层神经元全互连，同层神经元之间不存在连接。

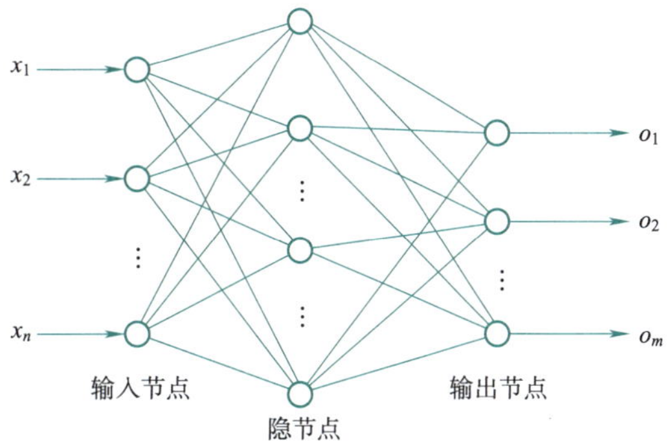

图 2-12　多层感知器结构

②多层感知器内部不存在环或回路,也不存在跨层连接。

③在网中可以包含多层隐藏层,每一层的输出作为下一层的输入向量。信号从输入层向输出层单向传播,可用一个有向无环图表示。

④输入层不对数据进行处理,只是代表整个神经网络最开始的输入向量,也就是样本向量。

⑤神经网络最后的输出也是向量,输出向量的维度取决于输出层神经元的个数。

2.3.2　误差反向传播算法

BP 神经网络是 1986 年由 Rumelhart 和 McClelland 为首的科学家提出的概念,是一种按照误差逆向传播算法训练的多层前馈神经网络,是应用最广泛的神经网络模型之一。

采用了 BP 学习算法训练的前馈神经网络是 BP 神经网络。首先定义损失函数,由于网络的输出层有多个输出节点,需要计算输出层每个输出节点的期望输出和实际输出的差值平方和。于是得到每一个训练样例的损失函数为:前面加个 0.5 方便后面求导。

对于输入信号,要先向前传播到隐节点,经过隐节点之后,再将隐节点的输出信息传播到输出节点,最后给出输出结果。节点的作用函数通常选取 Sigmoid 函数。

BP 神经网络的输入与输出关系是一个高度非线性映射关系,如果输入节点数为 n,输出节点数为 m,则网络是从 n 维欧氏空间到 m 维欧氏空间的映射。通过调整前馈神经网络中的连接权值、网络的规模(包括 n 和 m 隐层节点数),就可以实现非线性分类等问题。

BP 学习算法是一个非常重要但又经典的学习算法。利用它可以实现 BP 神经网络的权调节。这种学习算法的提出对人工神经网络的发展起到了推动作用,是深度学习二次热潮的发起者。

为了使讨论的问题更为简单,认为整个网络只有一个输出。任何节点 z 的输出为 q,如果有 N 个样本 (x_k, y_k), $k=1,2,\cdots,N$,某一输入 x_k,网络的输出为 o_k,节点 i 的输出为 o_{ik},节点 j 的输入为

$$\mathrm{net}_{jk} = \sum_i w_{ij} o_{ik}$$

其平方型误差函数为

$$E = \frac{1}{2}\sum_{k-1}^{N}(o_k - \hat{o}_k)^2$$

式中,$\hat{o}$ 为 BP 神经网络的实际输出,样本 k 的误差为

$$E_k = (o_k - \hat{o}_k)^2$$

$$\text{net}_{jk} = \sum_i w_{ij} o_{ik}$$

$$\delta_{jk} = \frac{\partial E_k}{\partial \text{net}_{jk}}$$

其中

$$o_{jk} = f(\text{net}_{jk})$$

于是

$$\frac{\partial E_k}{\partial w_{ik}} = \frac{\partial E_k}{\partial \text{net}_{jk}} \frac{\partial \text{net}_{jk}}{\partial w_{kj}}$$

$$= \frac{\partial E_k}{\partial \text{net}_{ik}} o_{ik}$$

$$= \delta_{jk} o_{jk}$$

如果 j 为输出节点，$o_{ij} = \hat{o}_k$，则有

$$\delta_{jk} = \frac{\partial E_k}{\partial \hat{o}_k} \frac{\partial \hat{o}_k}{\partial \text{net}_{jk}} = -(o_k - \hat{o}_k) f'(\text{net}_{jk})$$

如果 j 不为输出节点，则有

$$\delta_{jk} = f'(\text{net}_{jk}) \sum_m \delta_{mk} w_{mj}$$

$$\frac{\partial E_k}{\partial w_{ij}} = \delta_{jk} o_{ik}$$

如果 BP 神经网络分为 M 层，第一层为输入节点层，第 M 层为输出节点层，则 BP 学习算法描述如下：

①随机设置权值的初值为 w。

②重复下述过程直到收敛。

a. 对 $k = 1 \sim N$ 有：

- 计算 o_{ik}，net_{jk} 到 $\hat{o}_k$（正向过程）；
- 对各层 $m = M$ 到 2 反向计算（反向过程），对同一层各节点 $\forall j \in m$ 计算 δ_{jk}，其中输出节点与非输出节点用不同公式。

b. 修正权值：

$$w_{ij} = w_{ij} + \mu \frac{\partial E}{\partial w_{ij}}, \mu > 0$$

$$\frac{\partial E}{\partial w_{ij}} = \sum_{k=1}^{N} \frac{\partial E_k}{\partial w_{ij}}$$

BP 学习算法的流程图如图 2-13 所示。

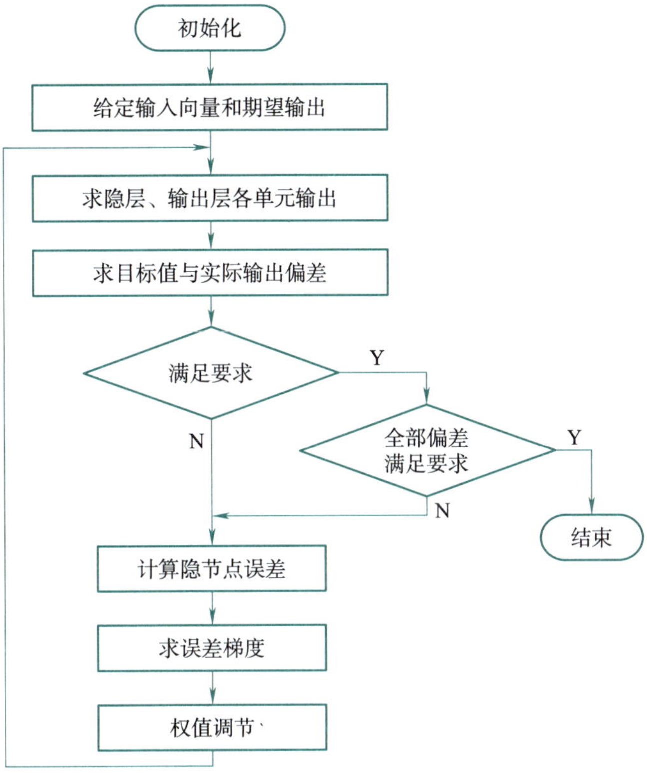

图 2-13　BP 学习算法的流程图

例 2-4　三层 BP 神经网络训练。

图 2-14 所示为一个三层 BP 神经网络，输入层含有两个节点，隐藏层含有一个节点，输出层含有两个节点。

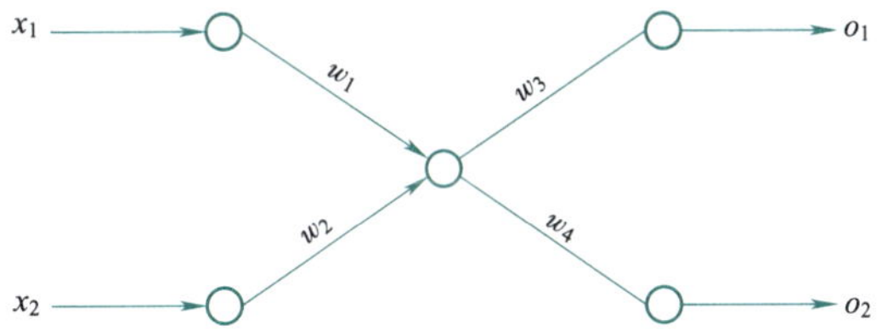

图 2-14　举例

误差函数

$$E = \sum_{k=1}^{N} E_k$$

式中，E_k 为第 k 个样本 (X^k, O^k) 的误差函数。

$$\frac{\partial E}{\partial \boldsymbol{W}} = \sum_{k=1}^{N} \frac{\partial E_k}{\partial \boldsymbol{W}}$$

对第 k 个样本计算 $\partial E / \partial \boldsymbol{W}$，忽略下标 k，则有

$$\text{net}_h = w_1 x_1 + w_2 x_2 \quad o_h = f(\text{net}_h)$$

$$\text{net}_{y1} = w_3 o_k \quad \hat{o}_1 = f(\text{net}_{y1})$$

$$\text{net}_{y2} = w_4 o_h \quad \hat{o}_2 = f(\text{net}_{y2})$$

$$E_k = \frac{1}{2}(o_1 - \hat{o}_1)^2 + \frac{1}{2}(o_2 - \hat{o}_2)^2$$

反向传播过程如下：

(1)计算$\partial E / \partial \boldsymbol{W}$

$$\frac{\partial E_k}{\partial w_1} = \frac{\partial E_1}{\partial \text{net}_h} x_1 = \delta_h x_1$$

$$\frac{\partial E_k}{\partial w_2} = \frac{\partial E_1}{\partial \text{net}_h} x_2 = \delta_k x_2$$

$$\frac{\partial E_k}{\partial w_3} = \frac{\partial E_1}{\partial \text{net}_{o1}} o_h = \delta_{o1} o_h$$

$$\frac{\partial E_k}{\partial w_4} = \frac{\partial E_1}{\partial \text{net}_{o2}} o_h = \delta_{o2} o_h$$

(2)计算传播误差

$$\delta_{o1} = -(o_1 - \hat{o}_1) f'(\text{net}_{o1})$$

$$\delta_{o2} = -(o_2 - \hat{o}_2) f'(\text{net}_{o2})$$

$$\delta_h = -(\delta_{o1} w_3 + \delta_{o2} w_4) f'(\text{net}_h)$$

如果给定 $\boldsymbol{W}_1, \boldsymbol{W}_2, \boldsymbol{W}_3, \boldsymbol{W}_4$就可以计算各个$\partial E / \partial \boldsymbol{W}$,再用最陡下降法修正 $\boldsymbol{W}$,即

$$\boldsymbol{W} \leftarrow \boldsymbol{W} - \mu \frac{\partial E}{\partial \boldsymbol{W}}, \quad \mu > 0$$

也可以采用共轭梯度、投影梯度等方法修正 $\boldsymbol{W}$。

对于学习系数 η 值的选择是一个技术问题。虽然加大 η 值可以提高学习速度,但也可能引起振荡效应。为此,可在权调节项中增加惯性项,即

$$\Delta w_{ij}(t+1) = \eta \delta_j o_i + \alpha \Delta w_{ij}(t)$$

式中,$t+1$ 表示第 $t+1$ 次迭代,α 为一比例因子。上式中的第二项表示 w_{ij}第 $t+1$ 次修正量,应该在一定程度上与第 t 次修正量近似。这种方法就像加入了变化的惯性,使变化率的惯性在某种程度上守恒。

对于初始权值的选择不应取完全相同的一组值,已经证明,如果 w_{ij}的初始值彼此相等,它们将始终保持相等。

另一问题是系统在学习过程中,会不会停留在误差函数的局部最小值或某稳定点或在这些之间振荡。如果发生上述情况,不经历多次迭代,系统误差函数将停留在某个较大值上。从图 2-15 可以看出,虽然期望得到全局最小值所对应的$\{\boldsymbol{W}\}_{\min}$,但系统也可能停留在局部最小值或$\{\boldsymbol{W}\}_{\text{LOCAL}}$。

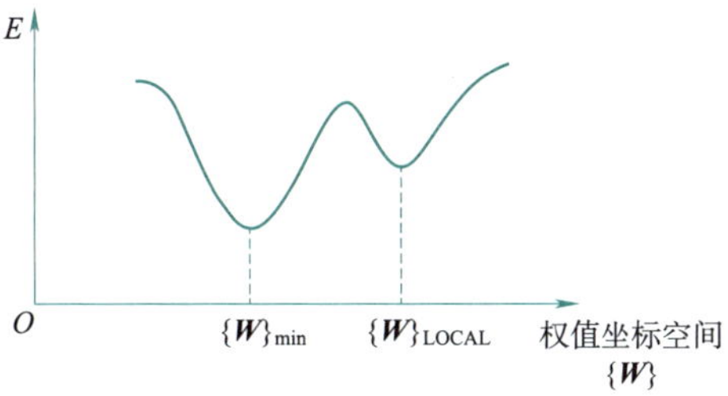

图 2-15　E 与 $\{W\}$ 的关系曲线

例 2-5　权重和偏置的更新计算。

图 2-16 所示为一个三层 BP 前馈神经网络，输入向量为 $\boldsymbol{X}=(x_1,x_2,x_3)$，一个隐含层，含有两个神经元，输出层含有一个神经元。

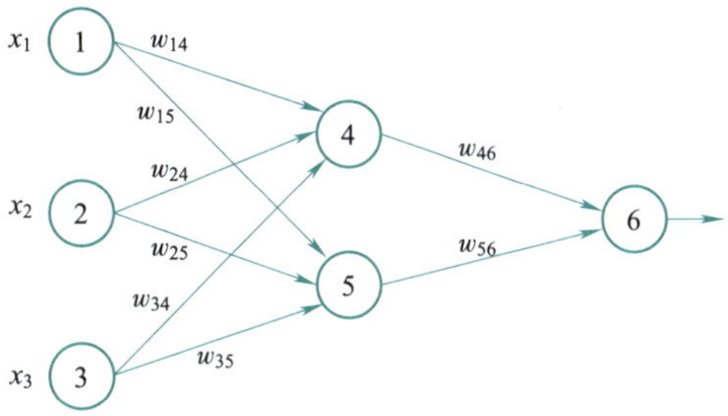

图 2-16　权重和偏置的更新计算举例

设置学习率为 0.9，第一个训练元组为 $\boldsymbol{X}=\{1,0,1\}$，其类标号为 1。权重和偏置的更新计算过程如下：

①神经网络的初始权重和偏置值如下：

x_1	x_2	x_3	w_{14}	w_{15}	w_{24}	w_{25}	w_{34}	w_{35}	w_{46}	w_{56}	b_4	b_5	b_6
1	0	1	0.2	-0.3	0.4	0.1	-0.5	0.2	-0.3	-0.2	-0.4	0.2	0.1

②根据给定的元组，计算每个神经元的净输入和输出如下：

单元 j	净输入 I_j	输出 O_j
4	$0.2+0-0.5-0.4=-0.7$	$1/(1+e^{0.7})=0.332$
5	$-0.3+0+0.2+0.2=0.1$	$1/(1+e^{-0.1})=0.525$
6	$-(0.3)\times(0.332)-(0.2)\times(0.525)+0.1=-0.105$	$1/(1+e^{0.105})=0.474$

③每个神经元的误差值如下：

单元 j	Err_j
6	$(0.474)\times(1-0.474)\times(1-0.474)=0.1311$
5	$(0.525)\times(1-0.525)\times(0.1311)\times(-0.2)=0.0065$
4	$(0.332)\times(1-0.332)\times(0.1311)\times(-0.3)=-0.0087$

④权重和偏置的更新如下：

权重或偏差	新　值
w_{46}	$-0.3+(0.9)\times(0.1311)\times(0.332)=-0.261$
w_{56}	$-0.2+(0.9)\times(0.1311)\times(0.525)=-0.138$
w_{14}	$0.2+(0.9)\times(-0.0087)\times(1)=0.192$
w_{15}	$-0.3+(0.9)\times(-0.0065)\times(1)=0.306$
w_{24}	$0.4+(0.9)\times(-0.0087)\times(0)=0.4$
w_{25}	$0.1+(0.9)\times(-0.0065)\times(0)=0.1$
w_{34}	$-0.5+(0.9)\times(-0.0087)\times(1)=-0.508$
w_{35}	$0.2+(0.9)\times(-0.0065)\times(1)=0.194$
b_6	$0.1+(0.9)\times(0.1311)=0.218$
b_5	$0.2+(0.9)\times(-0.0065)=0.194$
b_4	$-0.4+(0.9)\times(-0.0087)=-0.408$

2.3.3 Dropout 方法

在训练 BP 神经网络时，经常遇到过拟合问题，过拟合具体表现在：模型在训练数据上损失函数较小，预测准确率较高；但是在测试数据上损失函数比较大，预测准确率较低。

利用 Dropout（丢弃）方法可以缓解过拟合的发生，在一定程度上达到正则化的效果。例如，训练一个原始前馈神经网络。

Dropout 则是在每一批的训练当中随机减掉一些神经元，可以设定每一层去除多少神经元的概率，在设定之后，即可进行训练。训练步骤如下：

①设定每一个神经网络层进行 Dropout 的概率。

②根据相应的概率去除一部分神经元，然后开始训练，更新没有被去除的神经元以及权重的参数，并将其存储保留。

③参数全部更新之后，又重新根据相应的概率去除一部分神经元，然后开始训练，如果新用于训练的神经元已经在第一批中训练过，那么继续更新其参数。而第二批被去除的神经元，同时第一次已经更新过参数的，保留其权重，不做修改，直到第 n 批进行 dropout 时没有去除，将其删除。

Dropout 能够用于防止过拟合的原因是越大的神经网络就越有可能产生过拟合，因此随机删除一些神经元即可降低神经网络规模、防止其过拟合，也就是说，经过拟合，结果没那么准确。就如同机器学习中的 L_1/L_2 正则化一样的效果。

因为神经元较多的层更容易让整个神经网络进行预测的结果产生过拟合，由于隐藏层的第一层和第二层神经元个数较多，容易产生过拟合，因此将其加上 Dropout，而后面神经元个数较少的地方可不用加 Dropout。

2.3.4 深度神经网络训练过程

传统神经网络随机设定参数初始值，例如 BP 算法利用梯度下降算法训练网络，直至收敛。但是，传统浅层有效的方法对于深度结构并无太大作用，不仅随机初始化权值极易使目标函数收敛到局部极小值，而且由于层数较多，误差向前传播丢失严重，导致梯度扩散。

深度学习过程中采用无监督逐层训练方法，在一个深度学习过程中，各层分开处理，并以贪婪方式进行训练。当前一层训练完后，新的一层将前一层的输出作为输入并编码用于训练；最后每层参数训练完后，再在整个网络中利用有监督学习进行参数微调。比如分类，在每层参数训练完后，可以用有标签的数据对整个网络的参数继续进行梯度下降调整。这就是深层网络的训练思想，总体归结为：无监督预训练、有监督微调。

1. BP 算法存在的问题

BP 算法作为传统训练多层网络的典型算法，实际上对仅含几层的网络，该训练方法就已经很不理想。深度结构（涉及多个非线性处理单元层）非凸目标代价函数中普遍存在的局部最小是训练困难的主要来源。BP 算法存在的问题如下：

①梯度越来越稀疏：从顶层越往下，误差校正信号越来越小。

②收敛到局部最小值：尤其是从远离最优区域开始的时候，随机值初始化会导致发生这种情况。

③一般只能用有标签的数据来训练：现实中大部分数据是没有标签的，但是，大脑可以从没有标签的数据中学习。

如果对所有层同时训练，时间复杂度会太高；如果每次训练一层，偏差就会逐层传递。但是，将面临与监督学习中相反的问题，因为深度网络的神经元和参数太多，会产生严重欠拟合。

2006 年，Hinton 提出了在非监督数据上建立多层神经网络的一个有效方法，简单地说，分为两步，第一步是每次训练一层网络，第二步是调优，使原始表示 x 向上生成的高级表示 r 和该高级表示 r 向下生成的 x' 尽可能一致。方法是：首先逐层构建单层神经元，这样每次都是训练一个单层网络，然后当所有层训练完后，使用 wake-sleep 算法进行调优。将除最顶层的其他层间的权重变为双向的，这样最顶层仍然是一个单层神经网络，而其他层则变为了图模型。向上的权重用于认知，向下的权重用于生成。然后使用 wake-sleep 算法调整所有权重。让认知和生成达成一致，也就是保证生成的最顶层表示能够尽可能正确地复原底层的节点。例如，顶层的一个节点表示人脸，那么所有人脸的图像应该激活这个节点，并且这个结果向下生成的图像应该能够表现为一个大概的人脸图像。wake-sleep 算法分为醒（wake）和睡（sleep）两个阶段。

①wake 阶段：认知过程，通过外界的特征和向上的权重（认知权重）产生每一层的抽象表示（节点状态），并且使用梯度下降修改层间的下行权重（生成权重）。也就是"如果现实与想象的不一样，改变权重使得想象的东西就是这样的"。

②sleep 阶段：生成过程，通过顶层表示（醒时学到的概念）和向下权重，生成底层的状态，同时修改层间向上的权重。也就是如果梦中的景象不是脑中的相应概念，改变认知权重使得这种景象看来就是这个概念。

2. 深度学习训练过程

（1）自下而上非监督学习

使用自下而上非监督学习（就是从底层开始，一层一层地往顶层训练）：

采用无标定数据（有标定数据也可以）分层训练各层参数，这一步可以看作一个无监督训练过程，是和传统神经网络区别最大的部分（这个过程可以看作特征学习过程）：

具体的，先用无标定数据训练第一层，训练时先学习第一层的参数（这一层可以看作得到一个使得输出和输入差别最小的三层神经网络的隐藏层），由于模型能力的限制以及稀疏性约束，使得得到的模型能够学习到数据本身的结构，从而得到比输入更具有表示能力的特征；在学习得到第 $n-1$ 层后，将 $n-1$ 层的输出作为第 n 层的输入，训练第 n 层，由此分别得到各层的参数。

(2)自顶向下的监督学习

自顶向下的监督学习(就是通过带标签的数据去训练,误差自顶向下传输,对网络进行微调):

基于第一步得到的各层参数进一步微调整个多层模型的参数,这一步是一个有监督训练过程;第一步类似神经网络的随机初始化初值过程,由于深度学习的第一步不是随机初始化,而是通过学习输入数据的结构得到的,因而这个初值更接近全局最优,从而能够取得更好的效果;所以深度学习效果好很大程度上归功于第一步的特征学习过程。

2.3.5 回归神经网络

回归是监督学习的另一个重要问题,回归用于预测输入变量和输出变量之间的关系,回归的学习等价于函数拟合,也就是说,选择一条函数曲线使其很好地拟合已知数据且很好地预测未知数据。

1. 回归

回归过程分为学习和预测两个子过程,首先给定一个训练数据集

$$\boldsymbol{X}=\{(x_1,y_1),(x_2,y_2),\cdots,(x_n,y_n)\}$$

这里 x_i 为输入,y_i 为对应的输出,$i=1,2,3,\cdots,n$,BP 神经网模型的函数 $Y=F(\boldsymbol{X})$,对新的输入 x_{N+1},预测系统根据学习的模型 $Y=F(\boldsymbol{X})$ 输出 y_{N+1}。

回归按照输入变量的个数可以分为一元回归和多元回归,按照输入变量和输出变量之间关系的类型又分为线性回归和非线性回归。

2. 最小二乘法定义

最小二乘法是由法国数学家 Legendre(勒让德)在 19 世纪提出的,形式定义为

$$\text{目标函数}=\sum(\text{观测值}-\text{理论值})^2$$

观测值就是多组样本,理论值就是假设拟合函数。目标函数也就是在机器学习中的损失函数,目标是得到使目标函数最小化时的拟合函数的模型。

例如,线性回归。

有 m 个只有一个特征的样本:$(x_i,y_i)(i=1,2,3,\cdots,m)$

样本采用 $h_\theta(x)$,为 n 次多项式拟合:

$h_\theta(x)=\theta_0+\theta_1x+\theta_2x^2+\cdots\theta_nx^n$,$(\theta_0,\theta_1,\theta_2,\cdots,\theta_n)$为多项式系数,最小二乘法就是要找到一组 $\boldsymbol{\theta}$ $(\theta_0,\theta_1,\theta_2,\cdots,\theta_n)$,使得残差平方和 $\sum(h_\theta(x_i)-y_i)^2$ 为最小。

为了明确解释变量和随机误差各产生的效应是多少,统计学上把数据点与它在回归直线上相应位置的差异称为残差,把每个残差平方之后加起来称为残差平方和,它表示随机误差的效应。一组数据的残差平方和越小,其拟合程度越好。

3. 回归神经网络的结构

回归神经网络的结构与一般神经网络结构类似,主要区别在于输出层的设计和损失函数的选择。回归神经网络的一般结构如下。

(1)输入层

- 神经元数量:与输入特征的数量相同。
- 功能:接收输入数据,每个输入特征对应一个输入神经元。

(2)隐藏层

- 层数:可以是单层或多层,具体层数需要根据问题的复杂度来定。

- 神经元数量:每层的神经元数量也可以不同,通常需要通过实验来确定最佳的配置。
- 激活函数:常用的激活函数有 ReLU(rectified linear unit)、Tanh(双曲正切函数)和 sigmoid 函数。对于回归问题,通常使用 ReLU 或 tanh,因为它们能够帮助网络学习更复杂的模式。

(3)输出层

- 神经元数量:对于回归问题,输出层的神经元数量通常为 1,因为需要预测一个连续值。如果任务是多元回归(即预测多个连续值),则输出层的神经元数量将与需要预测的值的数量相同。
- 激活函数:对于回归问题,输出层通常不使用激活函数,或者使用线性激活函数,因为需要输出一个连续的范围值,而不是将输出限制在 0 到 1 之间(如 sigmoid 函数)或 -1 到 1 之间(如 tanh 函数)。

(4)结构示例

以下是一个简单的回归神经网络的示例结构:

输入层→隐藏层 1→隐藏层 2→输出层

具体配置可能如下:

- 输入层:4 个神经元(对应 4 个输入特征)。
- 隐藏层 1:8 个神经元,使用 ReLU 激活函数。
- 隐藏层 2:4 个神经元,使用 ReLU 激活函数。
- 输出层:1 个神经元,无激活函数(或线性激活函数)。

(5)损失函数

对于回归问题,常用的损失函数包括:

- 均方误差(mean squared error,MSE):预测值与实际值之间差的平方的平均值。
- 平均绝对误差(mean absolute error,MAE):预测值与实际值之间差的绝对值的平均值。
- Huber 损失:结合了 MSE 和 MAE 的优点,对异常值不那么敏感。

可以通过比较预测值和实际值来分析模型的性能。

4. 回归和分类区别

回归和分类在目标变量的性质、使用的算法、评估方法以及应用场景等方面都存在明显的差异。在实际应用中,选择回归还是分类取决于具体问题的需求。

回归和分类是监督学习的两种主要类型,它们在目标变量、应用场景、评估指标等方面存在显著差异。以下是回归与分类的主要区别:

(1)目标变量

- 回归:目标是预测一个连续的数值。例如,预测房价、温度、股票价格等。
- 分类:目标是预测一个离散的标签或类别。例如,判断邮件是否为垃圾邮件、图片中的对象属于哪个类别等。

(2)输出

- 回归:输出是一个连续的数值范围,可以是负无穷到正无穷的任意实数。
- 分类:输出是一个有限的类别集合中的一个标签。

(3)方法和模型

- 回归:常用的回归算法包括线性回归、岭回归、套索回归、决策树回归、随机森林回归、支持向量回归(SVR)等。
- 分类:常用的分类算法包括逻辑回归(尽管名字中有“回归”,但它是用于分类的)、支持向量机(SVM)、决策树分类、随机森林分类、神经网络等。

(4)评估指标

- 回归:常用的评估指标包括均方误差(MSE)、均方根误差(RMSE)、平均绝对误差(MAE)等。
- 分类:常用的评估指标包括准确率(accuracy)、精确率(precision)、召回率(recall)、F1 分数、混淆矩阵等。

(5)应用场景

- 回归:适用于需要预测数量或程度的问题,如预测销售额、估计疾病风险等。
- 分类:适用于需要将数据点划分为预定义类别的问题,如垃圾邮件检测、图像识别、疾病诊断等。

(6)数据分布

- 回归:输出值通常假设具有高斯分布,即正态分布。
- 分类:输出值通常假设服从多项式分布,特别是对于多分类问题。

(7)过拟合的风险

- 回归:由于输出是连续的,回归模型可能更容易受到噪声的影响,从而导致过拟合。
- 分类:分类模型通常对噪声有一定的健壮性,但仍然需要避免过拟合。

(8)数据预处理

- 回归:可能需要对特征进行标准化或归一化处理,以确保模型稳定。
- 分类:除了特征缩放,可能还需要进行独热编码(one-hot encoding)来处理类别特征。

小　　结

本章介绍了三种典型的前馈神经网络,即感知机、BP 神经网络和回归神经网络。前馈神经网络是一个静态网络,信息的传递是单向的,网络的输出只依赖于当前的输入,不具有处理序列信息和利用历史输入进行动态决策的记忆能力,但它通过学习权重记住了训练数据中的模式。前馈网络可以分为若干层,各层按信号传输先后顺序依次排列,第 i 层的神经元只接收第 $(i-1)$ 层神经元的输出信号,各神经元之间没有反馈。前馈型网络可用有向无环路图来表示。前馈神经网络适于处理有限的、定长的输入空间上的问题。使用越多的隐藏层节点就能学习到越多的特征信息,能处理更复杂的任务。在三种前馈神经网络中,感知机出现最早,为神经网络的产生和发展奠定了基础。BP 神经网络在深度学习发展中产生过重大影响,并应用广泛,而回归神经网络适于预测数量与程度问题,现已广泛应用。

思考与练习

1. 利用哪种神经网络可以解决"线性不可分"问题?
2. Dropout 方法的主要作用是什么?
3. BP 学习算法存在的主要问题是什么?
4. 简述分类与回归的区别。
5. 举例说明构造回归神经网络的过程。

第3章 卷积神经网络

3

- 卷积神经网络的产生
  - 问题的提出
  - 卷积神经网络的特点
- CNN的结构
  - CNN系统结构
  - 输入层
  - 卷积层
  - 池化层
  - 输出层
- CNN的训练
  - CNN的训练过程
  - CNN的正向传播过程
  - CNN的反向传播过程
  - CNN的权值更新
- 逆CNN
  - 逆池化与逆卷积
  - 逆池化运算
  - 逆卷积运算
- CNN的应用
  - CNN的应用特点
  - CNN的应用领域

人的视觉系统的信息处理是分级的，从低级的 V1 区提取边缘特征，再到 V2 区的形状和目标等，再到整个目标、目标的行为等。也就是说，高层的特征是低层特征的组合，从低层特征到高层的特征表示越来越抽象，越来越能够表现语义和意图。而抽象层面越高，存在的可能猜测就越少，就越有利于分类。例如，单词集合与句子的对应是多对一的，句子与语义的对应又是多对一的，语义与意图的对应又是多对一的，这是一个层级体系。深度学习就是借鉴这个过程利用层次特征进行建模。

对一幅图像来说，像素级的特征是没有意义的复杂图像，都是由一些基本图像构成。浅层卷积层可以得到物体的边缘信息，深层卷积层可以得到物体更抽象更细节的信息，人类视觉示意图如图 3-1 所示。

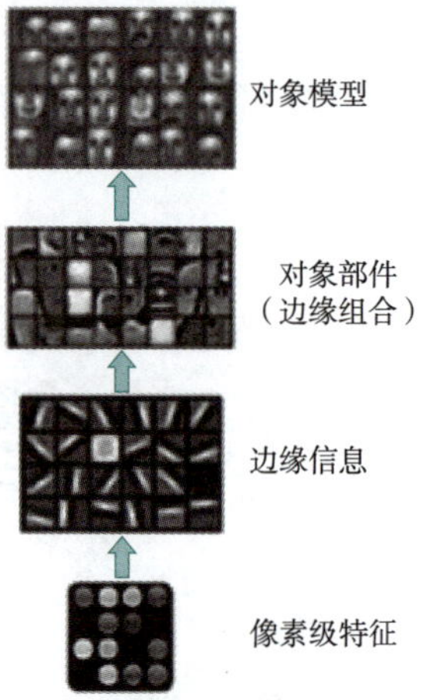

图 3-1 人类视觉示意图

3.1 卷积神经网络的产生

计算机图形学的工作是渲染，而计算机视觉所做的工作是计算机图形学的逆过程。渲染是将三维的图像投影到二维，在数学上是对原图乘以一个固定的矩阵。但是，计算机视觉则是逆向图形，也就是从二维的图像推测出其本身的三维结构。

3.1.1 问题的提出

图 3-2 所示为 8 个输入层、隐藏层采用了 15 个神经元、10 个输出层的三层 BP 神经网络，需要的参数个数（包括 w 和 b）为：$8\times15+15\times10+15+10=295$。在这个网络中，总计使用 25 个神经元，具有 270 个权参数 w 和 25 个偏置值 b。

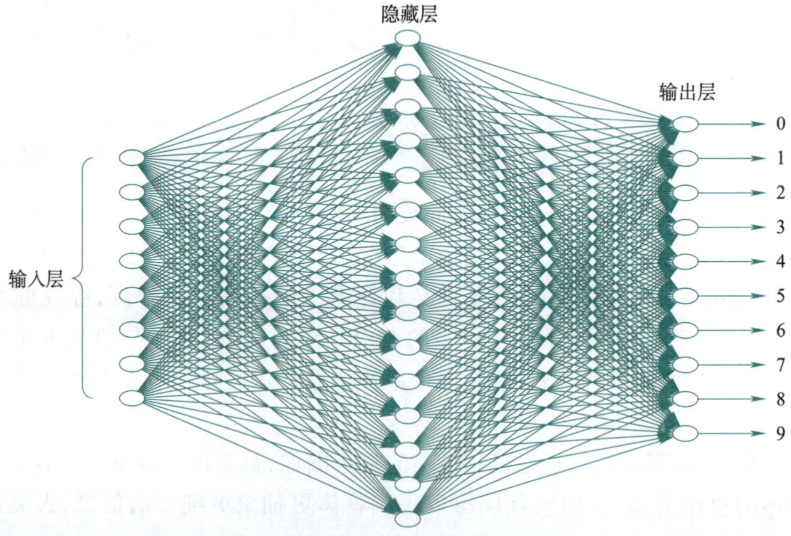

图 3-2 三层前馈神经网络

在图像领域，应用BP神经网络将引发计算量巨大等问题。图像是由多个像素点构成，每个像素点有三个通道，分别代表RGB颜色。如果一个图像的尺寸是(28,28,1)，则代表这个图像是一个长宽均为28，通道为1的图像(通道又称宽度，此处1代表灰色图像)。如果使用全连接的BP神经网络结构，则神经网络中的神经元与相邻层上的每个神经元均有连接，表明网络有28×28 =784个输入端，隐藏层采用了15个神经元，10个输出端，那么需要的参数个数(包括w和b)为：

$$784\times15+15\times10+15+10=11\,935\text{ 个}$$

这个参数过多，进行一次反向传播计算量巨大，从计算资源和调参方面考虑，都不宜使用BP神经网络处理图像。

3.1.2　卷积神经网络的特点

卷积神经网络(CNN)或深度卷积神经网络(deep convolutional neural networks，DCNN)与其他类型神经网络不同，CNN主要处理图像数据，例如，输入一个图像，经处理后，给出一个分类结果。

CNN主要由三部分构成：第一部分是输入层；第二部分由n个卷积层和池化层的组合组成；第三部分是一个全连接的前馈神经网络分类器。为了降低参数数目，应用了两种方法：一种方法是应用局部感知野；另一种方法是应用权值共享。

1. 局部感知野

人类对外界的认知是从局部到全局的，而图像的空间联系也是局部像素的相关性较强，联系较为紧密，而距离较远的像素相关性则较弱。因而，神经元没有必要对全局图像进行感知，只需要对局部图像进行感知，然后在更高层神经元将局部信息综合起来就得到了全局的信息。这种网络部分连通的思想也是受生物学中的视觉系统结构启发的，视觉皮层的神经元就是局部接收信息的，这些神经元只响应某些特定区域的刺激，即局部感知野。如图3-3所示，其中图3-3(a)所示为全连接，图3-3(b)所示为局部连接。

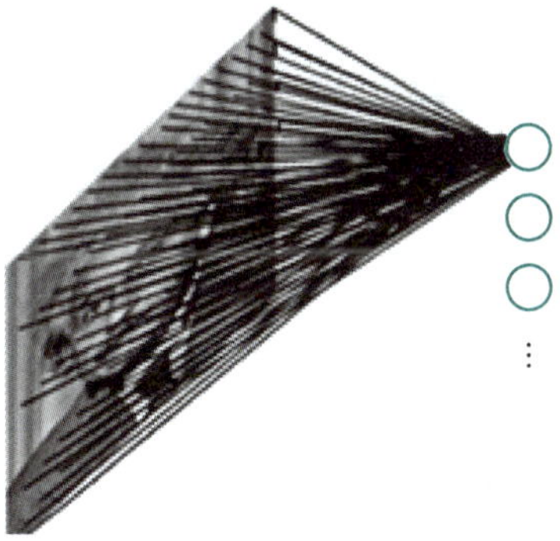

(a) 全连接

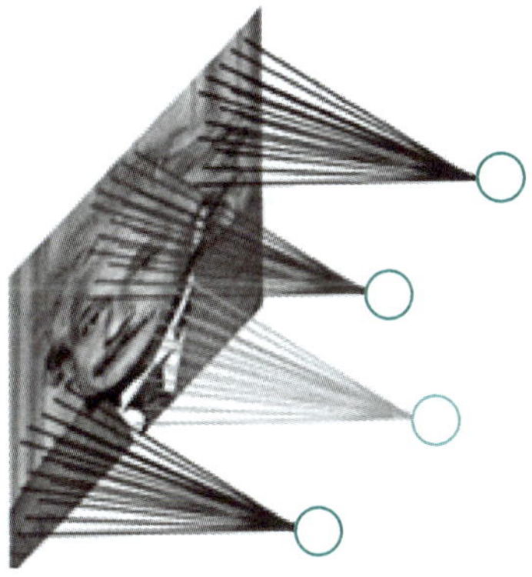

(b) 局部连接

图3-3　全连接与局部连接

在全连接图中，假如每个神经元只和1 000×1 000个像素值相连，那么权值数据总数为1 000 000×1 000 000个参数和1 000 000个隐藏层神经元。

在局部连接图中，假如每个神经元只和10×10个像素值相连，那么权值数据总数为1 000 000×100个参数(减少为原来的万分之一)和1 000 000个隐藏层神经元。而局部感知野10×10个像素值对应 10×10 个参数，其实局部连接就相当于卷积操作。

2. 权值共享

采用局部连接方法后，参数仍然过多，因此，提出权值共享方法。在上面的局部连接中，每个神经元都对应 100 个参数，一共 1 000 000 个神经元，如果这 1 000 000 个神经元的 100 个参数都是相等的，那么参数数目就变为 100，这种权值共享方法可以减少参数的计算量。

可以将卷积操作看作提取特征的方式，该方式与位置无关。其中隐含的原则是：图像的一部分的统计特性与其他部分是一样的。这也表明在这一部分学习的特征也能用在另一部分上，所以对于这个图像上的所有位置，都能使用同样的学习特征。

此外，由于一个映射面上的神经元共享权值，因而减少了网络自由参数的个数，降低了计算量和网络参数选择的复杂度。CNN 中的每一个特征提取层都紧跟着一个用来求局部平均与二次提取的计算层，这种特有的两次特征提取结构使网络在识别时对输入样本有较高的畸变容错能力。

3.2 CNN 的结构

CNN 结构是多层神经网结构，输入图像通过多层的特征提取，再经过全连接层和输出层完成特征分类与识别。

3.2.1 CNN 系统结构

CNN 的结构由输入层、卷积层、池化层及输出层构成，输入图像通过多个卷积层和池化层进行特征提取，逐步由低层特征转变为高层特征。最后，高层特征再经过输出层和 Softmax 函数组成一个分类器，完成特征分类。因此，根据每层的功能，可将 CNN 划分为两部分：一部分是由输入层、卷积层和池化层构成特征提取器，另一部分是由全连接层和 Softmax 函数组成输出层构成分类器，其系统结构如图 3-4 所示。

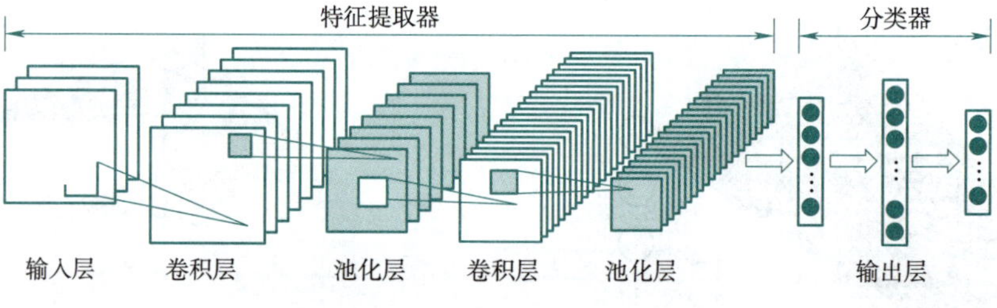

图 3-4 CNN 的系统结构

3.2.2 输入层

在使用 CNN 进行图像识别时，输入为图片数据，一张宽为 w，高为 h，深度为 d 的图片，表示为 hwd。其中，深度为图像存储每个像素所占用的位数，例如彩色图像，一个像素有 RGB 三个分量，其深度为 3。从数学的角度来看，hwd 的图片为 d 个 hw 的矩阵。例如 $6\times16\times3$ 的图片，其对应 3 个 6×16 的矩阵。在大部分应用中，输入图片的 h 和 w 相等。数据输入层的主要工作是对原始图像数据进行预处理，主要包括下述内容。

1. 去均值化

各维度都减去所对应维度的均值，使得输入数据各个维度都中心化为 0，如图 3-5 所示。进行去均值的原因可以容易拟合。这是因为如果在神经网络中，特征值 x 比较大时，将导致 $wx+b$ 的结果也会很大，这样进行激励函数输出时，将使得对应位置数值变化量太小，因为进行反向传播时要使用梯度进行计算，所以会出现梯度消失问题，导致参数改变量很小，也就不易于拟合，效果不好。

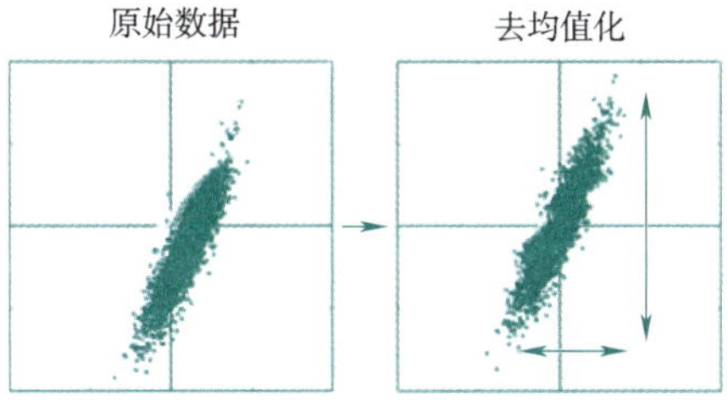

图 3-5　去均值化

2. 归一化

一种归一化是值归一化，例如将最大值归一化成 1，最小值归一化成 -1；或将最大值归一化成 1，最小值归一化成 0。适用于分布在有限范围内的数据。另一种归一化是均值方差归一化，一般是将均值归一化成 0，方差归一化成 1，使得数据的每一个维度具有零均值和单位方差，如图 3-6 所示。这种归一化是最常见的归一化方法，并被广泛地使用。适用于分布没有明显边界的情况，可减少各个维度数据取值范围的差异而带来的干扰，这样可以便于找到最优解。

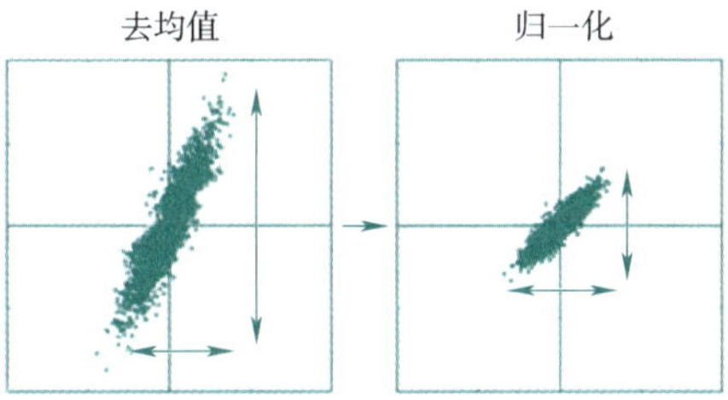

图 3-6　归一化

例 3-1　值归一化。

有两个维度的特征 A 和 B，A 的范围是 0 ~ 10，B 的范围是 0 ~ 10 000，如果直接使用这两个特征是有问题的，好的做法就是归一化，将 A 和 B 的数据都转换为[0,1]范围内。

3. 去相关

去相关后的矩阵保留了原矩阵的重要信息（特征值），而过滤了一些不相关的量。这对后续的处理（如量化、编码等）都非常有意义，它使得矩阵变瘦，但关键信息不变，这样可对原来关键信息加强，提高了后续图像的还原质量。去相关如图 3-7 所示。

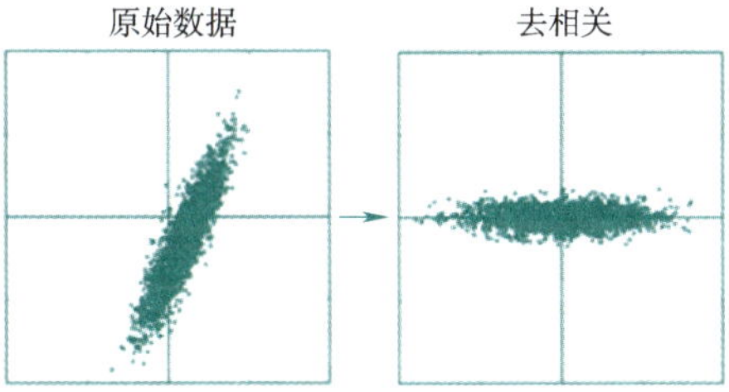

图 3-7　去相关

4. 白化

白化的目的是去除输入数据的冗余信息。假设训练数据是图像，由于图像中相邻像素之间具有很强的相关性，这些相关性在训练时输入是冗余的。白化的目的就是降低输入的冗余信息。当输入数据集经过白化处理后，新的数据满足两个性质：特征之间相关性较低；所有特征具有相同的方差。

PCA 算法不但可以用于降维，而且还可以除去特征之间的相关性。如果 PCA 不用于降维，而是仅仅使用 PCA 求出特征向量，然后将数据映射到新的特征空间，这样的一个映射过程，其实就是满足了白化的第一个性质，除去特征之间的相关性。求出新特征空间中的新坐标之后，再对新的坐标进行方差归一化操作。PCA 白化是指对上面的 PCA 的新坐标，每一维的特征做一个标准差归一化处理，PCA 白化后的结果如图 3-8 所示。

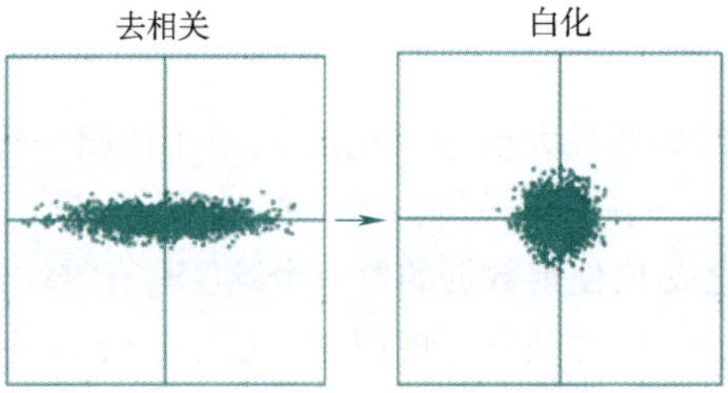

图 3-8 白化

3.2.3 卷积层

卷积层的主要功能是特征提取，其工作过程是接收输入层的输出数据，进行卷积运算，并将经激励函数作用后的数据输出到池化层。

1. 卷积运算

人的大脑识别图片的过程并不是同时识别整张图片，而是对于图片中的每一个特征先进行局部感知，然后在更高层次对局部感知进行综合操作，从而得到全局信息。卷积运算就是基于这一思路，根据维度不同，卷积可分为一维卷积、二维卷积和三维卷积，其中二维卷积在图像处理中应用广泛。

(1)一维卷积

一维卷积如图 3-9 所示。

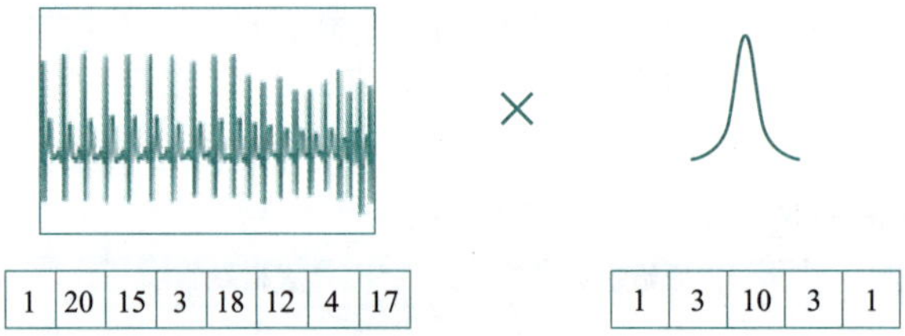

图 3-9 一维卷积

如果输入的数据维度为 8、卷积核的维度为 5，则卷积后输出的数据维度 $8-5+1=4$。如果卷积核数量仍为 1、输入数据的通道数量变为 16，即输入数据维度为 8×16。在这种情况下，卷积核的维度由 5 变为 5×16，最终输出的数据维度仍为 4。不难看出，如果卷积核数量为 n，那么输出的数据维度就变为 $4\times n$。

一维卷积常用于序列模型，如自然语言处理等。

(2) 二维卷积

二维卷积如图 3-10 所示。

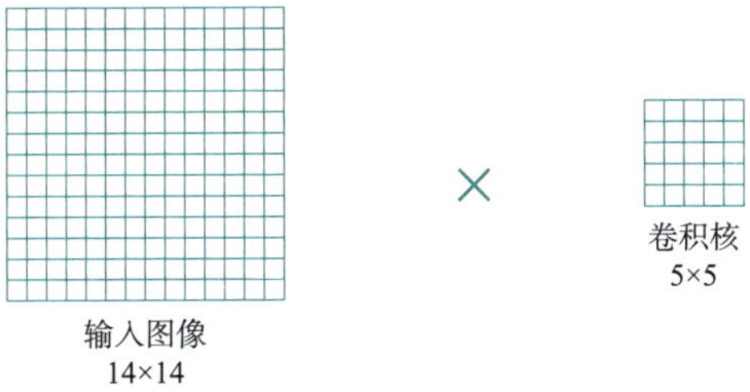

图 3-10　二维卷积

输入数据的维度为 14×14，卷积核大小为 5×5，卷积输出的数据维度为 10×10，$(14-5+1=10)$。如果将二维卷积中输入通道的数量变为 3，即输入的数据维度变为$(14\times14\times3)$。由于卷积核的通道数必须与输入数据的通道数相同，卷积核数量也变为 $5\times5\times3$。在卷积的过程中，卷积核与数据在通道方向分别卷积，接着将卷积后的数值相加，即执行 10×10 次 3 个数值相加的操作，最终输出的数据维度仍为 10×10。

以上都是在卷积核数量为 1 的情况下所进行的讨论。如果将卷积核的数量增加至 16，即 16 个大小为 10×10 的卷积核，最终输出的数据维度就变为 $10\times10\times16$。也可以理解为分别执行每个卷积核的卷积操作，最后将每个卷积的输出在三个维度（通道维度）上进行拼接，二维卷积常用于计算机视觉，如图像处理领域。

(3) 三维卷积

三维卷积如图 3-11 所示。

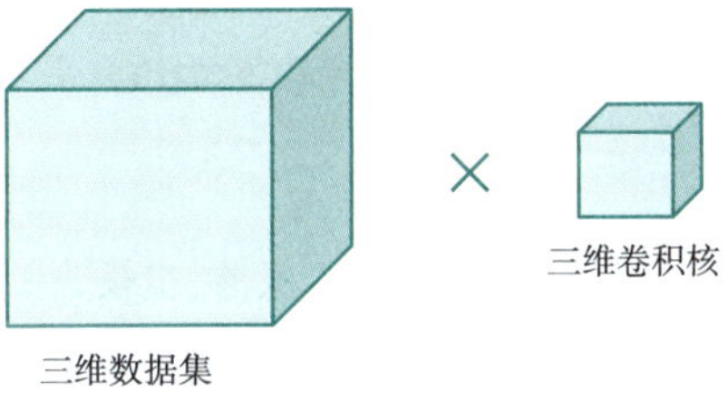

图 3-11　三维卷积

假设输入数据的大小为 $a_1\times a_2\times a_3$，通道数为 c，卷积核大小为 f，即卷积核维度为 $f\times f\times f\times c$（一般不写通道的维度），卷积核数量为 n。

基于上述情况，三维卷积最终的输出为 $(a_1-f+1)\times(a_2-f+1)\times(a_3-f+1)\times n$。

该公式对于一维卷积、二维卷积仍然有效。

三维卷积常用于医学（CT 影像）、视频处理、动作检测及人物行为检测等领域。

2. 二维卷积计算过程

在计算机视觉领域，卷积核通常为较小尺寸的矩阵，如 3×3、5×5 等，数字图像是相对较大尺寸的二维（多维）矩阵（张量），图像卷积运算与相关运算的关系如下，其中 F 为卷积核（又称滤波器），X 为图像，O 为结果。

$$\begin{bmatrix} O_{11} & O_{12} \\ O_{21} & O_{22} \end{bmatrix} = 卷积\left(\begin{bmatrix} X_{11} & X_{12} & X_{13} \\ X_{21} & X_{22} & X_{23} \\ X_{31} & X_{32} & X_{33} \end{bmatrix}, \begin{bmatrix} F_{11} & F_{12} \\ F_{21} & F_{22} \end{bmatrix}\right)$$

$$O_{11} = F_{11}X_{11} + F_{12}X_{12} + F_{21}X_{21} + F_{22}X_{22}$$
$$O_{12} = F_{11}X_{12} + F_{12}X_{13} + F_{21}X_{22} + F_{22}X_{23}$$
$$O_{21} = F_{11}X_{21} + F_{12}X_{22} + F_{21}X_{31} + F_{22}X_{32}$$
$$O_{22} = F_{11}X_{22} + F_{12}X_{23} + F_{21}X_{32} + F_{22}X_{33}$$

将卷积核在图像上滑动,对应位置相乘求和。例如,在二维图像上,使用卷积核进行卷积计算,其结果如图 3-12 所示。

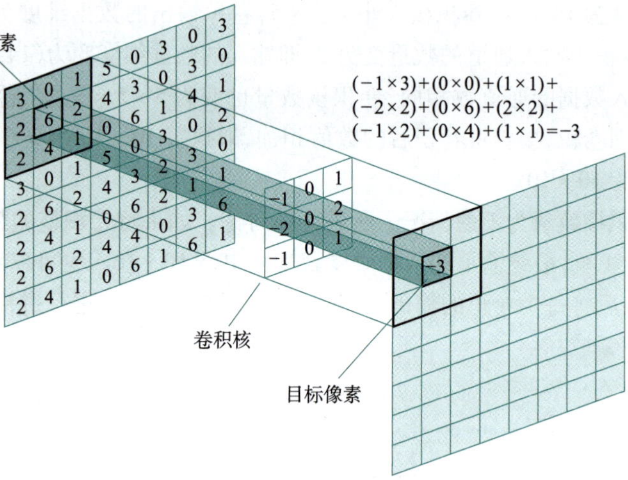

图 3-12 二维卷积计算过程

例 3-2 二维卷积。

现有一个 4×4 的灰度图像,设计两个 2×2 的卷积核,步长为 1,运用卷积核后图片变成了 3×3 的特征图。卷积操作后的特征图如图 3-13 所示。

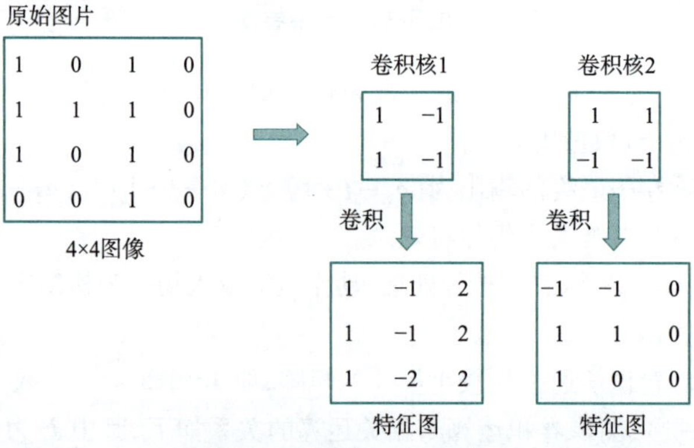

图 3-13 卷积操作后的特征图

当输入为多通道特征图时，出现了多通道、多卷积核的卷积运算。如图 3-14 所示，如果输入图像尺寸为 6×6，通道数为 3，卷积核有 2 个，每个尺寸为 3×3，通道数为 3（与输入图像通道数一致），在卷积运算时，输入的数据维度变为（$6\times6\times3$），仍以滑动窗口的形式，从左至右，从上至下，3 个通道的对应位置相乘求和，输出结果为 2 张 4×4 的特征图，其数据维度为 $4\times4\times2$。一般地，当输入为 $m\times n\times c$ 时，每个卷积核为 $k\times k\times c$，即每个卷积核的通道数应与输入的通道数相同，这是由于多个通道需同时卷积的缘故，输出的特征图数量与卷积核数量相同。

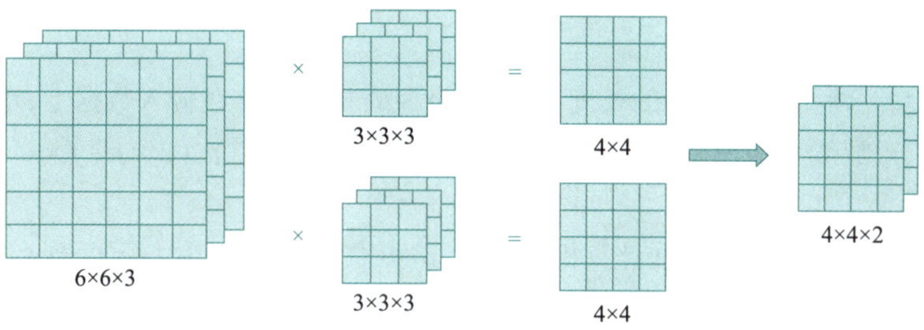

图 3-14　多通道卷积运算

（1）填充

在卷积运算中，卷积核的大小通常选为奇数之积，如 3×3、5×5 等，其优点如下：

①在特征图中存在一个中心像素点，可以用于指明卷积核的位置。

②在没有填充的情况下，经过卷积操作后，输出的数据维度将减少。以二维卷积为例，输入大小 $n\times n$，卷积核大小 $f\times f$，卷积后输出的大小为 $(n-f+1)\times(n-f+1)$。

为了避免经过卷积操作使输出的数据维度减少的情况发生，可以采取填充操作，填充的长度为 p，由于在二维情况下，上下左右都添加长度为 p 的数据。构造新的输入大小为 $(n+2p)\times(n+2p)$，卷积后的输出变为 $(n+2p-f+1)\times(n+2p-f+1)$。

如果卷积操作不缩减数据的维度，那么 p 的大小应为 $(f-1)/2$，其中 f 是卷积核的大小，如果卷积核的大小为奇数，将在原始数据上对称填充，否则，就会出现向上填充 1 个，向下填充 2 个，向左填充 1 个，向右填充 2 个的情况，破坏了原始数据结构。

例 3-3　填充。

有一个 5×5 的图片（一个格子表示一个像素），滑动窗口取 2×2，步长取 2，那么还剩下 1 个像素没有滑动到。

可以给原始矩阵添加一层填充值，使其变成 6×6 的矩阵，那么窗口就可以刚好将所有像素遍历完。这就是填充的作用。

(2)步长

步长是指窗口一次滑动卷积中的长度,步长大小为 s,指卷积核在输入数据上,水平/竖直方向上每次移动的步长,最终卷积输出的维度大小为 $(n+2\times p-f\times s+1)(n+2\times p-f\times s+1)$。

(3)通道

通道是数据的最后一个维度,在计算机视觉中,RGB 代表 3 个通道。例如,现有一张图片的大小为 $6\times6\times3$,卷积核的大小为 $3\times3\times$ nc,这里 nc 是卷积核的通道数,该数值必须与输入的通道相同,在这里 nc $=3$。

如果有 k 个 $3\times3\times$ nc 卷积核,那么卷积后的输出维度为 $4\times4\times k$。此时 $p=0$,$s=1$,k 表示输出数据的通道大小。一般情况下,k 代表 k 个卷积核提取的 k 个特征图,如果 $k=128$,表示 128 个 3×3 大小的卷积核,提取了 128 个特征图,且卷积后的输出维度为 $4\times4\times128$。

在实际应用中,往往使用多层卷积,然后再使用全连接层进行训练,多层卷积的目的是一层卷积学到的特征往往是局部的,层数越高,学到的特征就越全局化。在多层卷积网络中,以计算机视觉为例,通常情况下,图像的长和宽会逐渐缩小,通道数量会逐渐增加。

(4)特征图

在每个卷积层中,数据都是以三维形式存在。可以将其看作许多个二维图片叠在一起,其中每一个称为一个特征图。在输入层,如果是灰度图片,那就只有一个特征图;如果是彩色图片,一般就是 3 个特征图(红绿蓝)。层与层之间可有若干个卷积核,上一层和每个特征图与每个卷积核做卷积,都将产生下一层的一个特征图。

卷积层中卷积核的个数,有多少个卷积核,经过卷积就会产生多少个特征图,随着网络的加深,特征图的长宽尺寸缩小,卷积层的每个图提取的特征越具有代表性(精华部分),所以后一层卷积层需要增加特征图的数量,才能更充分地提取出前一层的特征,一般是成倍增加,根据实际情况具体设置。

卷积网络在学习过程中保持了图像的空间结构,也就是最后一层的激励值(特征图)总和原始图像具有空间上的对应关系,具体的对应位置可用感受野来度量。利用上述性质可以做如下事情。

一个训练成功的 CNN 网络,其特征图的值伴随网络深度的增加,将越来越稀疏。这可以理解网络取精去燥。根据网络最后一层最强的激励值,利用感受野求出原始输入图像的区域。可以观察输入图像的哪些区域激励了网络,完成物体定位。

在卷积与激励函数之间可以应用批归一化(batch normalization)技术,能够将数据缩放到合适位置,进而加快收敛速度。

3. 激励函数

激励函数运行时激活神经网络中某一部分神经元,将激活信息向后传入下一层神经网络。神经网络之所以能解决非线性问题,本质上是激励函数加入了非线性因素,弥补了线性模型的表达力,把

“激活的神经元的特征”通过函数保留并映射到下一层。如果只有线性变换,那无论多少层神经元,都只是简单多元线性回归而已,不能拟合更加复杂的函数。例如,如果只有线性操作,那么神经网络永远无法拟合圆等复杂的曲线图形,永远只能表示超平面,无法表示曲面等。卷积层需要激励函数,池化层需要激励函数,全连接接层需要激励函数。

激励函数是将卷积层输出结果做非线性映射,因为卷积层的计算是一种线性计算,对非线性情况无法很好拟合。有时也将卷积层和激励层合并在一起称为卷积层。

对卷积层的输出结果利用激励函数可以做一次非线性映射。如果不用激励函数,其实就相当于激励函数是 $f(x)=x$,这种情况下,每一层的输出都是上一层输入的线性函数。无论有多少层神经网络,输出都是输入的线性组合,这与没有隐藏层的效果一样,这就是最原始的感知机。对卷积层常用的激励函数是 ReLU,ReLU 的特点是迭代速度快,Tanh 函数在文本和音频处理方面有比较好的效果。

(1)ReLU 函数

CNN 采用非线性函数作为其激励函数。最常见的修正线性单元(the rectified linear unit,ReLU)是一个分段线性函数,但其拥有非线性表达的能力,即不同的样本通过 ReLU 后,有些是0,有些得到的值是 $x=\boldsymbol{W}u+B$(u 为激励层的输入),因此虽然 ReLU 为分段线性函数,但输出空间仍是由输入空间的非线性变换而来。其特点是收敛速度快、计算量较小,但较脆弱。除此之外还有 Sigmoid、Tanh 等激励函数。

在 CNN 中,激励函数往往不选择 Sigmoid 或 Tanh 函数,而是选择 ReLU 函数。ReLU 函数的定义为

$$f(x)=\max(0,x)$$

ReLU 函数图像如图 3-15 所示。

ReLU 函数的优势是计算代价比 Sigmoid 函数小,而且能够减轻梯度消失问题。ReLu 函数广泛应用到了 CNN 中,并且出现了一些变体。函数基本形式是 $f(x)=\ln(1+e^x)$。输入/输出关系如图 3-16 所示。

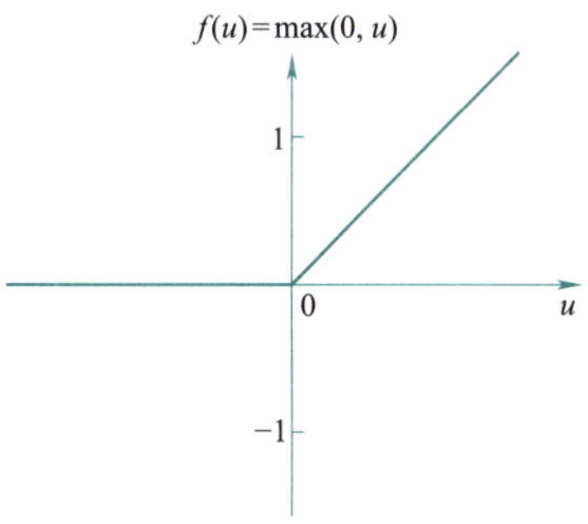

图 3-15　ReLU 函数

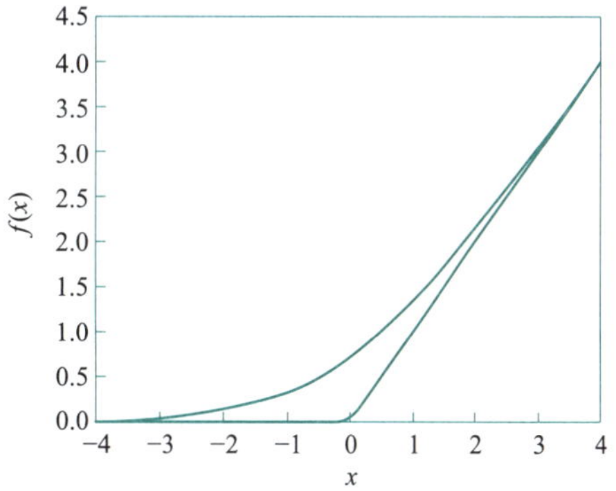

图 3-16　$f(x)=\ln(1+e^x)$ 函数

(2)双曲正切函数

$$\mathrm{Tanh}(x)=\sinh(x)/\cosh(x)=(e^x-e^{-x})/(e^x+e^{-x})$$

输入/输出关系如图 3-17 所示。

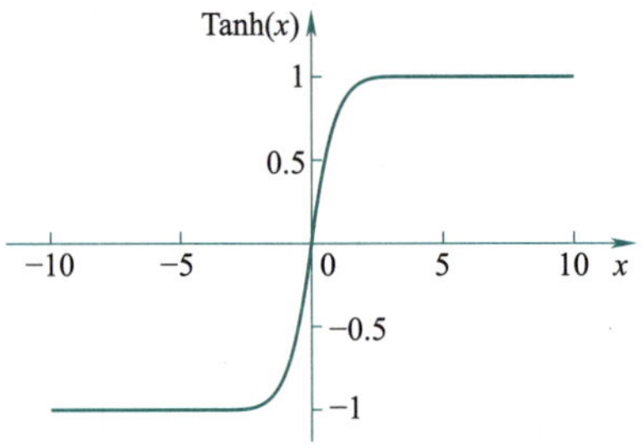

图 3-17 双曲正切函数

与 Sigmoid 相比,输出范围变成了 0 中心化[-1, 1]。但梯度消失现象依然存在。所以在实际应用中,Tanh 激励函数比 Sigmoid 使用较多。

3.2.4 池化层

缩小图像称为下采样,放大图像称为上采样。池化(pooling)是卷积神经网络中一个重要的概念,实际上是一种形式的下采样。池化压缩输入的特征图,一方面减少了特征,导致了参数减少,进而简化了卷积网络计算时的复杂度;另一方面保持了特征的某种不变性(如旋转、平移、伸缩等)。

1. 常用池化类型

池化的结果是使得特征减少和参数减少,降低了过拟合,池化的目的是保持某种不变性(如旋转、平移、伸缩等)。常用的有平均池化、最大池化和随机池化三种,其操作如图 3-18 所示。

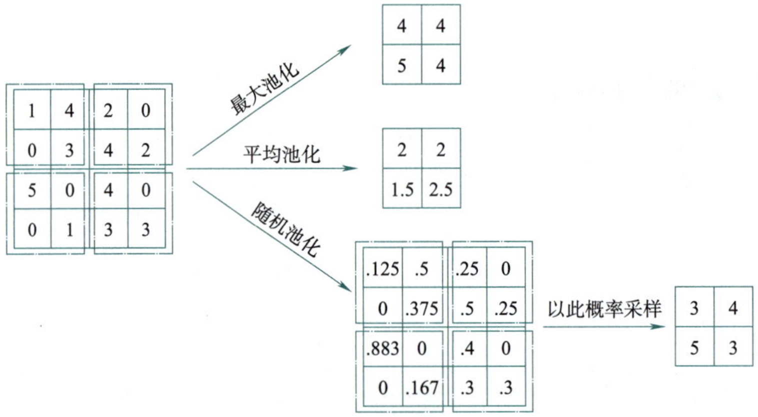

图 3-18 三种池化

①最大池化是选取最大值,定义一个空间邻域(如 2×2 的窗口),并从窗口内的特征图中取出最大元素,最大池化被证明效果更好一些。

②平均池化是选取平均值,定义一个空间邻域(如 2×2 的窗口),并从窗口内的特征图中算出平均值。

③随机池化不像最大值池化总是取最大值。随机池化一方面最大化地保证了 max 值的取值,另一方面又确保了不会完全是 max 值起作用,造成过度失真,在一定程度上避免了过拟合。

池化在不同的深度上是分开执行的,当深度为 5 时,则池化进行 5 次,产生 5 个池化后的矩阵,池化不需要参数控制。池化操作是分别应用到各个特征图,可以从 5 个输入图中得到 5 个输出图。

通过池化层使得原本 4×4 的特征图压缩成了 2×2 的特征图，从而降低了特征维度，还可使用池化层缩减数据的大小，提高计算速度。池化操作不需要对参数进行学习，只是一种静态属性。在池化层中，数据的维度变化与卷积操作类似。池化后的通道数量与输入的通道数量相同，因为在每个通道上单独执行最大池化操作。$f=2$，$s=2$，相当于对数据维度的减半操作，f 指池化层卷积核大小，s 指池化步长。

2. 三种池化的作用

①最大池化可以获取局部信息，可以更好地保留纹理上的特征。如果不用观察物体在图片中的具体位置，只关心其是否出现，则使用最大池化效果比较好。例如识别字体，应该使用最大池化。

②平均池化往往能保留整体数据的特征，能突出背景的信息。

③随机池化中元素值大的被选中的概率也大，但不是像最大池化总是取最大值。随机池化一方面最大化地保证了最大值的取值，一方面又确保了不会完全是最大值起作用，造成过度失真。除此之外，其可以在一定程度上避免过拟合。

在实际应用中，可重复设置多个卷积层、池化层，从输入层输出的预处理数据经过卷积层、池化层的处理，完成了特征抽取，然后输入到输出层。

3.2.5　输出层

经过前面若干次卷积、激励函数、池化后特征输出到输出层，输出层是一个简单的多分类神经网络，是由全连接神经网与 Softmax 函数计算得到最终的输出，通常全连接层在 CNN 尾部，如图 3-19 所示。

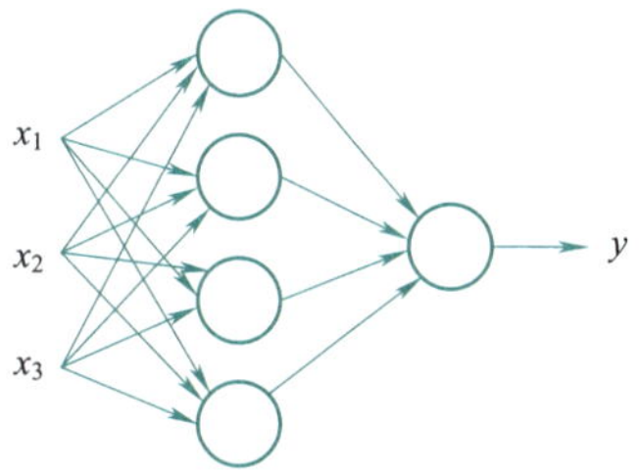

图 3-19　一个简单的全连接神经网

1. 全连接层

全连接层是一个分类器，可以完成图像识别，全连接层的主要特点如下：

(1)参数数量多

考虑一个输入 $1\,000\times1\,000$ 像素的图片，输入层有 $1\,000\times1\,000=100$ 万个节点。假设第一个隐藏层有 100 个节点，那么仅这一层就有 $(1\,000\times1\,000+1)\times100=1$ 亿个参数，图像只扩大一点，参数数量就将多很多，因此它的扩展性很差。

(2)没有利用像素之间的位置信息

对于图像识别任务，每个像素和其周围像素的联系是比较紧密的，与离得很远的像素的联系很小。如果一个神经元和上一层所有神经元相连，那么就相当于对于一个像素，将图像的所有像素都等同看待，这不符合前面的假设。当完成每个连接权重的学习之后，最终可能会发现，大量权重的值都很小，也就是说这些连接其实无关紧要。努力学习大量并不重要的权重，这样的学习必将是非常低效的。

(3)网络层数限制

网络层数越多其表达能力越强,但是通过梯度下降方法训练深度全连接神经网络却很困难,因为全连接神经网络的梯度很难传递超过3层。因此,不可能得到一个很深的全连接神经网络,其能力受到限制。

在全连接层,如果神经元数目过大、学习能力强,但有可能出现过拟合。因此,可以应用丢弃(Dropout)操作,随机删除神经网络中的部分神经元来解决此问题。还可以进行局部归一化、数据增强等操作来增加健壮性。

2. Softmax 函数

Softmax 函数又称归一化指数函数,它是二分类函数 Sigmoid 在多分类上的推广,目的是将多分类的结果以概率的形式表现出来。概率有下述两个基本性质:一个是预测概率为非负数;另一个是预测概率之和等于1。

Softmax 将多分类输出转换为概率的计算的方法分为如下两步:

①通过指数函数将分子实数映射到零到正无穷,如图3-20所示。

②将所有结果之和作为分母,计算 Softmax 值,进行归一化。

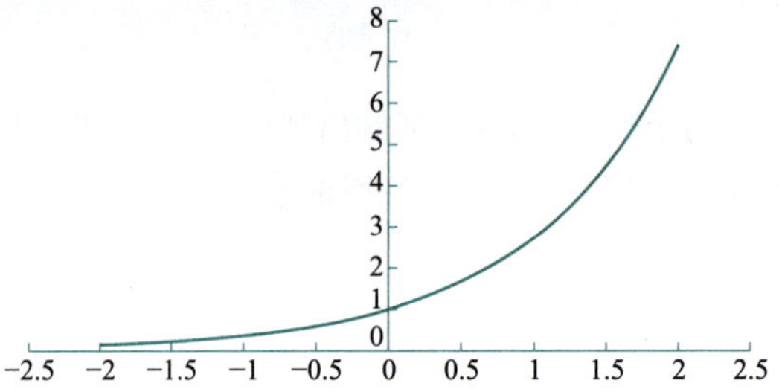

图 3-20 函数 $y = e^x$

使用 Softmax 函数将模型结果转为概率。

首先,将预测结果转化为非负数:

$$
\begin{aligned}
y_1 &= \exp(x_1) \\
y_2 &= \exp(x_2) \\
y_3 &= \exp(x_3) \\
&\vdots \\
y_n &= \exp(x_n)
\end{aligned}
$$

然后,各种预测结果概率之和等于1, 计算 Softmax 值。

$$
\begin{aligned}
z_1 &= y_1/(y_1 + y_2 + \cdots + y_n) \\
z_2 &= y_2/(y_1 + y_2 + \cdots + y_n) \\
z_3 &= y_3/(y_1 + y_2 + \cdots + y_n) \\
&\vdots \\
z_n &= y_n/(y_1 + y_2 + \cdots + y_n)
\end{aligned}
$$

例如,对一个三分类问题的预测结果为 −3、1.5、2.7,利用 Softmax 函数将模型结果转换概率为0.002 6、0.230 8 和 0.766 6。

3.3　CNN 的训练

CNN 是一种输入到输出的映射，它能够学习大量的输入与输出之间的映射关系，而不需要任何输入和输出之间精确的数学表达式，只要用已知的模式对卷积网络加以训练，网络就具有输入和输出之间的映射能力。卷积网络执行的角度学习，所以其样本集由“输入向量，期望输出向量”的向量对构成。所有这些向量对是从实际运行系统中采集而来，在开始训练前，所有权都应该用小随机数进行初始化。小随机数用来保证网络不因权值过大而进入饱和状态，从而导致训练失败，也可用来保证网络可以正常地学习。如果用相同的数初始化权矩阵，则网络无能力学习。

3.3.1　CNN 的训练过程

卷积神经网络的训练过程与 BP 神经网络的训练过程类似，也可分为两个阶段：第一个阶段是数据由低层次向高层次传播的阶段，即正向传播阶段；另一个阶段是，当正向传播得出的结果与预期不相符时，将误差从高层次向低层次进行传播阶段，即反向传播的训练阶段。训练过程如图 3-21 所示，具体如下：

①网络进行权值的初始化。

②输入数据经过卷积层、池化层、全连接层的正向传播，最后得到输出值。

③计算网络的输出值与期望输出值的误差。

④当误差大于设定的期望值时，将误差回传网络中，依次求得全连接层、池化层、卷积层的误差。各层的误差可以理解为对于网络的总误差各层的应分量。当误差等于或小于期望值时，训练结束；否则，根据求得误差进行权值更新，然后计算各层输出。

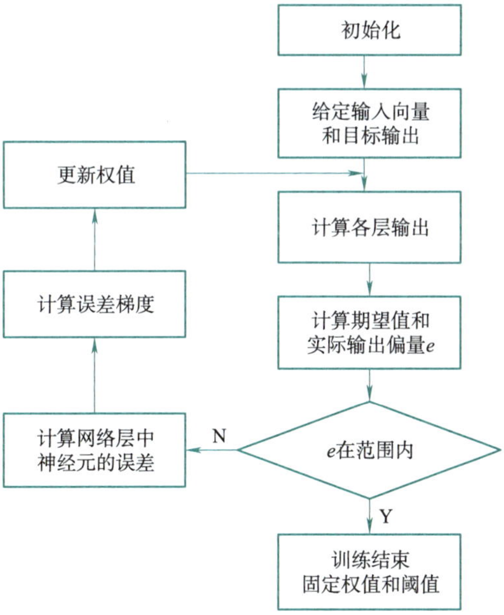

图 3-21　CNN 的训练过程

在正向传播过程中，输入的图形数据经过多层卷积层的卷积和池化处理，提取特征向量，当输出的结果与期望值相符时，训练结束，将特征向量传入全连接层中，输出最后得出分类识别的结果。

3.3.2 CNN 的正向传播过程

CNN 的正向传播过程主要经过卷积层、池化层和全连接层，各部分简述如下。

1. 卷积层的正向传播过程

卷积层的正向传播过程是，通过卷积核对输入数据进行卷积操作。数据在实际网络中的计算过程如图 3-22 所示，介绍卷积层的正向 s 传播过程。其中一个输入为 16 个像素的图片，卷积核为 2 × 2 × 1 的网络，即卷积核的权值为 W_1、W_2、W_3、W_4。卷积核对于输入数据的卷积过程如下：卷积核采用步长为 1 的卷积方式，卷积整个输入图片，形成了局部感受野，然后与其进行卷积运算，即权值矩阵与图片的特征值进行加权和（再加上一个偏置量），然后通过激励函数得到输出。

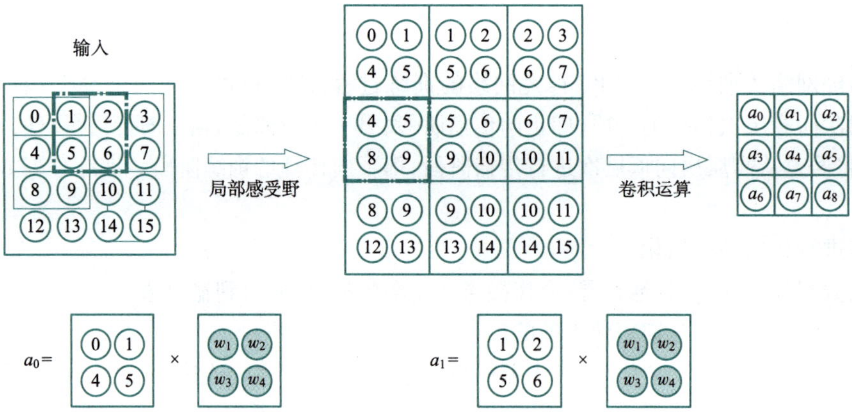

图 3-22 卷积层的正向传播过程

2. 池化层的正向传播过程

将上一层（卷积层）提取的特征作为输入传到池化层，通过池化层的池化操作，降低数据的维度，可以避免过拟合。

3. 全连接层的正向传播过程

特征图经过卷积层和池化层的特征提取之后，将提取出来的特征传到输出层中，通过全连接层和 Softmax 函数计算，进行分类，获得分类模型，得到最后的结果。

3.3.3 CNN 的反向传播过程

当 CNN 输出的结果与期望值不相符时，即误差函数没有接近 0 时，则进行反向传播过程，计算出的结果与期望值的误差，再将误差逐层返回，计算出每一层的误差，然后进行权值更新。该过程的主要目的是通过训练样本和期望值来调整网络权值。误差的传递过程可以理解为：首先，数据从输入层到输出层，其间经过了卷积层、池化层、全连接层，而数据在各层之间传递的过程中难免会造成数据的损失，也就导致了误差的产生。而每一层造成的误差值是不一样的，所以当求出网络的总误差之后，需要将误差传入网络中，计算出各层对于总的误差应该承担多少比重。

计算出网络总的误差是反向传播训练过程的第一步：求出输出层 n 的输出 $a(n)$ 与目标值之间的误差。计算公式为

$$\delta(n) = -(y - a(n))f'(z(n))$$

式中，$f'(z(n))$ 为激励函数的求导。

1. 全连接层之间的误差传递

求出网络的总误差之后,进行反向传播过程,将误差传入输出层的上一层全连接层,求出在该层中,产生了多少误差。而网络的误差又是由组成该网络的神经元所造成的,所以需要求出每个神经元在网络中的误差。求上一层的误差,需要找出上一层中哪些节点与该输出层连接,然后用误差乘以节点的权值,求得每个节点的误差。

2. 当前层为池化层,求上一层的误差

在池化层中,根据采用的池化方法,将误差传入到上一层。池化层如果采用的是最大池化的方法,则直接将误差传到上一层连接的节点中。如果采用的是均值池化的方法,误差则是均匀地分布到上一层的网络中。另外,在池化层中,不需要进行权值更新,只需要正确地传递所有的误差到上一层。

3. 当前层为卷积层,求上一层的误差

卷积层中采用的是局部连接的方式,与全连接层的误差传递方式不同,在卷积层中,误差的传递也是依靠卷积核进行传递的。在误差传递的过程中,需要通过卷积核找到卷积层和上一层连接节点。求卷积层上一层的误差的过程为:先对卷积层误差进行一层全零填充,然后将卷积层进行 180°旋转,再用旋转后的卷积核卷积填充过程的误差矩阵,并得到上一层的误差。

3.3.4　CNN 的权值更新

1. 卷积层的权值更新

卷积层的误差更新过程为:将误差矩阵当作卷积核卷积输入的特征图,得到权值的偏差矩阵,然后与原先卷积核的权值相加,得到更新后的卷积核。

2. 全连接层的权值更新过程

全连接层中的权值更新过程为:

①求出权值的偏导数值:学习速率乘以激励函数的倒数乘以输入值。

②原先的权值加上偏导值,得到新的权值矩阵。

所有权值更新完后,就可以重新进行正向传播过程,得到新误差,再次对权值求导,更新神经网络。逐次迭代,直至神经网络得到期望的输出为止,至此整个神经网络训练完成。

例 3-4　卷积层的训练。

卷积层的训练与全连接层训练一样,也需要从上一层回传误差矩阵,然后计算:

- 本层权重矩阵的误差项。
- 本层需要回传到下一层的误差矩阵。

假设已经得到了从上一层回传的误差矩阵,并且已经经过了激励函数的反向传导。

(1)计算反向传播的梯度矩阵

正向公式为

$$Z = W * A + b$$

式中,W 是卷积核;$*$ 表示卷积计算;A 为当前层的输入项;b 是偏移(未在图中画出);Z 为当前层的输出项,但没有经过激励函数处理。

正向计算过程如图 3-23 所示。

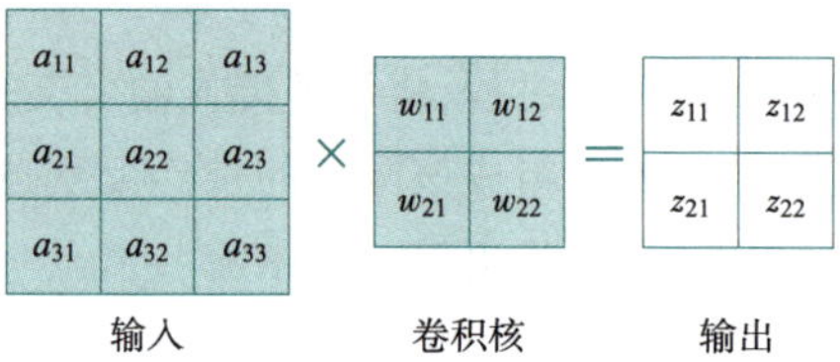

图 3-23 正向计算过程

分解到每一项的公式如下

$$z_{11} = w_{11}a_{11} + w_{12}a_{12} + w_{21}a_{21} + w_{22}a_{22} + b$$
$$z_{12} = w_{11}a_{12} + w_{12}a_{13} + w_{21}a_{22} + w_{22}a_{23} + b$$
$$z_{21} = w_{11}a_{21} + w_{12}a_{22} + w_{21}a_{31} + w_{22}a_{32} + b$$
$$z_{22} = w_{11}a_{22} + w_{12}a_{23} + w_{21}a_{32} + w_{22}a_{33} + b$$

求误差函数 J 对 a_{11} 的梯度

$$\partial J/\partial a_{11} = (\partial J/\partial z_{11})(\partial z_{11}/\partial a_{11}) = \delta z_{11}w_{11}$$

式中,δz_{11} 是从网络后端回传到本层的 z_{11} 单元的梯度。求 J 对 a_{12} 的梯度时,先看正向公式,发现 a_{12} 对 z_{11} 和 z_{12} 都有贡献,因此需要二者的偏导数相加,即

$$\partial J/\partial a_{12} = (\partial J/\partial z_{11})(\partial z_{11}/\partial a_{12}) + (\partial J/\partial z_{12})(\partial z_{12}/\partial a_{12}) = \delta z_{11}w_{12} + \delta z_{12}w_{11}$$

最复杂的是求 a_{22} 的梯度,因为从正向公式看,所有输出都有 a_{22} 的贡献,所以

$$\begin{aligned}\partial J/\partial a_{22} &= (\partial J/\partial z_{11})(\partial z_{11}/\partial a_{22}) + (\partial J/\partial z_{12})(\partial z_{12}/\partial a_{22}) + (\partial J/\partial z_{21})(\partial z_{21}/\partial a_{22}) + (\partial J/\partial z_{22})(\partial z_{22}/\partial a_{22}) \\ &= \delta z_{11}w_{22} + \delta z_{12}w_{21} + \delta z_{21}w_{12} + \delta z_{22}w_{11}\end{aligned}$$

同理可得所有 a 的梯度。

从上式中的 w 的各元素顺序看出,可将原始卷积核旋转 180°,再与传入误差项做卷积操作,即可得到所有元素的误差项。考虑到不完备问题,可将传入的误差矩阵做一个 0 填充,再乘以旋转 180°的卷积核,就是要传出的误差矩阵,如图 3-24 所示。

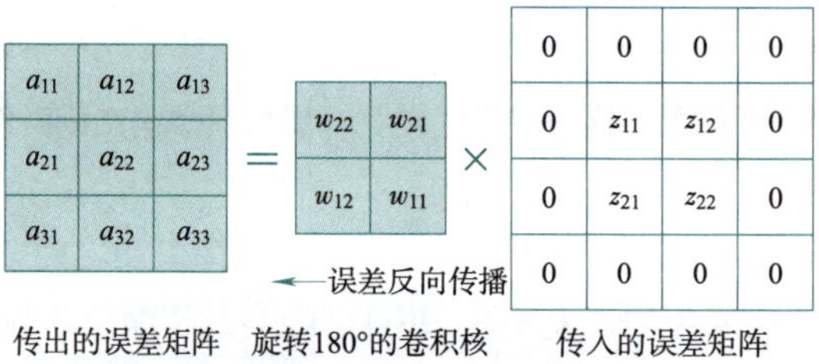

图 3-24 误差反向传播

最后可以统一成为一个简洁的公式,即

$$\delta_{\text{out}} = \delta_{\text{in}} * w^{\text{rot180}}$$

(2)误差矩阵可以继续回传

这个误差矩阵可以继续回传到下一层。

- 当卷积核是 3×3 时,δ_{in} 需要 2 填充,即加 2 圈 0,才能和卷积核卷积后得到正确尺寸的 δ_{out}。

- 当卷积核是 5×5 时，δ_{in}需要 4 填充，即加 4 圈 0，才能和卷积核卷积后得到正确尺寸的 δ_{out}。

以此类推，当卷积核是 $N \cdot N$ 时，δ_{in}需要加 $N-1$ 圈 0，即加 $N-1$ 圈 0。

正向时　　$\text{stride}=1:A^{(10\times8)} * W^{(5\times5)}=Z^{(6\times4)}$

反向时　　$\delta_z^{(6\times4)}+4\text{padding}=\delta_z^{(14\times12)}$

然后　　$\delta_z^{(14\times12)} * W^{\text{rot}180(5\times5)}=\delta a^{(10\times8)}$

3.4　逆 CNN

卷积是指通过输出来重构未知输入的过程，逆卷积过程并不具备学习的能力，仅是用于一个已经训练好的可视化卷积网络模型，没有学习训练的过程。通过转置卷积可使网络学习参数，它与基于插值的方法不同，是一种最优的上采样方法。

图 3-25 所示为 VGG16 逆 CNN 的结构，展示了一个卷积网络和逆卷积网络结合的过程。VGG16 是一个深度神经网络模型。它的逆卷积就是将中间的数据，按照前面卷积、池化等变化的过程，完全相反地做一遍，从而得到类似原始输入的数据。对于这样的结构，可参考第 5 章自编码器相关内容。

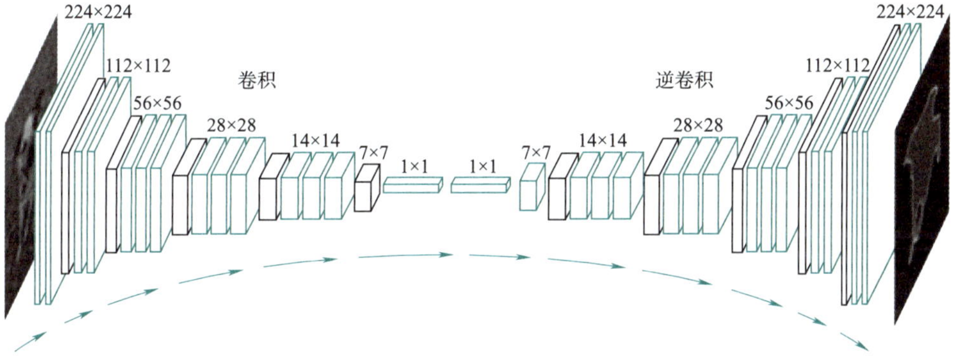

图 3-25　CNN 与逆 CNN

逆 CNN 的特性有许多特别的应用，一般可用于信道均衡、图像恢复、语音识别、地震学、无损探伤等未知输入估计和过程辨识方面的问题。

在神经网络应用中，逆卷积更多的是充当可视化作用。对于一个复杂的深度卷积网络，通过每层若干个卷积核的变换，但却无法知道每个卷积核关注的是什么，变换后的特征是什么样子。通过逆卷积的还原，可以对这些问题有个清晰的可视化，以各层得到的特征图作为输入，也就是说，进行逆卷积后得到逆卷积结果，用以验证显示各层提取到的特征图。

逆卷积技术可在输入图片的像素空间中找出最大化激活某一特征的像素，实现了对应特征的可视化，其中逆卷积的过程就是寻找像素的过程。借助逆卷积，可以探索模型训练过程中特征的演化、分类结果对于图片遮挡部位的敏感性、特征不变性和图片相关性等多类问题。

3.4.1　逆池化与逆卷积

为了理解卷积网络，需要理解中间层的特征值，逆卷积网络可以完成这个工作。逆卷积网络的每一层都可以看作卷积网络中对应层的逆过程，它们拥有相同的卷积核和池化索引，因此逆卷积将特征值逆映射回了输入图片的像素空间，可以借此说明图片中的哪些像素参与激活了该特征值。卷积网络和逆卷积网络两者各层之间的关系在整体上互为逆过程：首先，卷积网络将一张图片作为输入，计算得到各层的特征表示。为了验证某层一个具体的特征值，将该层特征值之外的所有值置零后，将其作为逆卷积网络的输入，经过逆卷积网络每一层的操作，该特征值被映射回了输入图片的像素空间。

1. 逆池化是池化的逆过程

通过池化对特征进行提取并且缩小数据，逆池化是池化的逆操作，但是无法通过反池化还原出全部的原始数据。这是由于池化的过程只保留了主要信息，舍去部分信息。如果想从池化后的这些主要信息恢复出全部信息，则存在信息缺失，这时只能通过补位实现最大程度的信息恢复。常用池化有最大池化和平均池化，其逆池化与其对应，也有逆最大池化和逆平均池化。

2. 逆卷积是卷积的逆过程

逆卷积可以理解为卷积操作的逆操作，然而输出并不能等于输入，逆卷积只是将卷积核转置，将卷积后的结果再做一次卷积。虽然它不能还原原来卷积的样子，但是在作用上具有类似的效果，可以将带有小部分缺失的信息最大化地恢复，也可以用来恢复被卷积生成后的原始输入。逆卷积后的结果已经与原来的不相等，说明转置卷积只能恢复部分特征，无法百分之百地恢复数据。

3.4.2 逆池化运算

1. 逆平均池化

逆平均池化的过程是首先还原成原来的大小，然后将池化结果中的每个值都填入其对应原始数据区域中相应位置。平均池化和逆平均池化的对应关系与过程如图 3-26 所示。

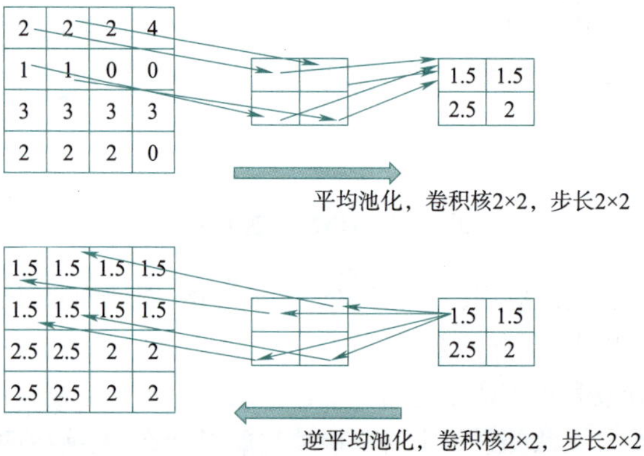

图 3-26　平均池化和逆平均池化

2. 逆最大池化

逆最大池化需要在池化过程中记录最大激活值的坐标位置，然后在逆池化时，只将池化过程中最大激活值的位置坐标值激活，其他值设置为 0。当然，这个过程只是一种近似。因为在池化过程中，除了最大值的位置，其他值也不为 0。最大池化和逆最大池化的对应关系与过程如图 3-27 所示。

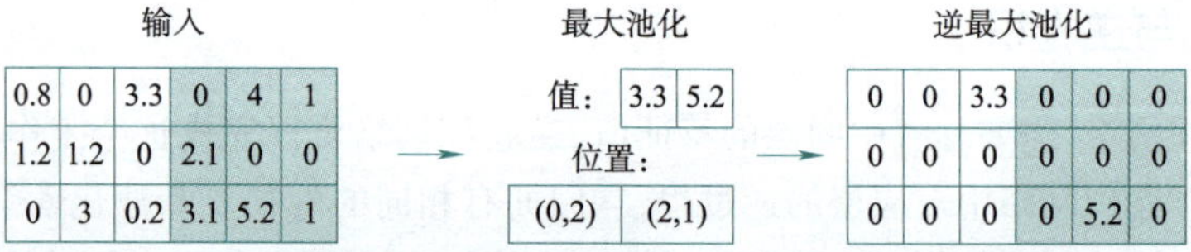

图 3-27　最大池化和逆最大池化

逆池化操作对应卷积网络池化操作，在理论上，卷积网络中的最大池化操作是不可逆的，但可以通过池化索引进行近似可逆操作。

3. 矫正

矫正对应卷积网络 ReLU 操作，卷积网络中采用 ReLU 确保特征值非负，为了确保正逆过程的一致性，可将逆卷积网络每一层的重构特征通过 ReLU 操作得到非负值。

3.4.3 逆卷积运算

在卷积网络中经常需要上采样提高低分辨率图片的分辨率，上采样主要是基于插值方法，主要有最近邻插值、双线性插值和双立方插值等。但是，上述方法都需要插值操作，而这些插值操作都借助了人工设计，而且也没有考虑网络学习。转置卷积是一种最优的上采样方法，它与基于插值的方法不同，它有可以学习的参数。转置卷积又称分数步长卷积和逆卷积。

1. 卷积操作

例 3-6　卷积操作。

有一个 4 × 4 的输入矩阵，对它使用核为 3 × 3，没有填充，步长为 1 的卷积操作，结果是一个 2 × 2 的矩阵，如图 3-28 所示。

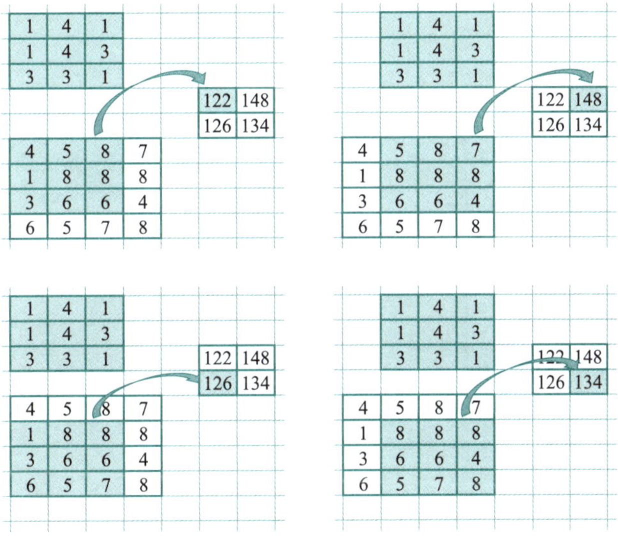

图 3-28　卷积操作

卷积操作是在输入矩阵和卷积核之间做逐元素的乘法然后求和。因为步长为 1，不使用填充，所以只能在 4 个位置上进行操作，卷积操作就是完成输入值和输出值的位置性关系操作。输入矩阵左上角的值会影响输出矩阵左上角的值，更进一步分析，3 × 3 的卷积核建立了输入矩阵中的 9 个值对应输出矩阵中的 1 个值的关系，也就是建立了多对一的关系。

2. 卷积的逆向操作

卷积的逆向操作是建立在一个矩阵中的 1 个值和另外一个矩阵中的 9 个值的对应关系，如图 3-29 所示。但是，从信息论的角度看，卷积是不可逆的，并不能够从输出矩阵和卷积核矩阵计算出原始的输入矩阵，而是计算出了一个保持位置性关系的矩阵。

为了说明逆向操作，首先要定义卷积矩阵和卷积矩阵的转置。

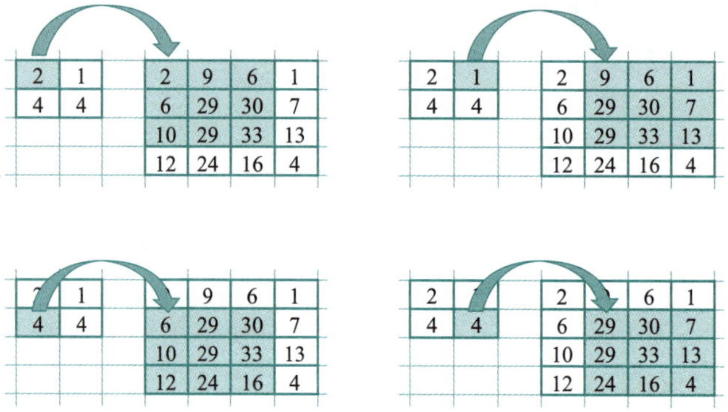

图 3-29　逆卷积操作

(1)卷积矩阵

卷积矩阵(4 ×16)的每一行都定义了一次卷积操作,卷积矩阵的每一行都相当于是经过了重排的卷积核矩阵,只是在不同的位置上用零填充。为了实现矩阵乘法,需要将尺寸为 4 ×4 的输入矩阵压扁成一个尺寸为 16 ×1 的列向量,如图 3-30 所示。

然后,对 4 ×16 的卷积核矩阵和 16 ×1 的输入矩阵(就是 16 维的列向量,只是看成一个矩阵)进行矩阵乘法运算,如图 3-31 所示。

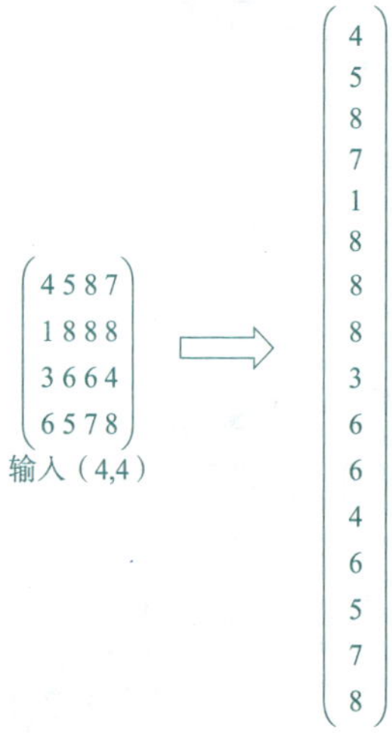

图 3-30　矩阵压扁成列向量

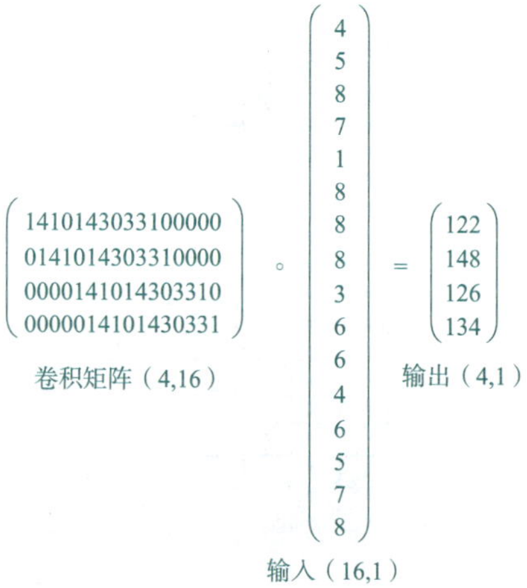

图 3-31　矩阵乘法运算

尺寸为 4 ×1 的输出矩阵可以重排为如下 2 ×2 的矩阵:

	0	1
0	122	148
1	126	134

一个卷积核矩阵其实就是卷积核权重的重排,使用这个重排的卷积矩阵,不仅可以将 16(4 ×4 的矩阵)映射为 4(2 ×2 的矩阵),反过来做这个操作,就可以将 4(2 ×2 的矩阵)映射为 16(4 ×4 的矩阵)。

(2)转置卷积矩阵

目的是将 4 (2×2 的矩阵)映射为 16 (4×4 的矩阵),但是,需要维护 1 对 9 的关系。假设卷积矩阵 $\boldsymbol{C}(4\times16)$转置为 $\boldsymbol{C}^{\mathrm{T}}(16\times4)$。可以将 $\boldsymbol{C}^{\mathrm{T}}(16\times4)$和一个列向量$(4\times1)$相乘,得到 16×1 的输出矩阵,转置之后的卷积矩阵就建立了 1 个值对 9 个值的关系,输出矩阵可以被重排为如下 4×4 的矩阵。

	0	1	2	3
0	2	9	6	1
1	6	29	30	7
2	10	29	33	13
3	12	24	16	4

已经上采样了一个小矩阵(2×2),得到了一个大矩阵(4×4),转置卷积依然维护着 1 对 9 的关系:因为权重就是这么排的。用来进行转置卷积的权重矩阵不一定来自原卷积矩阵,重点是权重矩阵的形状和转置后的卷积矩阵相同。

转置卷积和普通卷积有相同的本质:建立了一些值之间的关系,只不过转置卷积所建立的这个关系与普通卷积所建立的关系方向相反。可以使用转置卷积进行上采样,并且,转置卷积中的权重是可以被学习的。因此,没有必要通过插值方法做上采样。

用一个已有的卷积矩阵的转置作为权重矩阵进行转置卷积操作,与普通卷积相比,输入和输出的关系被反向处理(转置卷积是 1 对多,而不是普通的多对 1)才是转置卷积的本质。正因如此,严格来说转置卷积其实并不算卷积,但是可以将输入矩阵中的某些位置填上 0 并进行普通卷积来获得和转置卷积相同的输出矩阵。

通常在一些图像重建任务中,主要目的是对特征图进行放大,如一些分割任务、图像重建任务等,当进行特征提取之后需要恢复到原始的分辨率时,就可以采用逆卷积来计算。

3.5　CNN 的应用

CNN 是一种包含卷积计算且具有深度结构的神经网络,是深度学习的代表算法之一。常见的 CNN 网络有 LeNet-5、VGGNet、GoogleNet、ResNetDenseNet、MobileNet 等。

- CNN 是包含卷积计算且具有深度结构的前馈神经网络。
- CNN 具有表征学习能力,能够按其阶层结构对输入信息进行平移不变分类。CNN 是一类包含卷积计算且具有深度结构的前馈神经网络,是深度学习的代表算法之一。

3.5.1　CNN 的应用特点

CNN 的一维卷积一般用于序列模型、自然语言处理模型;二维卷积一般用于计算机视觉、图像处理领域;三维卷积一般用于医学(CT 影像)、视频处理领域(检测动作或用户行为)。

CNN 指的是一类网络,而不是某一种网络,其包含很多不同种结构的网络。不同的网络结构通常表现会不一样。CNN 通过调整某一个卷积核训练得到的值,让卷积核中的参数绝对值变得更大,那么该卷积核代表的特征将会加强,机器将某些特征训练成它看到过的其他特征。

CNN 的主要特点是卷积核参数共享,池化操作参数共享是因为像图片等结构化数据在不同区域可能存在相同的特征，那么就可以将卷积核作为探测器，每一层探测器具有不同的特征，但是同层的核是在图片的不同地方找相同的特征。然后将底层特征组合传给后层，再在后层对特征整合。在某些任务中池化并不会影响结果，但可以大大减少参数量。另外，池化后在之前同样大小的区域可以包含更多的信息。

3.5.2 CNN 的应用领域

1. 图像处理领域

①图像识别和物体识别。

②图像标注。

③图像主题生成。

④图像内容生成。

⑤物体标注。

处理一个图像需要经历卷积层、激励层、池化层和全连接层，最终得到结果输出。

2. 视频处理领域

①视频分类。

②视频标准。

③视频预测。

3. 自然语言处理领域

①对话生成。

②文本生成。

③机器翻译。

4. 其他方面

①机器人控制。

②游戏。

③参数控制。

小　　结

CNN 是深度学习中最具代表性的神经网络模型，本章围绕 CNN 介绍了一些基本的内容与方法。主要包括 CNN 的产生、CNN 的结构、CNN 的训练方法和 CNN 的应用场景，并对应用的主要领域做了说明。通过上述内容的学习，可以为解决某一问题而设计、构建 CNN 建立基础。

思考与练习

1. 通道数为 3，宽高均为 224 的输入，经过一层输出通道数为 96，卷积核大小为 11，步长为 4，无填充的卷积层后，得到的特征图的宽高为多少？

2. 假设某一网络卷积层，其卷积核大小为 3×3，输入通道为 16，输出通道为 32。常规 CNN 的参数量为多少？

3. 一个由三个卷积层组成的 CNN：kernel = 3×3，stride = 2，padding = 相同。最低层输出 100 个特征图，中间层 200 个特征映射图，最高层 400 个特征映射图。输入是 200×300 的 RGB 图片。那么

CNN 中参数的总数目是多少?

4. 假设有一个神经网络,如果去掉 ReLU 层,这个神经网络仍能够处理非线性函数吗? 为什么?

5. 假设已经在 ImageNet 数据集(物体识别)上训练好了一个卷积神经网络。然后给这张卷积神经网络输入一张全白的图片。对于这个输入的输出结果为任何种类的物体的可能性都是一样的吗? 为什么?

6. 对于一个图像识别问题(在一张照片里找出一只猫),使用哪种神经网络可以更好地解决该问题? 说明原因。

第4章 循环神经网络

- 4
  - 循环神经网络概述
    - RNN的原理
    - RNN的记忆能力
  - RNN的结构
    - 埃尔曼神经网络
    - 单向循环神经网络
    - 双向循环神经网络
    - BPTT学习算法
    - 堆叠RNN
  - RNN的I/O模式
    - 序列到类别模式
    - 同步序列到序列模式
    - 异步序列到序列模式
  - 长短期记忆模型
    - RNN的记忆能力与长期依赖
    - LSTM模型结构
    - 模型参数的调节方法
  - 基于RNN的语言模型
    - 文本处理的编码-解码框架
    - 注意力模型
    - 双向RNN注意力模型
    - 词嵌入与词嵌入算法
    - 基于RNN的语言模型举例

全连接神经网络和卷积神经网络都只能处理独立的输入序列，前一个输入和后一个输入完全没有关系。但是，某些任务需要能够处理序列，序列的重要特点是前面的输入和后面的输入相关。例如，当理解一句话的意思时，孤立地理解这句话的每个词是不够的，需要处理这些词连接起来的整个序列。当处理视频时，也不能只独立地分析每一帧，而要分析这些帧连接起来的整个帧序列。这时就需要使用循环神经网络(recurrent neural network，RNN)。

RNN 适用于处理视频、语音等与时序相关的问题。时间序列数据是指在不同时间点上收集到的数据，这类数据反映了某一事物、现象等随时间而变化的状态或程度。RNN 也适用于处理序列数据(如文字序列)，其重要特点是后面的数据与前面的数据相关。

时间序列数据是在不同时间上收集到的数据，是按时间顺序收集，用于所描述现象随时间变化的情况。这类数据反映了某一事物、现象等随时间的变化状态或程度，序列数据是一维元素向量，元素类型可以不同。元素间由序号引导，通过下标访问序列的指定元素。

4.1 循环神经网络概述

RNN 是一类具有短期记忆能力的神经网络。在 RNN 中，各个神经元不但可以接收其他神经元的信息，还可以接收自身的信息，形成具有环路的短期记忆网络结构。

4.1.1 RNN 的原理

多层感知器和卷积神经网络都属于前馈神经网络，这两种网络结构有一个共同特点，就是输入是独立的、上下文无关的，例如，输入的是一张图片，识别其类别。但是对于一些有明显的上下文特征的序列输入，例如，预测视频中下一帧的播放内容，那么很明显这样的输出必须依赖以前的输入，与前面帧有关，这就需要网络必须拥有一定的记忆能力记住前面帧的内容才能完成预测。为了使网络具有记忆能力，提出了 RNN。

前馈神经网络是一个静态网络，信息的传递是单向的，网络的输出只依赖于当前的输入。而 RNN 处理方式与前馈神经网络有着本质的不同，RNN 只接收一个单一的输入和上一个时间点的隐藏层信息。

传统文本处理的方法是将 TF-IDF 向量作为特征输入，这种输入表示没有考虑输入文本序列中的每个单词的顺序。在神经网络建模过程中，前馈神经网络通常接收一个定长的向量作为输入。卷积神经网络文本数据建模时，输入变长的字符串或者单词串，通过滑动窗口加池化的方式将原先的输入转换成一个固定长度的向量，这样可以捕获到原文本中的一些局部特征，但是，很难捕获到两个单词之间的长距离依赖关系。RNN 能处理文本数据变长、有序的输入序列。RNN 模拟了人阅读一篇文章的顺序，从前到后阅读文章中的每一个单词，将前面阅读到的有用信息编码到状态变量中，从而拥有了一定的记忆能力，这样可以理解后面的文本。

RNN 的单个神经元模型与以往的神经元相比，它包含了一个自反馈输入，如果将其按照时间变化展开可以看到 RNN 单个神经元类似一系列权值共享前馈神经元的依次连接，连接后与传统神经元相同，随着时间的变化，输入和输出将发生变化，但不同的是 RNN 上一时刻神经元的历史信息将通过权值与下一时刻的神经元相连接，这样 RNN 在 t 时刻的输入完成与输出的映射参考了 t 之前所有输入数据对网络的影响，形成了反馈网络结构。虽然反馈结构的 RNN 能够参考背景信号，但常见的信号所需要参考的背景信息与目标信息时间相隔范围宽泛，理论上 RNN 可以参考距离背景信息任意范围的参考信息，但实际应用过程中对于较长时间间隔的参考信息通常则无法参考。

4.1.2 RNN 的记忆能力

1982 年提出的 Hopfield 网络是 RNN 的初始版本。Hopfield 网络因为实现困难、没有合适的应用，所以被前馈神经网络所取代。20 世纪 90 年代是神经网络衰落期，前馈 MLP 在优化上出现弊端，后来被支持向量机 SVM 所取代。1990 年提出的两种变种 RNN，同样因为没有合适的实际应用，很快又被忽略。又过了十几年，出现了深度学习热潮，研究出 RNN 具有挖掘语义信息的分布表示能力，可以完成语音和语言模型方面语义分析等相关任务。

在序列上的所有输入信息、非线性变换的隐态信息从开始时刻，一直保留至当前时刻。从生物神经学角度，就是长期记忆(long-term memory)特性。尽管前馈网络在计算机视觉上应用效果突出，但不适合解决序列问题。RNN 可以通过长期记忆，向前搜索出输入中的关键信息。RNN 带自反馈的神经元，使得网络的输出不仅和当前的输入有关，还和上一时刻的输出相关，在处理任意长度的时序数据时，还表现出具有短期记忆能力。

4.2 RNN 的结构

RNN 是一种反馈网络，能够模拟人脑记忆功能。

4.2.1 埃尔曼神经网络

J. L. Elman 于 1990 年提出一种简单的埃尔曼(Elman)神经网络模型。埃尔曼神经网络模型是一种典型的局部回归网络，可以将其看作一个具有局部记忆单元和局部反馈连接的递归神经网络，如图 4-1 所示。

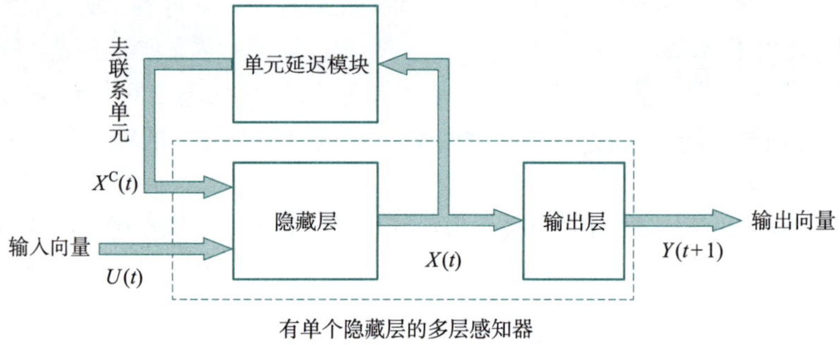

图 4-1 埃尔曼神经网络模型

埃尔曼神经网的输入层可以接收两种信号：一种是外加输入 $U(t)$，另一种是来自隐藏层的反馈信号 $X^C(t)$。将接收反馈的节点称为联系单元，$X^C(t)$ 表示联系单元在时刻 t 的输出。隐藏层的输出为 $X(t+1)$，W 为隐藏层与输出层之间的权值，输出层的输出为 $Y(t+1)$。当输出节点采用线性转移函数时，有如下方程：

隐单元： $X(t)=f[X^C(t), U(t)]$

联系单元： $X^C(t)=X(t-1)$

输出单元： $Y(t)=WX(t)$

4.2.2 单向循环神经网络

前馈神经网络不适合解决序列问题。但是，循环神经网络的一个序列的当前输出与其前面的输出有关，具体的表现形式是网络对前面的信息进行记忆并应用于当前输出的计算中，隐藏层之间的节点之间也有连接，并且隐藏层的输入不仅包括输入层的输出，还包括上一时刻隐藏层的输出。在理论上，RNN 能够对任何长度的序列数据进行处理，但是，在具体实现上，为了降低计算复杂性，通常仅假设当前的状态仅与前面的几个状态相关。

1. RNN 模型结构

如图 4-2 所示，可以看到 RNN 层级结构较之于 CNN 比较简单，它主要由输入层、隐藏层和输出层组成。在隐藏层中有一个箭头表示数据的循环更新，这就是实现时间记忆功能的方法。

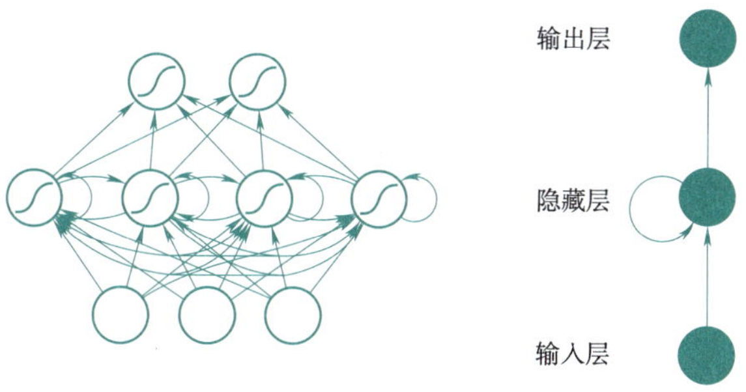

图4-2 RNN层级结构

将单个循环神经单元按时间展开成单向RNN结构,如图4-3所示。

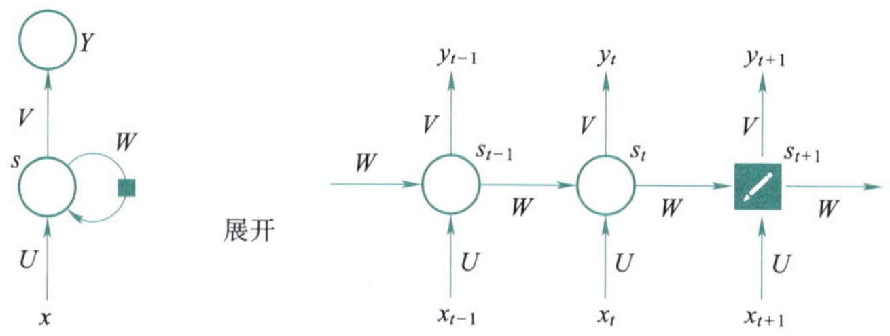

图4-3 RNN隐藏层的层级展开图

图4-3所示为隐藏层的层级展开图,$t-1$, t, $t+1$表示时间序列,X表示输入样本,s_t表示样本在时间t处的记忆,$s_t=f(\boldsymbol{U}x_t+\boldsymbol{W}s_{t-1})$。$W$表示记忆的权重,$U$表示此刻输入样本的权重,$V$表示输出的样本权重。

在$t=1$时刻,一般初始化输入$\boldsymbol{s}_0=0$,随机初始化W,U,V,计算公式如下:

$$s_1=f(\boldsymbol{U}x_1+\boldsymbol{W}s_0)$$
$$y_1=g(\boldsymbol{V}s_1)$$

式中,f和g均为激活函数。其中,f可以是Tanh、ReLU、Sigmoid等激活函数,g通常是Softmax。此时的状态s_1作为时刻1的记忆状态将参与下一个时刻的预测活动,即

$$s_2=f(\boldsymbol{U}x_2+\boldsymbol{W}s_1)$$
$$y_2=\mathrm{g}(\boldsymbol{V}s_2)$$

依此类推,可以得到t时刻的输出值为:

$$s_t=f(\boldsymbol{U}x_t+\boldsymbol{W}s_{t-1})$$
$$y_t=g(Vs_t)$$

各个时刻的W、U、V权重各自共享;隐藏状态可以理解为

$$s=f(\text{现有的输入}+\text{过去记忆总结})$$

RNN包含接受输入集的输入单元、输出集的输出单元、隐单元的输出集,其中隐单元完成了最为主要的工作。在图4-2中,有一条单向流动的信息流是从输入单元到达隐单元,与此同时,另一条单向流动的信息流从隐单元到达输出单元。在某些情况下,RNN打破后者的限制,引导信息从输出单元返回隐单元,并且隐藏层的输入还包括上一隐藏层的输出,即隐藏层内的节点可以自连也可以互连。

s_t为隐藏层第 t 步的状态输出，是网络的记忆单元。s_t根据当前输入层的输出与上一步隐藏层的状态进行计算。$s_t = f(\boldsymbol{U}x_t + \boldsymbol{W}s_{t-1})$，其中 f 是非线性的激励函数，如 Tanh 函数或 ReLU 函数。在计算 s_0时，第一个单词的隐藏层输出需要用到 s_{-1}，但是其并不存在，在实现中一般置为 $\boldsymbol{s}_0$向量；y_t是第 t 步的输出。需要注意的是：可以认为隐藏层输出 s_t是网络的记忆单元，s_t包含了前面所有步的隐藏层输出。而输出层的输出 y_t只与当前步的 s_t有关，在实际中，为了降低网络的复杂度，通常 s_t只包含前面若干步而不是所有步的隐藏层输出。在传统神经网络中，每个网络层的参数是不共享的。而在 RNN 中，每输入一步，每一层各自都共享参数 $\boldsymbol{U}$、$\boldsymbol{V}$、$\boldsymbol{W}$。RNN 中的每一步都在做相同的操作，只是输入不同，因此大大地降低了网络中需要学习的参数。前馈神经网络的参数不共享，对于每个神经元的输入权有不同的参数。RNN 是进行展开，形成了多层网络。如果这是一个多层的前馈神经网络，那么 x_t到 s_t之间的 $\boldsymbol{U}$ 矩阵与 x_{t+1}到 s_{t+1}之间的 $\boldsymbol{U}$ 是不同的，而 RNN 中却是相同的，对于 $\boldsymbol{W}$，s 层与 y 层之间的 $\boldsymbol{V}$ 也都是一样的。

这个网络在 t 时刻接收到输入 x_t之后，隐藏层的值是 s_t，输出值是 y_t。关键一点是，s_t的值不仅仅取决于 x_t，还取决于 s_{t-1}。循环神经网的计算公式为

$$y_t = g(\boldsymbol{V}s_t)$$
$$s_t = f(\boldsymbol{U}x_t + \boldsymbol{W}s_{t-1})$$

y_t是输出层的计算公式，输出层是一个全连接层，也就是它的每个节点都和隐藏层的每个节点相连。$\boldsymbol{V}$ 是输出层的权重矩阵，g 是激励函数。s_t是隐藏层的计算公式，它是循环层。$\boldsymbol{U}$ 是输入 x 的权重矩阵，$\boldsymbol{W}$ 是上一次的值 s_{t-1}作为这一次输入的权重矩阵，f 是激励函数。从上面的公式可以看出，循环层和全连接层的明显区别就是循环层多了一个权重矩阵 $\boldsymbol{W}$。

如果反复将 s_t代入到 y_t，可得到

$$\begin{aligned}
y_t &= g(\boldsymbol{V}s_t)\\
&= g(\boldsymbol{V}f(\boldsymbol{U}x_t + \boldsymbol{W}s_{t-1}))\\
&= g(\boldsymbol{V}f(\boldsymbol{U}x_t + \boldsymbol{W}f(\boldsymbol{U}x_{t-1} + \boldsymbol{W}s_{t-2})))\\
&= g(\boldsymbol{V}f(\boldsymbol{U}x_t + \boldsymbol{W}f(\boldsymbol{U}x_{t-1} + \boldsymbol{W}f(\boldsymbol{U}x_{t-2} + \boldsymbol{W}s_{t-3}))))\\
&= g(\boldsymbol{V}f(\boldsymbol{U}x_t + \boldsymbol{W}f(\boldsymbol{U}x_{t-1} + \boldsymbol{W}f(\boldsymbol{U}x_{t-2} + \boldsymbol{W}f(\boldsymbol{U}x_{t-3} + \boldsymbol{W}s_{t-4})))))\\
&\cdots\cdots
\end{aligned}$$

从上面的公式可以看出，RNN 的输出值是受前面历次输入值 $x_t, x_{t-1}, x_{t-2}, x_{t-3}, \cdots$影响的，这就是为什么 RNN 可以往前看任意多个输入值的原因。

(1)权矩阵

在 BP 神经网络中，每个网络层的参数不共享。而在 RNN 中，每输入一步，每一层的 $\boldsymbol{U}$、$\boldsymbol{V}$、$\boldsymbol{W}$ 参数各自共享。RNN 中的每一步都在做相同的任务，只是输入 s_t不同，因此可以显著地降低网络中需要学习的参数。将单个循环神经单元按时间展开，那么 x_t到 s_t之间的 $\boldsymbol{V}$ 矩阵与 x_{t+1}到 s_{t+1}之间的 $\boldsymbol{V}$ 矩阵是相同的，同理，矩阵 $\boldsymbol{W}$ 和矩阵 $\boldsymbol{V}$ 也是如此。

(2)隐藏层的输出 s_t

隐藏层的输出 s_t包含了前面所有步隐藏层的输出，而输出层的输出 y_t只与当前的 s_t有关，为了降低网络的复杂度，通常设计 s_t只包含前面若干步而不是所有步的隐藏层输出。

(3)输出模式

RNN 可以有多种输出模式，常用的有序列/分类器、序列/序列、编码器/解码器等输出模式。其

中序列/分类器是单输出模式，适用于序列输入和单一输出问题，如文本分类等应用；序列/序列模式是同步多输出模式，序列的每个时间步对应各自一个输出，输入序列和输出序列的长度相同。给定学习目标，序列/序列的输出模式在每个时间步都输出结果，如词性标注、文本生成和音乐合成等应用；编码器/解码器模式是异步多输出模式，当输入数据序列和学习目标序列长度都可变时，可以使用两个相耦合的基于上下文连接的 RNN，即编码器/解码器进行建模，编码器/解码器是语言模型中的 RNN 框架，如机器翻译等应用。

2. RNN 的反向传播

前面介绍了 RNN 的前向传播方式，RNN 的权重参数 $\boldsymbol{W}$、$\boldsymbol{U}$、$\boldsymbol{V}$ 每更新一次，输出值 y_t 都会产生一个误差值 e_t，则总的误差 E 可以表示为

$$E = \sum_t e_t$$

则损失函数可以使用交叉熵损失函数，也可以使用平方误差损失函数。

由于每一步的输出不仅依赖当前步的网络，并且还需要前若干步网络的状态，那么这种 BP 改版的算法称为时间序列反向传播(backpropagation through time，BPTT)算法，也就是将输出端的误差值反向传递，运用梯度下降法进行更新。也就是要求参数的梯度：

$$\nabla \boldsymbol{U} = \frac{\partial \boldsymbol{E}}{\partial \boldsymbol{U}} = \sum_t \frac{\partial e_t}{\partial \boldsymbol{U}}$$

$$\nabla \boldsymbol{V} = \frac{\partial \boldsymbol{E}}{\partial \boldsymbol{V}} = \sum_t \frac{\partial e_t}{\partial \boldsymbol{V}}$$

$$\nabla \boldsymbol{W} = \frac{\partial \boldsymbol{E}}{\partial \boldsymbol{W}} = \sum_t \frac{\partial e_t}{\partial \boldsymbol{W}}$$

关于 BPTT 的详细介绍见 4.2.4 节。

例 4-1　使用 RNN 完成序列到序列转换。

假设已经完成训练的一个 RNN，如图 4-4 所示，输入层的维度为二维，且隐藏层也为二维，输出层也为二维，所有权重的值都为 1，所有偏差都为 0，并且所有激活函数都是线性函数 $f(x) = x$，现在输入一个序列[(1,1)，(1,1)，(2,2)]到该模型中，则 RNN 输出序列如下：

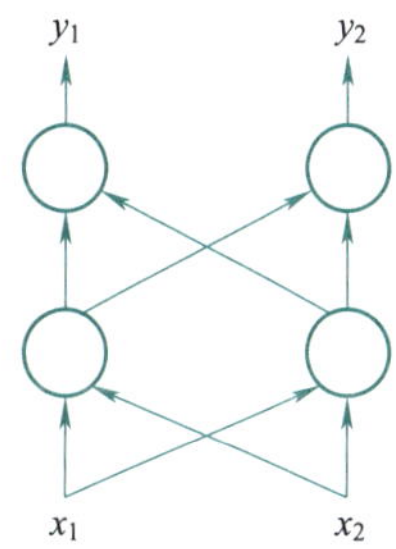

图 4-4　序列转换

使用 t_1、t_2 表示每一时刻的存储值，t_1、t_2 初始值设为 0。上一时刻隐藏层的值已被存储，下一时刻隐藏层的计算是将上一时刻隐藏层的值与权重相乘后，再相加便得到下一时刻隐藏层的 t_1、t_2。

当输入第一个向量 [1,1]，其中隐藏层的值为

$$s_t = f(\boldsymbol{U}x_t + \boldsymbol{W}s_{t-1}) = 1\times1 + 1\times1 + 1\times0 + 1\times0 = 2$$
$$y_t = g(\boldsymbol{V}s_t) = 4$$

计算得到输出为[4,4]。

因为所有权重都是 1，即 $1\times1 + 1\times1 + 1\times0 + 1\times0 = 2$，输出层的值 4 是式 $y_t = g(\boldsymbol{V}s_t)$ 的计算结果，即 $2\times1 + 2\times1 = 4$，得到输出为[4,4]。

当输入[1,1]后，t_1，t_2 已经不为 0，而是变成了 2。输入下一个向量[1,1]，隐藏层的值可通过式 $s_t = f(\boldsymbol{U}x_t + \boldsymbol{W}s_{t-1} + b)$ 得到，即 $1\times1 + 1\times1 + 1\times2 + 1\times2 = 6$，输出层的值可通过式 $y_t = g(\boldsymbol{W}s_t)$，得

到,即 $6\times1+6\times1=12$,最终得到输出 [12,12]。

同理,输入第二个[1,1]后,t_1、t_2 的值都变成 6,同理,输入第三个向量[2,2],得到输出 [32,32]。

由此,得到了最终的输出序列为[(4, 4),(12,12),(32,32)]。

利用图 4-4 所述的 RNN 单元模型完成了序列到序列的转换,即

$$[(1,1),(1,1),(2,2)]\rightarrow[(4,4),(12,12),(32,32)]$$

每一时刻的 RNN 输出结果都与上一时刻的输入相关联,如果将输入序列换个顺序,那么得到的结果会截然不同,这是由 RNN 的特性决定的。

4.2.3 双向循环神经网络

在某些应用场景,当前时刻的输出不仅和过去的信息有关,还和后续时刻的信息有关。例如,给定一个句子,即单词序列,每个单词的词性和上下文相关,因此可以增加一个按照时间的逆序传递信息的网络层来增强网络的能力。双向循环神经网络(bi-directional recurrent neural network,Bi-RNN)由两层循环神经网络组成,这两层网络输入序列都为 x,但是信息传递方向相反,如图 4-5 所示。

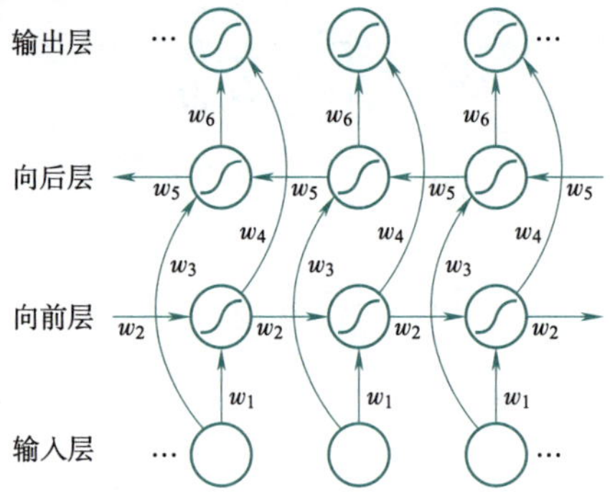

图 4-5 双向循环神经网

假设第 1 层按时间顺序传递信息,第 2 层按时间逆序传递信息,这两层在时刻 t 的隐藏层输出分别为 $s_t^{(1)}$ 和 $s_t^{(2)}$,即

$$s_t^{(1)}=f(\boldsymbol{W}^{(1)}s_{t-1}^{(1)}+\boldsymbol{U}^{(1)}x_t+b^{(1)})$$
$$s_t^{(2)}=f(\boldsymbol{W}^{(2)}s_{t+1}^{(2)}+\boldsymbol{U}^{(2)}x_t+b^{(2)})$$

将两个隐藏层输出向量拼接,即

$$y=s_t^{(1)}\oplus s_t^{(2)}$$

Bi-RNN 网络按时间展开的如图 4-6 所示。

Bi-RNN 是当前的输出(第 t 步的输出),不仅与前面的序列有关,并且还与后面的序列有关。在结构上,Bi-RNN 是由两个 RNN 上下叠加在一起组成的。输出是由这两个 RNN 隐藏层的输出决定的。

1. 正向传播

①沿着时刻 1 到时刻 T 正向计算一遍,得到并保存每个时刻正向隐藏层的输出。

②沿着时刻 T 到时刻 1 反向计算一遍,得到并保存每个时刻向后隐藏层的输出。

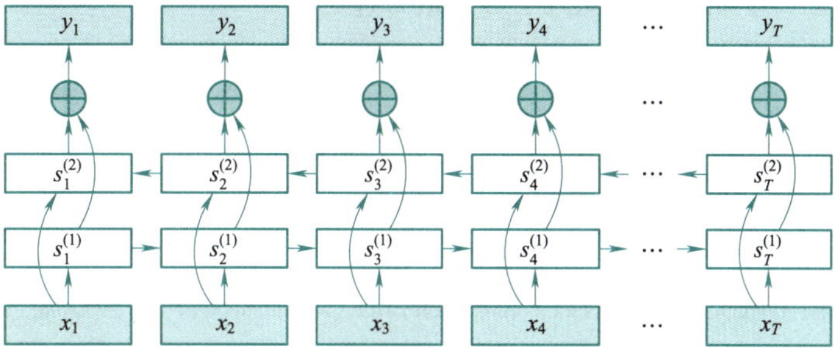

图 4-6　按时间展开的双向循环神经网

③正向计算和反向计算都完成后，每个时刻根据向前向后隐藏层输出汇总计算得到最终输出。

2. 反向传播

①计算所有时刻输出层的项。

②根据所有输出层的项，使用时间序列反向传播算法更新向前层。

③根据所有输出层的项，使用时间序列反向传播算法更新向后层。

在 Bi-RNN 中，每个时间步的隐藏层输出由当前时间步的前后数据同时决定；Bi-RNN 主要用于序列编码和给定双向上下文的观测估计。由于梯度链更长，Bi-RNN 的代价更高。

4.2.4　BPTT 学习算法

BPTT（时间序列反向传播）学习算法是循环神经网络的学习算法，但其本质是 BP 算法，只不过 RNN 处理的是时间序列数据，需要基于时间反向传播误差，所以称为时间序列反向传播学习算法。BPTT 的基本思想和 BP 算法相同，需要沿着优化参数的负梯度方向不断寻找更优的点直至收敛。求各个参数的梯度是 BPTT 算法的核心。

前馈神经网络的中间层称为隐藏层，而在 CNN 中又称为状态层，其中 $\boldsymbol{U}$ 代表输入到隐藏层的权值矩阵，$\boldsymbol{W}$ 代表返回的权值的记忆矩阵，$\boldsymbol{V}$ 代表隐藏层输出到输出层的权值矩阵。CNN 的 BPTT 算法的任务是完成这三个矩阵训练。为了便于说明，将 CNN 描述为图 4-7 所示的计算图表示。

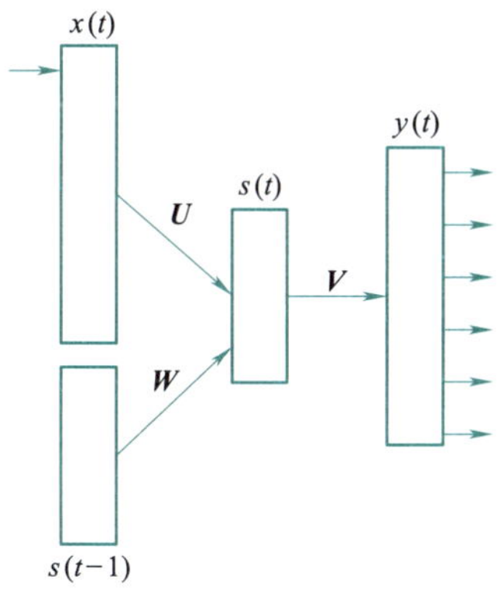

图 4-7　RNN 的计算图表示

图 4-7 中：

$x(t)$：输入层，其下标变量为 i；

$s(t-1)$：前一个隐藏层，表示前一时刻输出，其下标变量为 h；

$s(t)$：隐藏层，表示当前时刻输出，其下标变量为 j；

$y(t)$：输出层，其下标变量为 k；

$\boldsymbol{U}$：输入层→隐藏层的权值矩阵，其下标变量为 i,j；

$\boldsymbol{W}$：前隐藏层→隐藏层的权值矩阵，其下标变量为 h,j；

$\boldsymbol{V}$：隐藏层→输出层的权值矩阵，其下标变量为 j,k。

1. 输入层→隐藏层

当前隐藏层的输出取决于激励函数 f 和输入的 $\text{net}_j(t)$，而 $\text{net}_j(t)$ 为当前输入以及前一时刻的隐藏层输出再加上偏置值之和。

$$s_j(t)=f(\text{net}_j(t))$$

$$\text{net}_j(t)=\sum_i^t x_i(t)\boldsymbol{U}_{ji}+\sum_h^m s_h(t-1)\boldsymbol{W}_{jh}+b_j$$

2. 隐藏层→输出层

$$y_k(t)=g(\text{net}_k(t))$$

$$\text{net}_k(t)=\sum_j^m s_j(t)\boldsymbol{V}_{kj}+b_k$$

这是输出层，输出由激励函数 g 以及 $\text{net}_k(t)$ 决定，而 $\text{net}_k(t)$ 与隐藏层的多个神经元的和有关，同时加上偏置值 b_k。上式中的 f、g 均为激励函数，而 $\boldsymbol{U}$、$\boldsymbol{V}$、$\boldsymbol{W}$ 就是待训练的三个权值矩阵。

3. 反向传播学习算法

(1)代价函数

构建代价函数 C，以采样误差平方和为代价函数，如下式：

$$C=\frac{1}{2}\sum_p^n\sum_k^o(d_{pk}-y_{pk})^2$$

式中，d 是期望值；y 是网络的输出值；下标 p 代表的是样本；下标 k 为输出下标变量；n 为样本总数。

(2)反向传播的计算

$$\Delta(\boldsymbol{V})=-\eta\frac{\partial(C)}{\partial(\boldsymbol{V})}$$

$$\Delta(\boldsymbol{V})=-\eta\frac{\partial(C)}{\partial(\text{net})}\frac{\partial(\text{net})}{\partial(\boldsymbol{V})}$$

$$\delta_{pk}=-\frac{\partial(C)}{\partial(y_{pk})}\frac{\partial(y_{pk})}{\partial(\text{net}_{pk})}=(d_{pk}-y_{pk})g'(\text{net}_{pk})$$

$$\delta_{pj}=-\left(\sum_k^o\frac{\partial(C)}{\partial(y_{pk})}\frac{\partial(y_{pk})}{\partial(\text{net}_{pk})}\frac{\partial(\text{net}_{pk})}{\partial(s_{pj})}\right)\frac{\partial(s_{pj})}{\partial(\text{net}_{pj})}=\sum_k^o\delta_{pk}\boldsymbol{V}_{kj}f'(\text{net}_{pj})$$

权 $\boldsymbol{W}$、$\boldsymbol{V}$、$\boldsymbol{U}$ 更新计算如下：

$$\Delta\boldsymbol{V}_{kj}=\eta\sum_p^n\delta_{pk}s_{pj}$$

$$\Delta\boldsymbol{U}_{ji}=\eta\sum_p^n\delta_{pj}x_{pi}$$

以上都是针对当前时间序列也就是段时刻，$\boldsymbol{W}$ 权值的更新就是隐藏层的 p 个样本对隐藏层的第

j 个神经元的误差乘以上一个时刻隐藏层的神经元的输出再乘上学习系数 η 就可完成 $\boldsymbol{W}$ 调整。

$$\Delta \boldsymbol{W}_{jh} = \eta \sum_{p}^{n} \delta_{pj} s_{ph}(t-1)$$

4. BPTT 算法

BPTT 算法工作过程如图 4-8 所示。

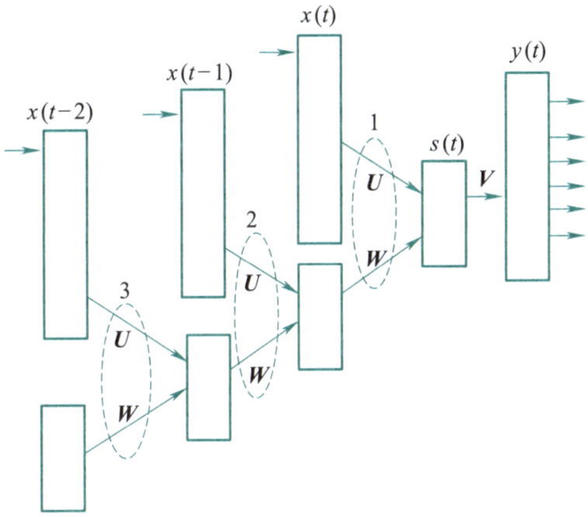

图 4-8　BPTT 算法工作过程

从上式中可以看出，在更新 $\boldsymbol{W}$ 时，需要上一时刻 $s(t-1)$ 的值，$s(t-1)$ 的值类似地依赖上一个 $s(t-2)$ 的值，这样将有很多层，如图 4-6 所示，为了更新这里的权值 $\boldsymbol{W}$ 和 $\boldsymbol{U}$，而引入了 BPTT 算法。

从输出得到误差信号，反向传播先更新 $\boldsymbol{V}$，更新完 $\boldsymbol{V}$ 后，误差继续向前传播，然后更新 $s(t)$ 的 $\boldsymbol{W}$、$\boldsymbol{U}$，即图 4-8 的 1 标记层，然后误差继续沿着 1 标记反向传播到 $s(t-1)$，然后更新 2 位置的 $\boldsymbol{U}$、$\boldsymbol{W}$。如果更新 $\boldsymbol{U}$、$\boldsymbol{V}$，之前 1 位置的 $\boldsymbol{U}$、$\boldsymbol{W}$ 也需要改变，因为 1、2、3 位置的 $\boldsymbol{U}$、$\boldsymbol{W}$ 都是联动的，即改变它们任何一个就将改变结果，所以这里要求只要改变 2 位置的 $\boldsymbol{U}$、$\boldsymbol{W}$，那么 1、3 位置都将相应进行改变，现在在 2 位置。然后全部改变，误差继续反向传播到 3 位置，开始改变 $\boldsymbol{U}$、$\boldsymbol{W}$，同时其他时序的 $\boldsymbol{U}$、$\boldsymbol{W}$ 随着相同的改变，然后继续往下传播，一直到最后一层，训练结束后权值也就固定了，这就是 BPTT 的精髓，即时间不停地向前追溯，直到刚开始的那个时间为止。每追溯一层的权值都统一根据本次的追溯进行调节权值 $\boldsymbol{U}$、$\boldsymbol{W}$，直至追溯到刚开始的时间。每次训练都需要追溯到刚开始的时间，通常情况下追溯 3～5 层即可，因为追溯时间越多说明层数越多，那么反向误差面临的梯度消失就将出现，越往后 $\boldsymbol{U}$、$\boldsymbol{W}$ 的改变量越小，因此一般 3～5 层即可，BPTT 的表达式如下：

$$\delta_{pj}(t-1) = \sum_{h}^{m} \delta_{ph}(t) \boldsymbol{W}_{hj} f'(s_{pj}(t-1))$$

使用矩阵的形式给出 BPTT 的权值调整过程误差信号：

$$e_o(t) = d(t) - y(t)$$

输出权值调整：

$$\boldsymbol{V}(t+1) = \boldsymbol{V}(t) + \eta s(t) e_o(t)^{\mathrm{T}}$$

误差从输入层传播到隐藏层：

$$e_h(t) = d_h(e_o(t)^{\mathrm{T}} \boldsymbol{U}, t)$$

d 表示误差信号按单元计算得到。

$$d_{hj}(x,t)=xf'(\mathrm{net}_j)$$

权值 $\boldsymbol{U}$ 的更新：

$$\boldsymbol{U}(t+1)=\boldsymbol{U}(t)+\eta x(t)e_h(t)^{\mathrm{T}}$$

权值 $\boldsymbol{V}$ 的更新：

$$\boldsymbol{V}(t+1)=\boldsymbol{V}(t)+\eta s(t-1)e_h(t)^{\mathrm{T}}$$

在随时间反向传播算法中，参数的梯度需要在一个完整的正向计算和反向计算后才能得到，并进行参数更新，因此需要保存所有时刻的中间梯度，空间复杂度较高。而实时循环学习（RTRL）算法在第 t 时刻，可以实时计算损失关于参数的梯度，不需要梯度回传，空间复杂度低。为了克服 BPTT 算法的缺点，引入了长短期记忆网络（LSTM）。

在循环神经网络训练中，随时间反向传播方式无法解决长时依赖问题，这是由于当前的输出与前面很长的一段序列有关，一般超过十步就无能为力了，因为随时间反向传播方式带来梯度消失或梯度爆炸问题。针对这些问题，提出了循环神经网络扩展和改进模型，如双向循环神经网络和 LSTM 模型等。

4.2.5 堆叠 RNN

一方面如果将 RNN 按时间展开，长时间间隔的状态之间的路径很长，RNN 可以看作一个非常深的网络，但是，从另一方面，可以增加 RNN 同一时刻网络输入到输出之间的路径 $x_t \to y_t$。堆叠循环神经网络（stacked recurrent neural network，SRNN）将多个循环网络堆叠起来。通过对几个简单层的组合，可以产生一个灵活的机制，如图 4-9 所示。

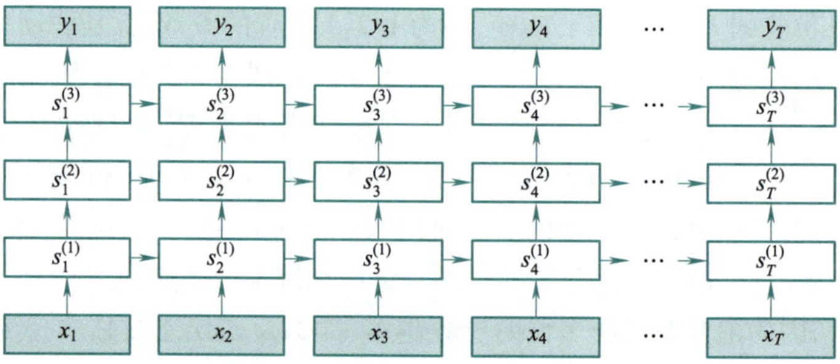

图 4-9 按时间展开的 SRNN

第 l 层网络的输入是第 $l-1$ 层网络的输出。定义 $s_t^{(l)}$ 为在时刻 t 时第 l 层的隐含状态：

$$s_t^{(l)}=f(\boldsymbol{W}^{(l)}s_{t-1}^{(l)}+\boldsymbol{U}^{(l)}s_t^{(l-1)}+\boldsymbol{b}^{(l)})$$

其中 $\boldsymbol{W}^{(l)}$、$\boldsymbol{U}^{(l)}$、$\boldsymbol{b}^{(l)}$ 为权重矩阵和偏置向量，$s_t^{(0)}=x_t$。

4.3 RNN 的 I/O 模式

RNN 输入和输出模式主要有：序列到类别模式、同步序列到序列模式、异步序列到序列模式。

4.3.1　序列到类别模式

序列到类别模式主要用于序列数据的分类问题。输入为序列（T 个数据），输出为类别（一个数据）。典型的就是文本分类任务，输入数据为单词的序列（构成一篇文档），输出为该文本的类别。

假设有一个样本 $x_{1:T}=(x_1, x_2, \cdots, x_T)$，为一个长度为 T 的序列，输出为一个类别 $y \in \{1, 2, \cdots, C\}$。将样本 x 按不同的时刻输入到 RNN 中去，可以得到不同时刻的隐含状态 $s_1, s_2, \cdots, s_T$，然后将 s_T 看作整个序列的最终表示，输入到分类器 $g(\cdot)$ 进行分类。

$$y=g(s_T)$$

当然除了采用最后时刻的隐含状态 s_T 作为序列的表示之外，还可以对整个序列的所有状态进行平均，用平均隐含状态作为整个序列的表示。

$$y=g\left(\left(\sum_t s_T\right)/T\right)$$

这两种序列到类别模式如图 4-10 所示。

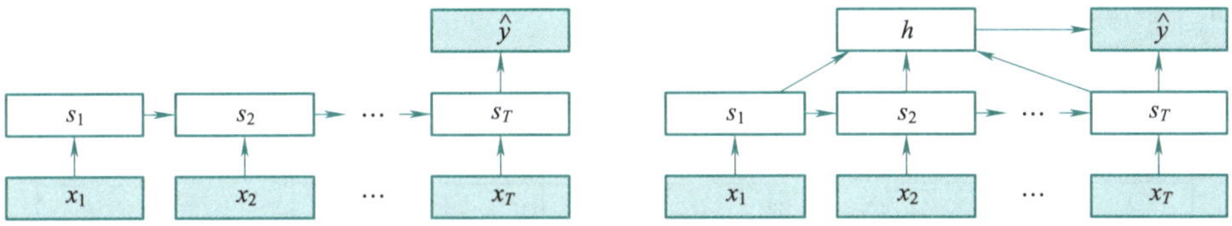

（a）正常模式　　（b）按时间进行平均采样模式

图 4-10　序列到类别模式

4.3.2　同步序列到序列模式

同步序列到序列模式主要用于序列标注任务，即每一时刻都有输入和输出，输入序列和输出序列的长度相同，如词性标注，每个单词都需要标注它的词性。命名实体识别也可以看作序列标注问题，与词性标注的做法类似，特点是对于命名实体，输出它的命名实体标签来代替词性。

假设有一个样本 $x_{1:T}=(x_1, x_2, \cdots, x_T)$，为一个长度为 T 的序列，输出序列为 $y_{1:T}=(y_1, y_2, \cdots, y_T)$。将样本 x 按不同的时刻输入到 RNN 中去，可以得到不同时刻的隐含状态 $s_1, s_2, \cdots, s_T$，然后将每个时刻的隐含状态输入给分类器 $g(\cdot)$，得到当前时刻的标签，如图 4-11 所示。

$$Y_t=g(s_t), \quad \forall t \in [1, T]$$

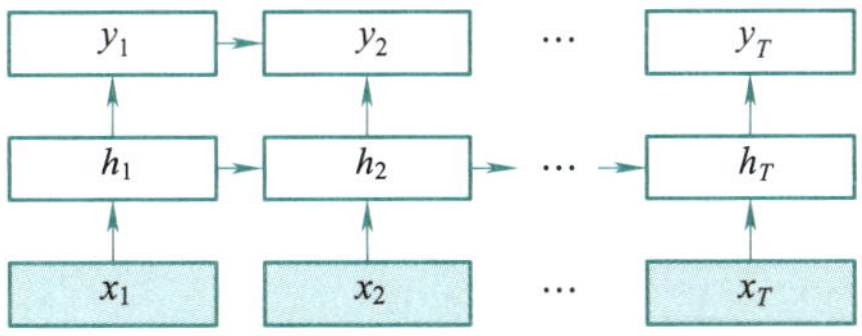

图 4-11　同步序列到序列模式

4.3.3 异步序列到序列模式

异步序列到序列模式又称编码器-解码器(encoder-decoder)模型,即输入序列和输出序列不需要有严格的对应关系,也不用保持相同的长度。例如,机器翻译中,输入为源语言的单词序列,输出为目标语言的单词序列。

在异步序列到序列模式中,输入为一个长度为 T 的序列:$x_{1:T}=(x_1, x_2, \cdots, x_T)$,输出一个长度为 M 的序列:$y_{1:M}=(y_1, y_2, \cdots, y_M)$,通过先编码后解码的方式实现。

首先将样本 x 按不同时刻输入到一个 RNN(编码器)中,得到其编码 s_T,然后在另一个 RNN(解码器)中得到输出序列 $y_{1:M}$。为了建立输出序列之间的依赖关系,在解码器中使用非线性的自回归模型。

$$s_t=f_1(s_{t-1},x_t) \qquad \forall t\in[1,T]$$
$$s_{T+t}=f_2(s_{T+t-1},y_{t-1}) \qquad \forall t\in[1,M]$$
$$y_t=g(s_{T+t}) \qquad \forall t\in[1,M]$$

式中,$f_1(\cdot)$和$f_2(\cdot)$分别表示用作编码器和解码器的 RNN,$g(\ )$为分类器。编码器和解码器的工作过程如图 4-12 所示。

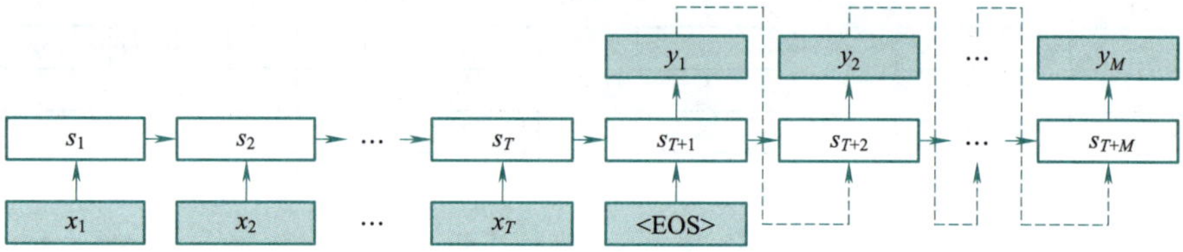

图 4-12 异步序列到序列模式

4.4 长短期记忆模型

长短期记忆模型(long short term memory,LSTM)是循环神经网络的变形结构,在 RNN 基础上,可在隐藏层各神经单元中增加记忆单元,从而记忆信息时间可控,每次在隐藏层各单元间传递时通过可控门(遗忘门、输入门、候选门、输出门)来控制之前信息、当前信息的记忆和遗忘程度,从而使 RNN 网络具备了长期记忆功能,对于 RNN 的实际应用作用巨大。

LSTM 具备长期记忆功能和可控记忆能力,但网络结构比较复杂、可控门数多,影响了效率。为此,提出了更加简化实用的门控循环单元(gate recurrent unit,GRU)结构形式,提高了效率。

4.4.1 RNN 的记忆能力与长期依赖

1. RNN 记忆能力

可将 RNN 的记忆能力分为短期记忆、长短期记忆和长期记忆三种类型。

(1)短期记忆

短期记忆是指 RNN 中隐含状态存储了历史信息,但是隐含状态 s 每个时刻都将被重写,因此称为短期记忆。

(2)长期记忆

因为网络参数一般是在所有“前向”和“后向”计算都完成后,才进行更新,隐含了从所有训练数据中学习到的经验,并且更新周期要远大于短期记忆,所以称为长期记忆。

(3)长短期记忆

在 LSTM 网络中,由于设置了遗忘门,如果选择遗忘大部分历史信息,则内部状态 c 保存的信息偏于短期,而如果选择只遗忘少部分历史信息,那么内部状态偏于保存更久远的信息。如果内部状态 c 中保存信息的历史周期要长于短期记忆 s,又短于长期记忆,则称为长短期记忆。

2. 长期依赖

RNN 的训练过程和全连接神经网络一样,都是采用反向传播算法通过计算梯度更新参数。但是在 RNN 训练过程中存在长期依赖问题,这是由于 RNN 在训练时遇到梯度消失或者梯度爆炸引起的。梯度消失和梯度爆炸是指在训练时需要计算反向传播,梯度在每一时刻都是倾向于递增或者递减的,经过一段时间后,当梯度收敛到零(梯度消失)或发散到无穷大(梯度爆炸),此时,参数就不再更新,也就是说后期的训练不再对参数的更新产生影响。简单地说,长期依赖问题就是指当时间间隔增大时,当前时刻隐藏层丧失了连接到远处信息的能力。

例如,RNN 在语言处理时,某时刻输入的文本信息是“我家住在北京市”,当时间间隔经过无限延长后,在其中间还处理了很多其他文本信息,来到 t 时刻,突然输入的文本信息是“我在市大数据中心工作”,那么此时神经网络模型无法理解这个“市大数据中心”究竟指的是哪个城市的市大数据中心,因为忘记了“我家住在北京市”,也就是说,此时的隐藏层已经不具备记忆远处信息的能力。

3. 长期记忆失效的原因

在 RNN 中,循环连接简单,无非线性激活函数。连接关系可以表示为:

$$s_t = f(\boldsymbol{W}s_{t-1} + \boldsymbol{U}x_t + \boldsymbol{b})$$

如果 abs($\boldsymbol{W}$) < 1,因为 s_{t-1} 前的系数为 W,也就是 $t-1$ 时刻的状态信息传递到 t 时刻,成为原来的 W 倍。如果逐层迭代,将 s_t 写成含 s_0 的表达式,那么 $s^{(0)}$ 前面的系数会是 $W^{(t)}$。abs($\boldsymbol{W}$) < 1 时,$W^{(t)}$ 是非常小的一个数,可以认为 $s^{(0)}$ 对 $s^{(t)}$ 几乎不产生影响。也就是 0 时刻的信息几乎被遗忘,就导致了长期记忆失效。

4.4.2 LSTM 模型结构

RNN 引入门控机制可以缓解 RNN 中的长期依赖问题。如果 t 时刻的预测 y_t 依赖于 $t-k$ 时刻的输入 x_{t-k},当时间间隔比较大时,容易出现梯度消失或梯度爆炸,那么 RNN 就难以学习到久远的输入信息。如果当目前的预测又需要用到比较久远的信息时,就将出现长期依赖问题。但是如果为了学习到非常久远的信息,可将所有过去时刻输入的信息都存储起来,避免隐状态 s 上存储的信息丢失。为此,引入门控机制控制信息的累积速度,可以有选择地加入新信息和遗忘之前积累的信息,将这一类 RNN 神经网称为门控 RNN。

在 RNN 模型中,第 t 时刻的隐含状态输出 s_t 如下:

$$s_t = f(\boldsymbol{W}s_{t-1} + \boldsymbol{U}x_t + \boldsymbol{b})$$

$\boldsymbol{U}$、$\boldsymbol{W}$ 和 $\boldsymbol{b}$ 是神经网络的参数,f 是非线性的激活函数。计算在一个隐藏层中完成,这里的隐藏层中使用 Tanh 激活函数做了非线性变换,如图 4-13 所示。

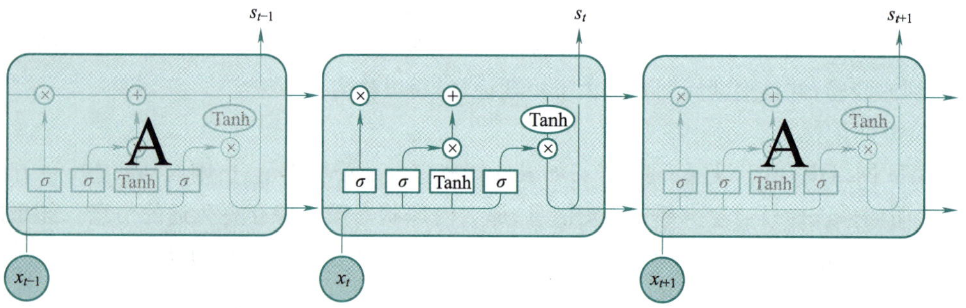

图 4-13 LSTM 的隐藏层

1. LSTM 的特点

相对于传统的 RNN,LSTM 网络结构有两个改进:一个改进是加入了新的内部状态;另一个改进是引入了门控机制。LSTM 的运作流程如图 4-14 所示,c_t表示当前的内部状态,f_t为遗忘门、i_t为输入门和 o_t为输出门。

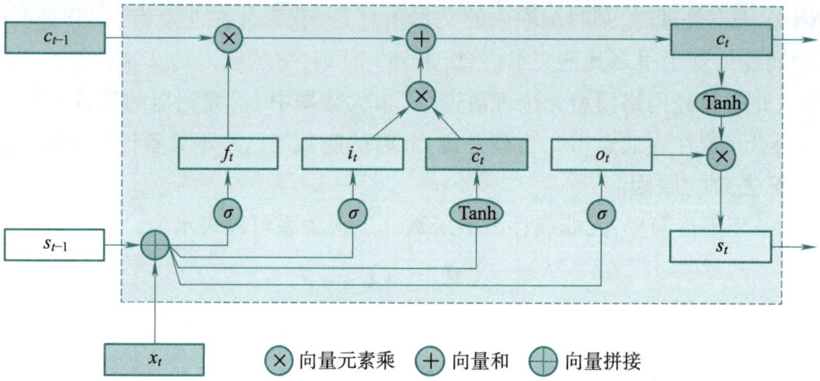

图 4-14 LSTM 的运作流程

(1)新的内部状态

LSTM 网络引入了一个新的内部状态,一方面进行线性的循环信息传递,例如图中的 c_{t-1}从左往右传递的过程,另一方面非线性地输出隐藏层的外部状态 s_t,例如图中 c_t从上往下的传递过程。内部状态 c_t的作用是记录到当前时刻 t 为止所有的历史信息。传递的过程中将进行一些计算。

(2)门机制

LSTM 网络引入门机制来控制信息传递的路径,总计设置三个门:遗忘门 f_t,输入门 i_t和输出门 o_t。门结构使用 Sigmoid 函数和按位乘法的操作,首先使用 Sigmoid 函数控制当前的输入有多少信息量可以通过该门结构。1 表示全通过,0 表示无法通过,而 0 ~ 1 之间的数也是按权保留信息,接近 1 的通过的多,接近 0 的通过的少。然后再通过按位相乘运算,对通过的原有信息进行筛选。

(3)三个门的作用

- 遗忘门 f_t控制前一时刻的内部状态 c_{t-1}需要遗忘多少信息。
- 输入门 i_t控制当前时刻的内部状态 $\tilde{c}_t$有多少信息需要保存。
- 输出门 o_t控制当前时刻的内部状态 c_t有多少信息需要输出给外部状态 s_t。

当 $f_t = 0, i_t = 1$ 时,包含历史信息的内部状态 c_{t-1}被丢弃,历史信息被清空,此时的内部状态 c_t只

记录了 $t-1$ 时刻的信息，也就是候选状态 $\tilde{c}_t$ 经过输入门 i_t 控制后留下的信息。

当 $f_t=1, i_t=0$ 时，内部状态 c_t 只复制了前一个内部状态 c_{t-1} 中的历史信息，而不写入由 x_t 带来的新信息。

当然，这三个门不会取到 0 或 1 这种极端值的情况。

(4) 三个门的计算公式

每个门都选择 Sigmoid 激活函数，输出区间为 (0,1)，x_t 为当前时刻的输入，s_{t-1} 为上一时刻的外部状态。$\boldsymbol{W}$、$\boldsymbol{U}$、$\boldsymbol{b}$ 是待学习的参数。

$$i_t=\sigma(\boldsymbol{U}_i x_t+\boldsymbol{W}_i s_{t-1}+\boldsymbol{b}_i)$$
$$f_t=\sigma(\boldsymbol{U}_f x_t+\boldsymbol{W}_f s_{t-1}+\boldsymbol{b}_f)$$
$$o_t=\sigma(\boldsymbol{U}_o x_t+\boldsymbol{W}_o s_{t-1}+\boldsymbol{b}_o)$$

LSTM 的特点就是使用遗忘门、输入门和输出门来控制信息传递的路径。

2. 时间循环单元的计算过程

①利用上一时刻的外部状态 s_{t-1} 和当前时刻的输入 x_t，计算出遗忘门 f_t、输入门 i_t 和输出门 o_t。

②利用上一时刻的外部状态 s_{t-1} 和当前时刻的输入 x_t，计算出候选状态。

$$\tilde{c}_t=\mathrm{Tanh}(\boldsymbol{U}_c x_t+\boldsymbol{W}_c s_{t-1}+\boldsymbol{b}_c)$$

③结合遗忘门 f_t、输入门 i_t、上一时刻的内部状态 c_{t-1} 和候选状态，计算当前的内部状态 c_t：

$$c_t=f_t\odot c_{t-1}+i_t\odot\tilde{c}_t$$

④将当前内部状态 c_t 输入 Tanh 激活函数，结合输出门 o_t，将内部状态的信息传递给外部状态 s_t。

$$s_t=o_t\odot\mathrm{Tanh}(c_t)$$

结合上述四个步骤，可以更清楚 LSTM 网络的计算过程。外部状态 s_t 最终以两条路径进行下一步传递：一条路径是跳出了这个框，从下往上输出给了另一隐藏层或者输出层；另一条路径是按时间循环，传递给了下一时刻，用来计算 s_t。

通过 LSTM 的内部状态记录所有时刻的历史信息，整个网络就可以建立较长距离的时序依赖关系。上述工作流程可以用公式概括为：

$$\begin{pmatrix}\tilde{c}_t\\ o_t\\ i_t\\ f_t\end{pmatrix}=\begin{pmatrix}\mathrm{Tanh}\\ \sigma\\ \sigma\\ \sigma\end{pmatrix}\left(\boldsymbol{W}\begin{pmatrix}x_t\\ s_{t-1}\end{pmatrix}+\boldsymbol{b}\right)$$

$$c_t=f_t\odot c_{t-1}+i_t\odot\tilde{c}_t$$
$$s_t=o_t\odot\mathrm{Tanh}(c_t)$$

4.4.3　模型参数的调节方法

BPTT 算法是针对循环层的训练算法，基本原理与 BP 算法相同，同样也包含如下三个步骤。

①确定参数的初始化值，然后前向计算每个神经元的输出值；对于 LSTM 而言，依据前面介绍的

流程，分别计算出f_t、i_t、c_t、o_t和s_t。

②反向计算每个神经元的误差项值，它是误差函数E对神经元j的加权输入的偏导数；与传统RNN类似，LSTM误差项的反向传播包括两个层面：一个是空间层面上的，将误差项向网络的一层上传播；另一个是时间层面上的，沿时间反向传播，即从当前t时刻开始，计算每个时刻的误差。

③计算每个权重（即参数）的梯度。

最后再用随机梯度下降算法更新权重。

4.5 基于RNN的语言模型

RNN主要应用场景是自然语言处理、机器翻译、语音识别和情感分析等，具体包括：

①语音识别：输入语音数据，生成相应的语音文本信息，如语音转文字功能。

②机器翻译：不同语言之间的相互转换。

③音乐生成：使用LSTM算法，可以解决RNN中相距较远的节点梯度消失的问题。

④文本生成：可以生成某种风格的文字。

⑤情感分类：输入文本或者语音的评论数据，输出相应的打分数据。

⑥DNA序列分析：输入DNA序列，输出蛋白质表达的子序列。

⑦视频行为识别：识别输入的视频帧序列中的人物行为。

⑧实体名字识别：从文本中识别实体的名字。

语言模型可以对一段文本的概率进行估计，对信息检索、机器翻译、语音识别等任务有重要作用。语言模型主要分为统计语言模型和神经网络语言模型。

语言模型可通过判定由m个词组成的句子是否是一句合理的自然语言，关键检测组成句子的词排列顺序是否正确。可以通过确定这段文字的概率分布来判断一段文字是不是一句自然语言，所以统计语言模型的基本任务是计算条件概率。如果一段文字由$w_1,w_2,w_3,\cdots,w_m$的m个词组成，则可以通过计算联合概率来判定是否是自然语言的一句话。

$$p(w_1,w_2,w_3,\cdots,w_m)=p(w_2|w_1)p(w_3|w_1,w_2)\cdots p(w_m|w_1,w_2,\cdots,w_{m-1})$$

如果文本较长，$p(w_i|w_1,w_2,\cdots,w_{i-1})$的估计非常困难，所以就提出了简化模型N-gram。N-gram模型处理方式是当前词只和它前面的n个词有关，与更前面的词无关，上面的式子就可以改写成：

$$p(w_i|w_1,w_2,\cdots,w_{i-1})=p(w_i|w_{i-(n-1)},\cdots,w_{i-1})$$

N-gram语言模型解决了用普通的条件概率计算句子概率参数太多难以训练的问题，理论上n取得越大保留的词序信息就越多，生成的句子越合理，但如果n取得比较大，将面临数据稀疏问题，因为将n取得大，可以有更多的保留词序信息，但数据稀疏导致训练出的语言模型无法使用。

4.5.1 文本处理的编码-解码框架

编码-解码模型是一种处理序列到序列变换的框架，简单地说，就是根据一个输入序列X，生成另一个输出序列Y。编码-解码模型主要的应用场景有机器翻译、文档提取和问答系统等。编码-解码框架中的信息处理经过编码和解码两个步骤，编码就是将输入序列转化成一个固定长度的向量，解码就是将之前生成的固定长度的向量再转化成输出序列。

编码-解码框架是深度学习中常用的一个模型框架，例如无监督算法的自编码器就是使用编码-

解码的结构设计并训练。编码-解码可以处理文字、语音、图像和视频数据，模型可以采用 CNN、RNN、Bi-RNN、LSTM、GRU、AE 等神经网络。图 4-15 所示为在文本处理领域中常用的编码-解码框架的抽象表示。

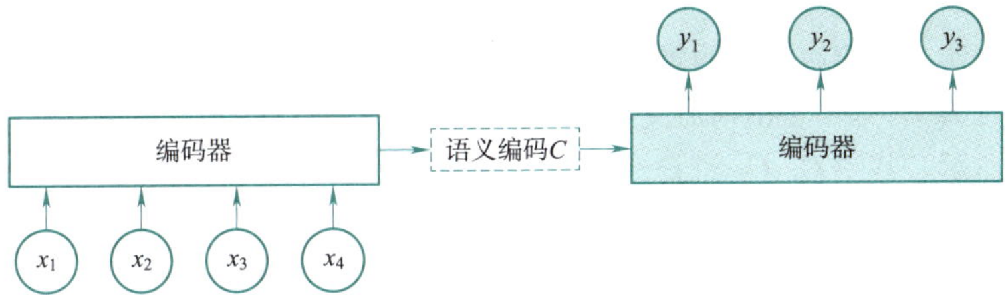

图 4-15 文本处理的编码-解码框架

在图 4-15 中，输入一个句子 X，通过编码-解码模型生成一个目标句子 Y。X 和 Y 可以是同一种语言，也可以是两种不同的语言。而 X 和 Y 分别由各自的单词序列构成句子，其中 x_i和 y_i表示单词：

$$X=(x_1,x_2,\cdots,x_m)$$
$$Y=(y_1,y_2,\cdots,y_n)$$

1. 编码过程

编码过程完成对输入句子 X 编码，将输入句子通过非线性变换，转化为中间语义编码 C：

$$C=f(x_1,x_2,\cdots,x_m)$$

2. 解码过程

解码过程是根据句子 X 的中间语义编码 C 和之前已经生成的历史信息 y_1，y_2，$\cdots$，y_{i-1}生成时刻 i 要生成的单词 y_i：

$$y_i=G(C,y_1,y_2,\cdots,y_{i-1})$$

进而完成 x_i到 y_i的转换。

4.5.2 注意力模型

注意力模型是机器学习中的一种数据处理方法，广泛应用在自然语言处理、图像识别及语音识别等不同类型的机器学习任务中。

注意力模型(attention model, AM)是模拟人脑注意力的模型，例如，当观赏一幅画时，虽然可以看到整幅画的全貌，但是在深入仔细地观察时，其实眼睛聚焦的就只有很小的一块，这时大脑主要关注在这一小块图案上，也就是说，大脑对整幅图的关注并不均衡，是有一定权重区分的。从另一个角度来看，人脑的注意力模型是一种资源分配模型，在某个特定时刻，注意力总是集中在画面中的某个焦点部分，而对其他部分视而不见。

注意力模型能从大量信息中筛选出少量重要信息，忽略大多不重要的信息。在网络中，可以使用连接权重代表信息的重要性。在深度学习中，提取到的信息流以同等重要性向后流动，而如果知道某些先验信息，就能够根据这些信息抑制某些无效信息的流动，从而使得重要信息得以保留。按照注意力方式不同，注意力模型进一步分有全局注意力模型、局部注意力模型和自注意力模型等。

1. 注意力范围

在编码-解码模型中，预测每一个 y_i所对应的中间语义编码 C 相同，也就表明句子 X 中的每个单

词对输出 Y 中的每个单词的影响相同。这样的处理将产生两个问题：一个问题是语义向量无法完全表示整个序列的信息，另一个问题是先输入的内容携带的信息将被后输入的信息所覆盖，输入序列越长，这个问题则越为严重。这是由于在解码时，一开始就没有获得输入序列的足够信息，导致不能保证解码的正确性和准确度。

可以使用注意力模型解决上述问题，在机器翻译时，让生成词不是只关注全局的语义编码向量，而是增加了一个注意力，指出输出词需要重点关注输入序列的部分，然后根据关注部分产生下一个输出，如图 4-16 所示。其中 $\boldsymbol{C}_1$、$\boldsymbol{C}_2$ 和 $\boldsymbol{C}_3$ 是增加了注意力的语义编码向量。

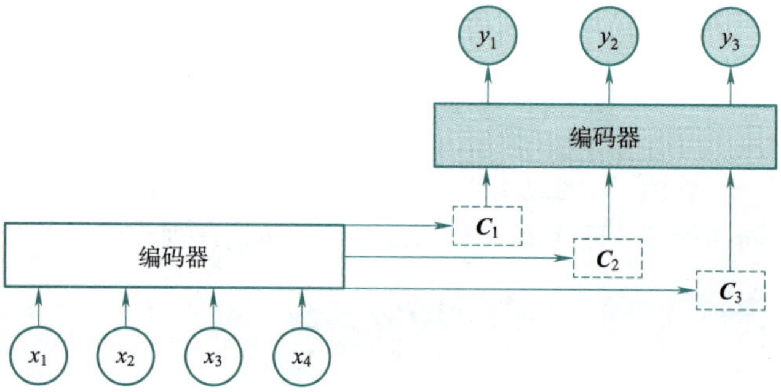

图 4-16　注意力模型

此时生成目标句子单词的过程如下：

$$y_1 = f_1(\boldsymbol{C}_1)$$
$$y_2 = f_1(\boldsymbol{C}_2, y_1)$$
$$y_3 = f_1(\boldsymbol{C}_3, y_1, y_2)$$

例 4-2　注意力范围。

输入的句子是：李明学习计算机。编码-解码模型逐步生成中文单词："李明"，"学习"，"计算机"。在没有应用注意力模型之前，生成的语义编码 $\boldsymbol{C}_{李明} = \boldsymbol{C}_{学习} = \boldsymbol{C}_{计算机}$ 相同，而应用注意力模型之后，对应的语义编码如下：

$$\boldsymbol{C}_{李明} = g(0.6 \times f_2(李明), 0.2 \times f_2(学习), 0.2 \times f_2(计算机))$$
$$\boldsymbol{C}_{学习} = g(0.2 \times f_2(李明), 0.7 \times f_2(学习), 0.1 \times f_2(计算机))$$
$$\boldsymbol{C}_{计算机} = g(0.3 * f_2(李明), 0.2 \times f_2(学习), 0.5 \times f_2(计算机))$$

其中，f_2 函数代表编码器对输入词的某种变换函数，如果编码器使用 RNN，这个 f_2 函数的结果是某个时刻输入 x_i 后隐藏层节点的状态值；g 代表编码器根据词的中间表示合成整个句子中间语义表示的变换函数，通常 g 函数就是对构成元素加权求和，C_i 计算公式如下：

$$C_i = \sum_{j=1}^{T_x} a_{ij} h_j$$

假设 C_i 中那个 i 就是上面的“李明”，那么 T_x 就是 3，表示输入句子的长度。$s_1 = f_2$("李明")，$s_2 = f_2$("学习")，$s_3 = f_2$("计算机")，其对应的注意力模型权值分别是 0.6，0.2，0.2，所以 g 函数就是个加权求和函数。如果翻译中文单词“李明”时，对应的中间语义表示 $C_{李明}$ 的形成过程如图 4-17 所示。

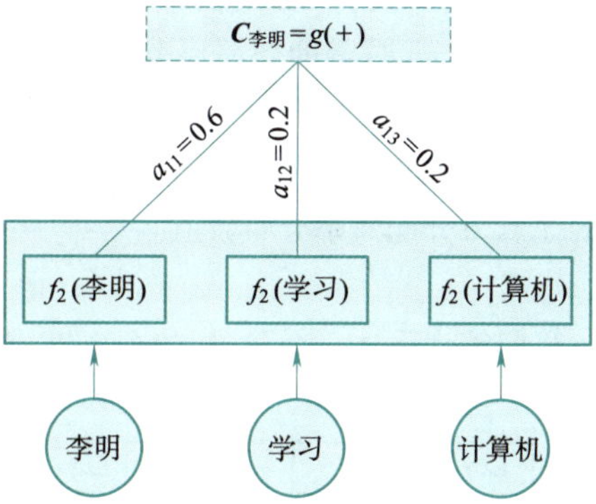

图 4-17　$C_{李明}$的形成过程

2. 注意力分配概率分布

生成目标句子某个单词,例如“李明”,注意力模型所需要的输入句子单词注意力分配概率分布就是“李明”所对应的概率分布:

(李明,0.6)(学习,0.2)(计算机 0.2)

如果编码器和解码器都采用 RNN 模型,编码-解码模型结构如图 4-18 所示。

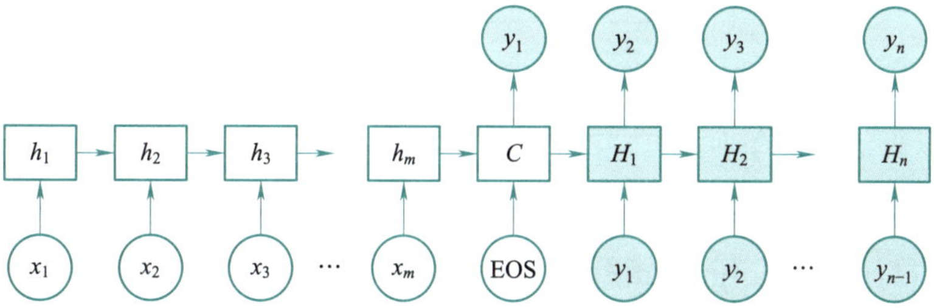

图 4-18　RNN 编码-解码模型结构

注意力分配概率分布值的计算过程如图 4-19 所示。

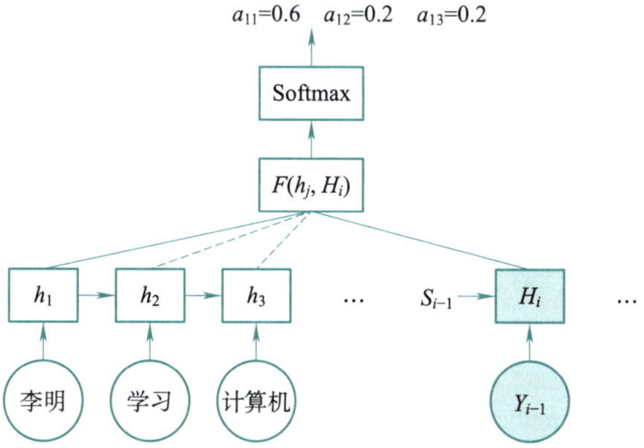

图 4-19　注意力分配概率分布值的通用计算过程

对于采用 RNN 的解码器,如果要生成 y_i 单词,在时刻 $t=i$,可以知道在生成 y_i 之前的隐藏层节点

$t=i$ 时刻的输出值为 H_i，而目的是要计算生成 y_i 时的输入句子单词“李明”“学习”“计算机”对 y_i 来说的注意力分配概率分布，那么可以用 $t=i$ 时刻的隐藏层节点状态 H_i 逐个与输入句子中每个单词对应的 RNN 隐藏层节点状态 h_j 进行对比，即通过函数 $F(h_j, H_i)$ 获得目标单词 y_i 和每个输入单词对应的对齐可能性，这个 F 函数可以采取不同的方法，然后 F 函数的输出经过 Softmax 进行归一化就得到了符合概率分布取值区间的注意力分配概率分布数值。

3. 注意力机制计算过程

可以将注意力机制的具体计算归纳为下述三个阶段，如图 4-20 所示。

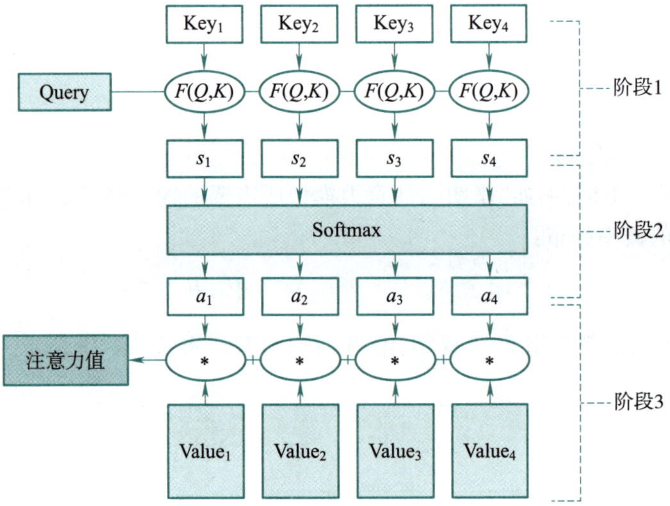

图 4-20 注意力机制的计算过程

①在第 1 阶段，可以引入不同的函数和计算机制，计算 Query（查询）和某个 Key_i 的相似性或者相关性，最常见的方法有求两者的向量点积、求两者的向量余弦相似性、通过神经网络求值。

点积计算是指向量的内积，是一个向量与它在另一个向量上的投影的长度的乘积，是标量。点乘结果反映着两个向量的相似度，两个向量越相似，它们的点积结果值越大。Query 与 Key_i 的点积计算为

$$\text{similarity}(\text{Query}, \text{Key}_i) = \text{Query} \cdot \text{Key}_i$$

②第 2 阶段引入类似 Softmax 的计算方式对第一阶段的得分进行数值转换，一方面可以进行归一化，将原始计算分值整理成所有元素权重之和为 1 的概率分布；另一方面也可以通过 Softmax 的内在机制更加突出重要元素的权重。

③第 3 阶段对第二阶段的计算结果 a_i（即 Value_i 对应的权重系数）进行加权求和可得到注意力值：

$$\text{Attention}(\text{Query}, \text{Source}) = \sum_{i=1}^{L_x} a_i \cdot \text{Value}_i$$

通过如上三个阶段的计算，可求出针对 Query 的注意力值，目前绝大多数具体的注意力机制计算方法都符合上述三阶段计算过程。其中原始数据就是输入序列，所以其实计算注意力需要设定 query、key、value 的数值。

从上述过程可以看出，注意力机制的目的是根据目标去关注部分细节，而不是基于全局进行分析，其核心就是基于目标确定需要关注的部分，以及确定之后进一步分析。

4.5.3 双向 RNN 注意力模型

Bi-RNN 注意力模型如图 4-21 所示。

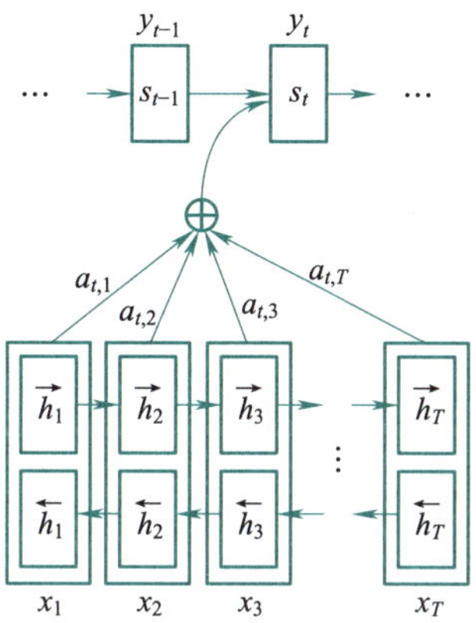

图 4-21 双向的 RNN 网络的注意力模型

对于输入序列，使用双向 Bi-RNN 作为编码器，此时两个方向的 RNN 对于每个输入 $x(i)$ 都会得到一个隐藏层输出 $s(i)$，将这两个 $s(i)$ 拼接在一起作为 $x(i)$ 对应的 $s(i)$。然后选择解码器的上一时刻的隐藏层 $S(t-1)$ 作为 query，$s(i)$ 同时作为 key 和 value，计算当前时刻每个 $s(i)$ 对应的权重 $a(i)$，而这个 $a(i)$ 其实就是分配的注意力大小：

$$\alpha_{ij} = \frac{\exp(e_{ij})}{\sum_{k=1}^{T_x} \exp(e_{ik})}$$

$$e_{ij} = a(s_{i-1}, h_j)$$

在机器翻译中，注意力模型每一时刻的翻译都只关注与之相关较大的部分，因此注意力模型能提高长句子的翻译质量。除了在机器翻译中的应用，在文本分类以及其他领域也有广泛应用。

4.5.4 词嵌入与词嵌入算法

将词转换为向量称为词向量，文本向量化是指将文本转换为数值张量的过程。

1. 基本概念

①将文本分割为单词，并将每个单词转换为一个向量。

②将文本分割为字符，并将每个字符转换为一个向量。

③提取单词或字符的 N-gram，并将每个 N-gram 转换为一个向量。N-gram 是多个连续单词或字符的集合（N-gram 之间可重叠）。

④将文本分解而成的单元（单词、字符或 N-gram）称为标记，将文本分解成标记的过程称为分词。

所有文本向量化过程都是应用某种分词方案，然后将数值向量与生成的标记相关联。这些向量组合成序列张量,被输入到深度神经网络中,如图 4-22 所示。将向量与标记相关联的常用方法有两种:对标记做 one-hot 编码与标记嵌入,通常只用于单词,称为词嵌入。

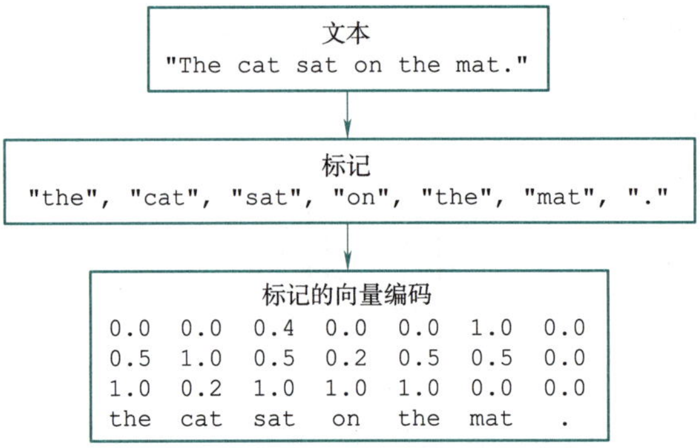

图 4-22 从文本到张量

2. 词向量化的常用方式

(1) one-hot 编码

one-hot 中文可以翻译为"独热",是最原始的用来表示字、词的方式。one-hot 就是给字分别用一个 0-1 编码。可以看出,有多少个字,就得有多少维向量,假如有 1 万字,那么每个字向量就是 1 万维。于是可用连续向量表示,比如用 100 维的实数向量表示一个字,这样就大大降低了维度,降低了过拟合的风险等。one-hot 编码的缺点是:词越多维度越大,词与词之间没有相关性,无法理解语义。

(2) 词嵌入

词嵌入是指将一个词语转换为一个向量表示,所以词嵌入有时又称 word2vec。在 RNN 中,输入序列数据的每一步是一个字母。具体来说,先对这些字母使用独热编码再输入到 RNN 中,在实际应用中,每一步只输入一个字母显然是不太合适的,更加高效的方法是每一步输入一个单词。如果还继续使用独热表示,那么每一步输入的向量维数将非常大。另外一方面,独热表示实际上完全平等地看待单词表中的所有单词,忽略了单词之间的联系。

word2vec 是指学习一个映射 f,它可以将单词变成向量表示:vec $=f($word$)$。在 RNN 的每一步输入中,不再用词语的独热表示,而是用映射之后的向量输入模型,这样模型不仅得到更丰富的有关词语的信息,而且输入的维数下降,性能显著提高。使用密集和低维向量有利于计算。

词嵌入可将词的特征映射到较低的维度,使用模型参数更少,训练更快。词嵌入可视为给每个组一个 n 维的编码,词嵌入可以理解为一个单词在算法中的存储形式,存入计算机的都是 0 和 1 的数字化序列,词嵌入就是将文本数字化。这种将单词或者文档数字化表示的方式被认为是深度学习在自然语言处理中的重要应用之一。

大多数神经网络不能很好地处理非常高维、稀疏的向量,使用密集和低维向量的一个好处是方便计算。词嵌入实际上是一种将各个单词在预定的向量空间中表示为实值向量的一类技术。每个单词被映射成一个向量,并且这个向量可以通过神经网络的方式学习更新。因此词嵌入技术的关键点在于如何用密集的分布式向量表示每个单词。其好处在于与 one-hot 编码比较,使用词嵌入表示的单词向量只用几十或者几百个维度,极大地减少了计算和存储量。

将基于神经网络的表示一般称为词向量、词嵌入或分布式表示。神经网络的词向量和其他分布类似,都基于分布式表达方式,核心依然是上下文的表示以及上下文与目标词之间的关系映射。主要通过神经网络对上下文以及上下文和目标词之间的关系进行建模,之所以神经网络可以进行建模,主要是由于神经网络的空间非常大,所以这种方法可以表达复杂的上下文关系。

学习上述映射 f 一般有两种方法 ,一种方法是基于计数的方法 ,即在大型语料库中,计算一个词语和另一个词语同时出现的概率,将经常同时出现的词映射到向量空间的相近位置,另一种方法是基于预测的,即从一个词或几个词出发,预测它们可能的相邻词,在预测过程中自然地学习到了词嵌入的映射 f。通常使用的是基于预测的方法。CBOW 和 Skip-gram 是两种基于预测的方法。

①Skip-gram 模型。

1954 年 Harris 提出分布式假说:上下文相似的词,其语义也相似;1957 年 Firth 对分布式假说做出进一步的阐述:词的语义由其上下文决定。不难看出,文本分布式表示的核心思想是利用一个词附近的其他词来表示该词。

如前所述,文本离散表示存在数据稀疏问题,经常遇到维数灾难,并且语义信息无法表示,无法揭示词之间的内部潜在联系。但是,如果采用低维空间表示法,不但解决了维数灾难问题,并且挖掘了词之间的关联属性,从而提高了向量语义上的准确度。

词嵌入是指将词映射到一个新的空间中,并以多维的连续实数向量表示。word2vec 使用的词向量与 One-hot 词向量不同,而是分布表示的词向量表示方式。其基本思想是通过训练将每个词映射成 k 维实数向量,并且通过词之间的距离判断它们之间的语义相似度。

word2vec 模型的主要优点是考虑了词语的上下文学习语义和语法的信息,得到的词向量维度小、节省存储和计算资源,通用性强,可以应用到各种 NLP 任务中。主要缺点是:词和向量是一对一的关系,无法解决多义词的问题;word2vec 是一种静态的模型,虽然通用性强,但无法将特定的任务做动态优化。

word2vec 有两种不同的方法:连续词袋(CBOW)模型和 Skip-gram 模型。CBOW 的目标是根据上下文预测当前词语的概率。Skip-gram 刚好相反,是根据当前词语预测上下文的概率。这两种方法都利用人工神经网络作为它们的分类算法。原先的每个单词都是一个随机 n 维向量,但经过训练之后,可以获得每个单词的最优向量。

在自然语言处理中,Skip-gram 是根据给定输入词来预测上下文。如图 4-23 所示,输入是一个词 $w(t)$,其输出是 $w(t-1)$、$w(t-2)$、$w(t+1)$、$w(t+2)$。

例如,句子“我开车到大楼前”。如果将“车”作为输入数据,单词组{"我","开","到","大楼","前"}就是输出数据。

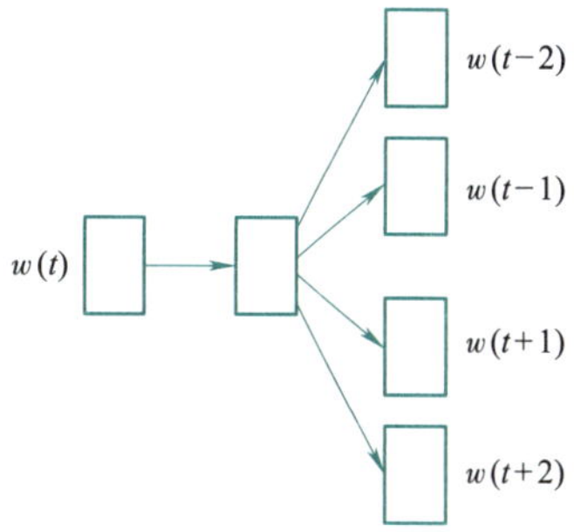

图 4-23　Skip-gram 模型

Skip-gram 模型可分为两部分:第一部分为建立模型;第二部分是通过模型获取嵌入词向量。Skip-gram 的整个建模过程实际上与自编码器的思想相似,即先基于训练数据构建一个神经网络,当这个模型训练好以后,并不用这个训练好的模型处理新的任务,真正需要的是这个模型通过训练数据所学得的参数,例如隐藏层的权重矩阵,这些权重实际上就是试图去学习的“词向量”。

使用自编码器,通过在隐藏层将输入进行编码压缩,继而在输出层将数据解码恢复初始状态,训练完成后,将输出层去掉,仅保留隐藏层。再用一组数据来训练神经网络,那么模型通过学习这个训练样本,就可得到词汇表中每个单词是输出词的概率大小。

②CBOW 模型。

CBOW 模型(continuous bag-of-words model)又称连续词袋模型,CBOW 模型与 Skip-gram 模型相反,CBOW 模型是给定上下文来预测输入词。CBOW 模型与 Skip-gram 模型的原理相同,只不过输入的是预测词周围的词向量。CBOW 模型通过一个词的上下文(n 个词)预测当前词。具体来说,不考虑上下文的词语输入顺序,是用上下文词语的词向量的均值来预测当前词。CBOW 模型的好处是对上下文词语的分布在词向量上进行了平滑,去掉了噪声,因此在小数据集上简单有效。

当 $n=2$ 时,CBOW 模型如图 4-24 所示。

CBOW 的神经网络模型如图 4-25 所示。

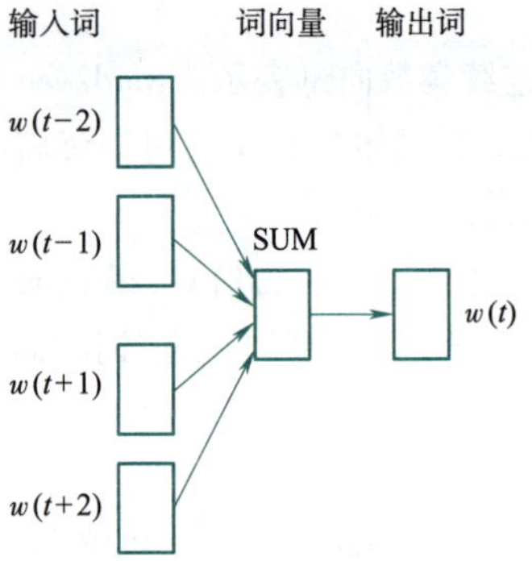

图 4-24　CBOW 模型

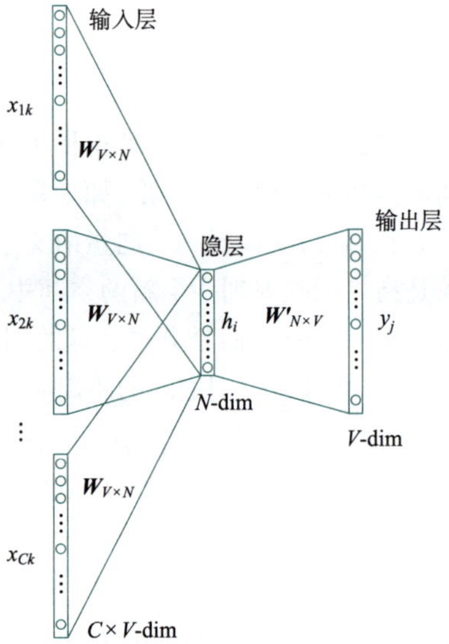

图 4-25　CBOW

CBOW 的神经网络模型与 Skip-gram 的神经网络模型互为镜像,该模型的输入和输出与 Skip-gram 模型的输入和输出相反。输入层是由 one-hot 编码的输入上下文$\{x_1,\cdots,x_C\}$组成,其中窗口大小为 C,词汇表大小为 V。隐藏层是 n 维的向量。最后输出层是也被 one-hot 编码的输出单词 y。被 one-hot 编码的输入向量通过一个 $V\times N$ 维的权重矩阵 $\boldsymbol{W}$ 连接到隐藏层;隐藏层通过一个 $N\times V$ 的权重矩阵 $\boldsymbol{W}'$连接到输出层。接下来,假设已知输入与输出权重矩阵的大小。

正向传播:

- 计算隐藏层的输出。
- 计算在输出层每个节点的输入。
- 最后计算输出层的输出。

反向传播:

通过 BP(反向传播)算法及随机梯度下降学习权重,在学习权重矩阵 $\boldsymbol{W}$ 与 $\boldsymbol{W}'$过程中,可以给这些权重赋一个随机值来初始化。然后按序训练样本,逐个观察输出与真实值之间的误差,并计算这些误差的梯度。并在梯度方向纠正权重矩阵。

- 定义损失函数,这个损失函数就是给定输入上下文的输出单词的条件概率。
- 更新矩阵 $\boldsymbol{W}'$。
- 更新权重 $\boldsymbol{W}$。

例 4-3　CBOW 模型。

CBOW 的三层结构:输入层、中间层、输出层。假设语料库有 10 个词:

[今天,我,你,他,小明,玩,大连,去,和,好]

现在有这样一句话:今天我和小明去大连玩。

很显然,对这个句子分词后应该是:

今天,我,和,小明,去,大连,玩

对于小明而言,选择他的前三个词和后三个词作为这个词的上下文。

接下来,将这些词分别表示成一个 one-hot 向量(向量中只有一个元素值为 1,其他都是 0),则"今天我和小明去大连玩"一句话向量的 one-hot 编码为:

今天:[1,0,0,0,0,0,0,0,0,0] 记为 x_1
我:[0,1,0,0,0,0,0,0,0,0] 记为 x_2
和:[0,0,0,0,0,0,0,0,1,0] 记为 x_3
去:[0,0,0,0,0,0,0,1,0,0] 记为 x_4
大连:[0,0,0,0,0,0,1,0,0,0] 记为 x_5
玩:[0,0,0,0,0,1,0,0,0,0] 记为 x_6

另外,小明的向量表示为:

小明:[0, 0, 0, 0, 1, 0, 0, 0, 0, 0]

可以看出来,向量的维度就是语料库中词的个数。接下来,将这 6 个向量求和,作为神经网络模型的输入,即

$$\boldsymbol{X} = x_1 + x_2 + x_3 + x_4 + x_5 + x_6 = [1, 1, 0, 0, 0, 1, 1, 1, 1, 0]$$

$\boldsymbol{X}$ 就是输入层,即输入层是由小明的前后三个词生成的一个向量,为 1 × 10 维(这里的 10 是语料库中词语的个数)。

根据一个词语的上下文来预测这个词,例 4-3 中就是根据"小明"这个词的前后三个词来预测小明这个位置出现各个词的概率。因为训练数据中这个词就是小明,所以小明出现的概率应该是最大的,希望输出层的结果就是小明对应的向量。所以本例中,输出层期望的数据实际就是小明这个词构成的向量,可以认为是训练数据的标签:

小明:[0, 0, 0, 0, 1, 0, 0, 0, 0, 0]

4.5.5　基于 RNN 的语言模型举例

网络某一时刻的输入,与多层感知器的输入一样,是一个维向量,不同的是 RNN 网络的输入将是整个序列,也就是对于语言模型,每一个序列元素将代表一个词向量,整个序列就代表一句话。

首先将词依次输入到循环神经网络中,每输入一个词,循环神经网络就输出截至目前,下一个最可能的词。例如,当依次输入:

他 很 喜欢 学习 数学

神经网络的输出如图 4-26 所示。

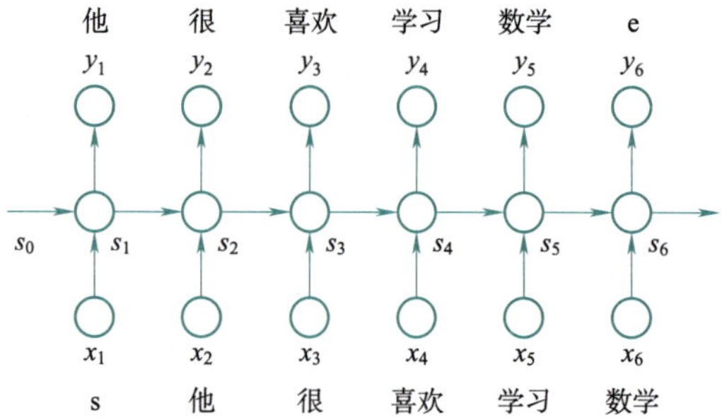

图 4-26　基于 RNN 的语言模型

其中,s 和 e 是两个特殊的词,分别表示一个序列的开始和结束。

1. 向量化

神经网络的输入和输出都是向量,必须首先将词表达为向量的形式,然后再由神经网络处理。为了将输入词向量化,需要建立一个包含所有词的词典,每个词在词典中有唯一的编号。任意一个词都可以用一个 n 维的 one-hot 向量来表示。其中,n 是词典中包含的词的个数,直观的表示如图 4-27 所示。

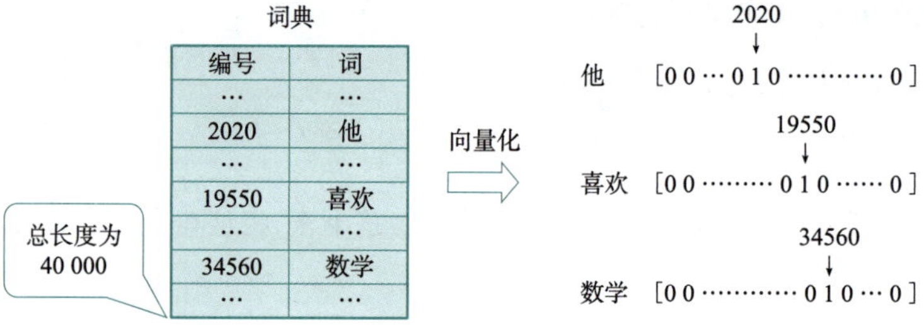

图 4-27　输入向量化

2. 降维

使用这种向量化方法,就得到了一个高维、稀疏的向量(绝大部分元素的值都是 0)。处理这样的向量将导致神经网络有很多参数,计算量庞大。因此,通常使用降维方法降维,将高维的稀疏向量转变为低维的稠密向量。

3. 计算词典中每个词是下一个词的概率

语言模型要求的输出是下一个最可能的词,可以让循环神经网络计算词典中每个词是下一个词的概率,这样,概率最大的词就是下一个最可能的词。因此,神经网络的输出向量也是一个 n 维向量,向量中的每个元素对应着词典中相应的词是下一个词的概率,如图 4-28 所示。

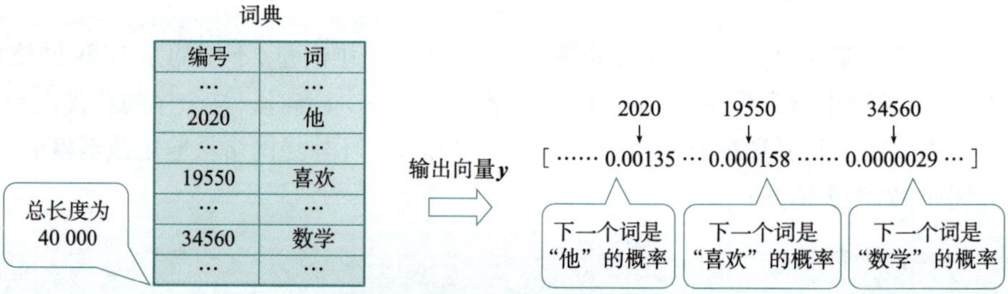

图 4-28　计算词典中每个词是下一个词的概率

4. Softmax 层作为输出层

Softmax 层作为输出层输出向量 $\boldsymbol{y}$ 的特征：

每一项为取值是 0～1 的正数，所有项的总和是 1。这些特征和概率的特征一样，因此可以将它们看作概率。

5. 语言模型的训练

可以使用监督学习的方法对语言模型进行训练，首先，需要准备训练数据集。然后，将语料“他 很 喜欢 学习 数学”转换成语言模型的训练数据集。

①获取输入：标签对。

②输入标签：s 他 他 很 很 喜欢 喜欢 学习 学习 数学 数学 e。

③使用前面介绍过的向量化方法，对输入 x 和标签 y 进行向量化。这里对标签 y 进行向量化，其结果也是一个 one-hot 向量。例如，对标签“我”进行向量化，得到的向量中，只有第 2020 个元素的值是 1，其他位置元素的值都是 0。它的含义就是下一个词是“他”的概率是 1，是其他词的概率都是 0。

在实际工程中，可以使用大量的语料对模型进行训练，获取训练数据和训练的方法都是相同的。

小　结

循环神经网络在自然语言处理方面得以成功应用，推动了深度学习的发展。在结构上，循环神经网络分为单向循环神经网络、双向循环神经网络和深层循环神经网络，采用了随时间反向传播学习算法进行训练。循环神经网络可以完成三种输入/输出模式的转换，以适应更多的应用需求。为了克服梯度消失或者梯度爆炸问题，提出了循环神经网络长短期记忆模型；为了更好地捕捉时间序列中时间步长度较大的依赖关系，提出了循环神经网络门控循环单元网络。基于 RNN 的注意力模型能够通过序列到序列的转换，完成语言模型的构建与应用。

思考与练习

1. 为什么说循环神经网络是一类具有短期记忆能力的神经网络？
2. 举出两种序列数据的例子。
3. BPTT 算法与 BP 算法有何区别？
4. 使用什么结构使得循环神经网络具有长期记忆能力？
5. 举例说明注意力机制的计算过程。
6. 说明词向量化的常用方式。

第5章 自编码器

5

- 自编码器概述
  - 表征学习
  - 自编码器工作原理
- 常用的自编码器
  - 欠完备的自编码器
  - 稀疏自编码器
  - 栈式自编码器
  - 去噪自编码器
  - 变分自编码器
- 深度自编码器
  - 基于多层BP网络的深度自编码器
  - 基于卷积神经网络的深度自编码器
- 深度自编码器应用
  - 深度自编码器主要应用场景
  - 典型应用

自动编码器（auto-encoders，AE）简称自编码器，自编码器是一种无监督的神经网络模型，其核心作用是学习到输入数据的深层表示。主要应用在两个方面：一个是特征提取；另一个是非线性降维。可用于高维度数据的可视化，支持流行学习，流形学习是一类借鉴了拓扑流形概念的降维方法。

5.1　自编码器概述

在1987年，自编码器作为新一类神经网络结构（包含编码器和解码器两部分）而正式提出，使用多层感知器和卷积神经网络构建，并将其用于数据去噪与数据降维等领域，也就是针对去噪与降维等问题而提出的基于神经网络模型的学习算法。

5.1.1　表征学习

人类的信息处理过程与长期记忆和短期记忆密切相关。短期记忆是人类大脑中短期存储的记忆，长期记忆是人类大脑中长期存储的记忆，就像在图书馆中存储的海量文献。根据信息处理模型，再加上计算机更快的计算速度和海量的存储空间，人工智能功能应该更为强大。但目前并非如此，其中一个重要原因就是人类还没有破解人类大脑究竟是如何进行数据编码和知识存储的。编码是处理外界信息的第一步，例如，当人类仅需要几个例子就可以区分猫和狗的不同，而机器却需要大量数据训练时间，由此引起一系列探索：人类如何对图像进行编码，提取了哪些特征可以通过少量样本进行学习，为什么人类学习的知识更灵活，可以在更多方面应用，而机器学习的模型通用性往往很差，这些都是表征学习研究的目标。

1. 表征学习的概念

表征学习又称表示学习，是利用机器学习获取每个实体或关系的向量化表达，以便在构建分类器或其他预测变量时更易提取有用信息的方法。在机器学习中，表征学习是特征学习的技术整合：即将原始数据转换为机器学习开发的形式，避免了手动提取特征的烦琐操作。

表征学习（或表示学习）是一种将原始数据转换成为更容易被机器学习应用数据的过程，对于输入数据进行学习得到新的数据或者对原始数据进行选择得到新的数据都称为表征学习。表征学习的目的是将复杂的原始数据化繁为简、将原始数据转换成为更好的数据表达，使后续的任务事半功倍。

2. 表征学习分类

表征学习主要有两类，分别是监督表征学习和无监督表征学习。

①监督表征学习：将标记过的数据作为特征用于学习，如神经网络、多层感知器、监督字典学习等。

②无监督表征学习：未被标记的数据作为特征用于学习，如无监督字典学习、独立成分分析、自动编码、矩阵分解、聚类分析等。

3. 基于深度神经网络的特征学习

神经网络的反向传播算法可以在网络的隐藏层中学习到有用的关于输入数据的内在表征。贪婪的分层预训练和微调的方法解决了困扰神经网络用于特征学习的模型过拟合和梯度扩散两大难题。随着计算能力的提升和深度神经网络结构的不断发展，更多地使用深度神经网络来更有效地提取数据的特征，然后再用于分类或预测。例如，对于图像输入数据，先使用训练好的深度神经网络模型提取特征信息，再用于强化学习等。

自编码器是一种无监督的神经网络模型，它可以学习到输入数据的隐含特征，称为编码，可以用学习到的新特征重构出原始输入数据，称为解码。从直观上来看，自编码器可以用于特征降维，类似主成分分析 PCA，但是其性能更强大，这是由于神经网络模型比 PCA 可以提取更有效的新特征。除了进行特征降维，自编码器学习得到的新特征可以送入有监督学习模型中，所以自编码器可以起到特征提取器的作用。作为无监督学习模型，自编码器还可以用于生成新的训练样本数据，所以基于这一点考虑，自编码器也是一种生成式模型。

5.1.2　自编码器工作原理

1. 自编码器的基本工作过程

自编码器的功能是经过训练后能够将输入复制到输出，也就是说，自编码器是一个试图还原其原始输入的系统，自编码器主要由编码器和解码器两部分组成，编码器（encoder）：$y=f(x)$；解码器（decoder）：$\tilde{x}=g(y)=g(f(x))$，如图 5-1 所示。

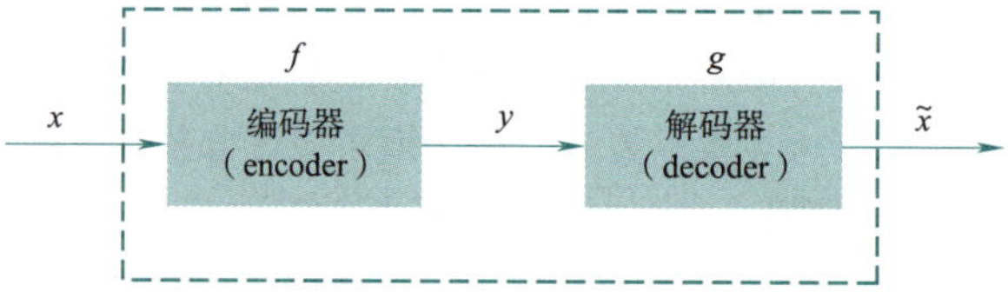

图 5-1 自编码器

重构误差（RE）是一个度量，它表示自编码器能够重建输入观测值 x_i 的好坏。最典型的重构误差定义为 MSE（均方误差）：

$$\text{RE} \equiv \text{MSE} = \frac{1}{M}\sum_{i=1}^{M} |x_i - \tilde{x}_i|^2$$

当 RE 值较大时，自编码器不能很好地重构输入信号，当 RE 值较小时，重构是成功的。

自编码器是对输入信号做某种变换，如果自编码器只是单纯地将输入复制到输出中，则无应用价值。但是，通过训练的自编码器将输入复制到输出，可以抽取有用的属性，这是自编码器的本质与作用。

2. 自编码器的基本框架

自编码器基本框架可以由编码器和解码器组成，其中编码器的输出代码也是解码器的输入代码，如图 5-2 所示。

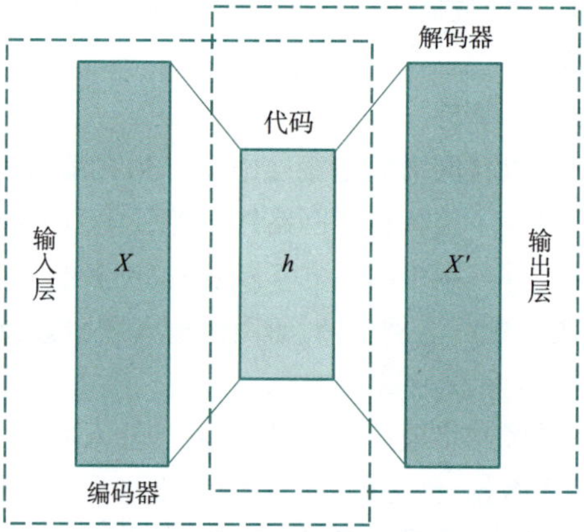

图 5-2 自编码器的基本框架

编码器是一个前馈、全连接的神经网络，它将输入压缩为潜在空间表示（压缩数据的表示，相似的数据点在空间上更靠近），并将输入图像编码为降维的压缩表示。压缩后的图像是原始图像的变形版本，是输入编码器的简化表示。解码器与编码器一样也是一个前馈网络，结构与编码器相似。该网络负责根据输入重建回原始维度。首先，输入通过编码器进行压缩并存储在代码层中，然后解码器从代码中解压缩。自编码器的主要目标是获得与输入相同的输出。通常情况下解码器架构是编码器的镜像，但也不是绝对的，唯一的要求是输入和输出的维度必须相同。自编码器是操纵潜在空间中数据“紧密度”的一种常见深度学习模型，换句话说，自编码器将学习输出任何输入的内容。卷积自编码就更简单了，无非就是将原本的神经网络层替换成卷积神经网络。

自编码器输入的特征 $x_1, x_2, \cdots, x_n$ 之间存在某种特殊的联系，但是这些联系不需要人为地进行特征提取，而是放到网络中进行学习，最终浓缩为更精练、数量更少的特征 $h_1, h_2, \cdots, h_m$。其中 $m < n$，这里的 x_n 是输入数据，h_m 是隐藏层输出，也就是瓶颈数据。基于前馈神经网的自编码器基本结构如图5-3所示。可以采取对未标记数据集和框架的监督学习，负责输出新的 X'，原始输入 X 的重构，通过最小化重构误差（原始输入和重构之间差异的度量）完成网络训练。瓶颈是网络设计的关键属性，例如，输入层维度为6，隐藏层维度为3，输出层维度也为6，隐藏层维度为3就是网络设计的瓶颈。如果没有信息瓶颈，网络将这些值传递，并且只学会记住输入值。将输出向量与输入数据完全一样，就完成了输入数据的重构。不做任何处理，只需要让每一个神经元对输入的数据不做处理，原样复制，这样的编码器容易实现，但没有任何意义。设置瓶颈可以限制完整网络传递的信息量，使网络学习、压缩输入数据，这是自编码器的本质含义。

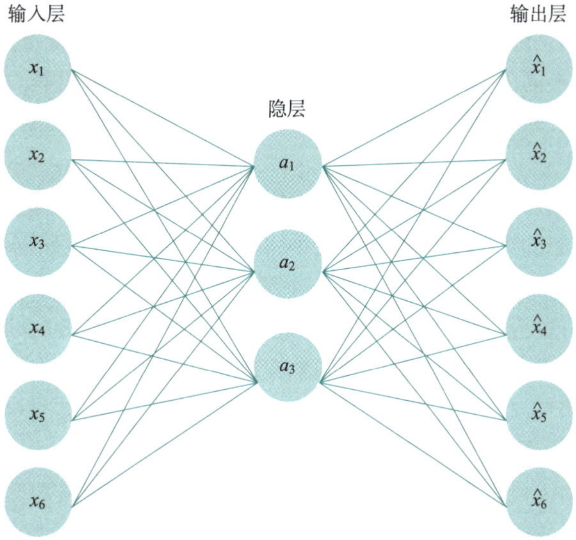

图5-3　基于前馈神经网络构造的自编码器

从一个 x 出发，经过一大堆变换又得到了一个 x，还要它俩尽可能相似，这样做的意义是：自编码器构成的神经网络中的输入层和输出层都有很多参数，但唯独隐藏层的变量或参数很少。隐藏层就像是一个瓶口，对输入的特征进行压缩与提取，用很少的参数就能表示输入的数据。当然隐藏层也不是越小越好，过小与过大都影响自编码器能力。

自编码器经常使用的方法是权重绑定。权重绑定是指参数共享，这是自编码器特有的概念。由于自编码器的编码层和解码层在结构上互相镜像，所以可以让编码器的某一层与解码器中相对应的一层权重绑定，也就是参数共享，这样在网络学习的过程中只需要学习一组权重，而解码权值是编码权值的转置。绑定权重的优点：一是减少了参数的数量，加速训练过程；二是可以看作一种正则化形式，在实践中能获得更好的性能。

3. 自编码器与前馈神经网络的比较

①自编码器是前馈神经网络的一种，最开始用于数据降维与特征抽取，现也被用于生成模型中。

②前馈神经网络是有监督学习，其需要大量的标注数据。自编码器是无监督学习，数据不需要标注，因此较容易收集。

③前馈神经网络在训练时主要关注的是输出层的数据以及错误率，而自编码器更多地关注中间隐藏层的结果。

4. 自编码器训练特点

①自编码器数据相关表明自编码器只能压缩与训练数据类似的数据。例如,使用人脸训练出来的自编码器压缩了其他图片。

②自编码器是有损压缩,解压缩的输出与原来的输入相比是退化的,MP3、JPEG 等压缩算法也是如此。

③自编码器是从数据样本中自动学习,这表明很容易对指定类的输入训练出一种特定的自编码器。

5.2 常用的自编码器

上述介绍的自编码器是最基本的形式,但隐藏层的维度、稀疏的特征等的选择与确定,可从不同角度考虑这些问题,导致不同的自编码器。下面介绍几种常用的自编码器。

5.2.1 欠完备的自编码器

在自编码器中,当隐藏层维度大于或等于输入维度时,网络发生完全记忆的过拟合情况,为了避免这种现象,可限制隐藏层的维度要比输入维度小,这样可以强制自编码器捕捉训练数据集中最显著的特征,通常将这种编码维度低于输入维度的自编码器称为欠完备自编码器。

欠完备自编码器学习过程可以简单地描述为最小化一个损失函数:$L(x,g(f(x)))$,其中 x 是自编码器的输入数据,$g(f(x))$是编码器的输出数据,L 是损失函数,惩罚 $g(f(x))$ 与 x 的差异,如均方误差。

1. 约束隐藏层维度小于输入层维度方法

欠完备自编码器的训练目标是最小化一个损失函数,即最小化输入数据与经自编码器重构后的输出数据之间的误差。损失函数可以有多种,一般分为经验风险损失函数与结构风险损失函数,经验风险损失函数指预测结果与实际结果之间的差别。结构风险损失函数是在经验风险损失函数上添加一个正则项。常用的损失函数有 0-1 损失函数和平方损失函数。0-1 损失函数是指预测值和实际值相等就是无损失,反之为完全损失,也可以使两者的差小于某个值为无损失。

欠完备自编码器约束隐藏层编码维度小于输入维度,可以学习数据分布中最显著的特征,并可防止过拟合,但如果隐藏层单元数特别少,则其表达信息有限,将导致重构过程困难。

2. 欠完备自编码器和主成分分析(PCA)的比较

如果解码器是线性的且损失函数为平方损失函数,则欠完备的自编码器与 PCA 学习出相同的生成子空间。如果编码器与解码器是非线性的(即激活非线性函数),欠完备自编码器将学习到比 PCA 更强大的非线性空间。但是如果欠完备自编码器的容量过大,将导致其专注于进行复制输入而忽略学习输入的有益特征的过拟合情况。

因此,拥有非线性编码器函数 f 和非线性解码器函数 g 的自编码器能够学习出比 PCA 更多的知识,是 PCA 的非线性推广。图 5-4 所示为在二维空间中 PCA 算法和自编码器同时作用在二维点上的映射结果,从图中可以看出,自编码器具有更好的表达能力,可以映射成非线性函数。

3. 欠完备自编码器特点

①可以防止过拟合,并且因为隐藏层编码维度小于输入维度,所以可以学习数据分布中最显著的特征。

②如果中间隐层单元数特别少,则其表达信息有限,导致重构过程比较困难。

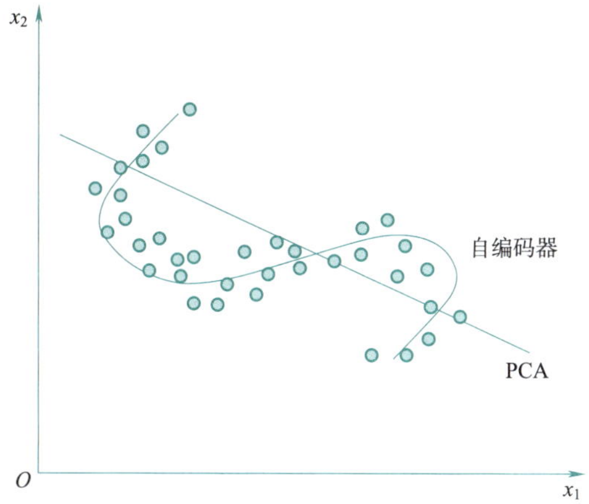

图 5-4　线性与非线性维度约简

5.2.2　稀疏自编码器

当隐藏层神经元数量较多时，通过给神经元加入稀疏性限制，来发现输入数据中的结构。此时，编码器为稀疏自编码器。稀疏性限制使隐藏层的表达尽量稀疏，即有大量的维度为 0，未被激活。稀疏自编码器是用无监督的方式提取特征，可以用来为 CNN 提供较好的初始点，同时实现更好的泛化。

1. 约束隐藏层稀疏化方法

为数据增加类别标记是一个烦琐的工作，因此希望机器能够自己学习到样本中的特征。通过对隐藏层施加一些限制，能够使得它在恶劣的环境下学习到表达样本的特征，并可以有效地对样本进行降维，这个限制就是约束隐藏层稀疏化。如果给定一个神经网络，假设其输出与输入相同，然后训练调整其参数，得到每一层中的权重。自然地就得到了输入的几种不同表示（每一层代表一种表示），这些表示就是特征。自编码器就是一种尽可能复现输入信号的神经网络。为了实现这种复现，自编码器就必须捕捉可以代表输入数据的最重要的因素，找到可以代表原信息的主要成分。当然，还可以继续加上一些约束条件到新的深度学习方法，例如，如果在自编码器的基础上加上约束隐藏层节点中大部分输出都为 0，只有少数输出不为 0 的限制，这就是稀疏自编码器。

如果隐藏层神经元的数量较大，可能比输入像素的个数还要多，则无法得到输入的压缩表示。具体来说，如果给隐藏神经元加入稀疏性限制，那么自编码神经网络即使在隐藏神经元数量较多的情况下仍然可以发现输入数据的一些结构。

稀疏性可以被简单地解释为：当神经元的输出接近于 1 时，认为它被激活；而输出接近于 0 时，认为它被抑制。将使得神经元大部分时间都是被抑制的限制称为稀疏性限制。如果使用 Tanh 作为激活函数，当神经元输出为 −1 时，认为神经元被抑制。

2. 稀疏自编码器的构建

稀疏自编码器具有一层隐藏层，其输出等于输入，其中 $\{x_1, x_2, x_3, \cdots\}$ 表示训练样本集合，编码器可以自己发现输入数据中隐含的特征，稀疏自编码神经网络的结构如图 5-5 所示。

自编码神经网络学习一个 $h_{w,b}(x) \approx x$ 的函数。也就是说，逼近一个恒等函数，从而使得输出 $\hat{x}$ 接近于输入 x，这样可以发现输入数据的一些有趣特征，最终用隐藏层的神经元代替原始数据。当隐藏层神经元数目少于输入的数目时，自编码神经网络可以达到数据压缩的效果。因为最终可以用隐藏层神经元替代原始输入，输入层的 n 个输入转换为隐藏层的 m 个神经元，其中 $n>m$，之后，隐藏层的 m 个神经元又转换为输出层的 n 个输出，其输出等于输入；当隐藏神经元数目较多时，仍然可以对隐藏层的神经元加入稀疏性限制来发现输入数据的有趣结构。

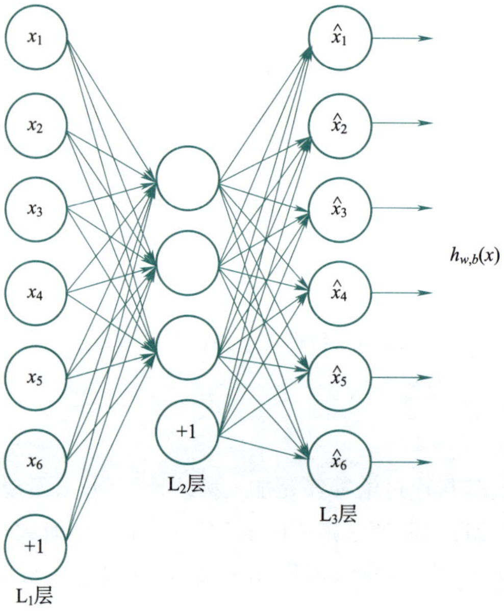

图 5-5　稀疏自编码器结构

使用 $a_j^{(2)}(x)$ 表示在给定输入为 x 的情况下，自编码神经网络隐藏神经元 j 的激活度。并隐藏神经元 j 的平均活跃度 $\hat{\rho}_j$（在训练集上取平均）：

$$\hat{\rho}_j=\frac{1}{m}\sum_{i=1}^{m}\left[a_j^{(2)}(x^{(i)})\right]$$

在此，稀疏性限制可以理解为使隐藏神经元的平均激活度特别小，可以表示为 $\hat{\rho}_j=\rho$，其中 ρ 是稀疏性参数，ρ 通常是一个接近于 0 的较小的值（如 $\rho=0.05$），换句话说，想要让隐藏神经元 j 的平均活跃度接近 0.05。为了满足这一条件，隐藏神经元的活跃度必须接近于 0。为了实现这一限制，需要在原始的神经网络优化目标函数中加入稀疏性限制这一项，作为一项额外的惩罚因子，可以选择具有如下形式的惩罚因子：

$$\sum_{j=1}^{s_2}\rho\lg\frac{\rho}{\hat{\rho}_j}+(1-\rho)\lg\frac{1-\rho}{1-\hat{\rho}_j}$$

其中，s_2 是隐藏层中隐藏神经元的数量，而索引 j 依次代表隐藏层中的每一个神经元。该表达式也可以描述为相对熵，即

$$\sum_{j=1}^{s_2}\mathrm{KL}(\rho\parallel\hat{\rho}_j)$$

$$\mathrm{KL}(\rho\parallel\hat{\rho}_j)=\rho\lg\frac{\rho}{\hat{\rho}_j}+(1-\rho)\lg\frac{1-\rho}{1-\hat{\rho}_j}$$

是一个以 ρ 为均值和一个以 $\hat{\rho}_j$ 为均值的两个伯努利随机变量之间的相对熵。相对熵是一种标准的用来测量两个分布之间差异的方法。这一惩罚因子有如下性质,当 $\hat{\rho}_j=\rho$ 时,$\mathrm{KL}(\rho \parallel \hat{\rho}_j)=0$,并且随着 $\hat{\rho}_j$ 与 ρ 之间的差异增大而单调递增。

稀疏自编码器是在自编码的基础上加上稀疏性限制,是通过对损失函数施加约束来重构自编码器的方法。例如,可对损失函数添加一个正则化约束,可使自编码器学习到数据的稀疏表征。稀疏正则化的自编码器反映训练数据集的独特统计特征,而不是简单地充当恒等函数。以这种方式训练,执行附带稀疏惩罚的复现任务可以得到能学习有用特征的模型。对于稀疏自编码器,在隐藏层中,加入了 L1 正则化作为优化阶段中损失函数的惩罚项。与三层神经网络自编码器相比,这样操作后的数据表征更为稀疏。

稀疏性约束主要与深度学习特点有关,大量的训练参数使训练过程复杂,且训练输出的维数远比输入的维数高,将产生许多冗余数据信息。加入稀疏性限制,将使学习到的特征更加有价值,同时这也符合人脑神经元响应稀疏性特点。稀疏自编码器在训练时,需要结合编码层的重构误差和稀疏惩罚 $\Omega(h)$,即

$$L(x,g(f(x)))+\Omega(h)$$

5.2.3　栈式自编码器

栈式自编码器(stacked autoencoder, SA)又称堆叠自编码器,是一种常用的自编码器。栈式自编码器增加隐藏层可以学习更复杂的编码,而且每一层可以学习到不同的信息维度;如果栈式自编码器层数太深,这时可以将输入映射为任意数,然后解码器学习其逆映射。

1. 多个自编码器堆叠

栈式自编码器由多个自编码器堆叠而成,栈式自编码器的编码器和解码器可以采用多层架构,就是增加中间特征层数。栈式自编码器的第 1 个 AE 训练完成后,将其编码器的输出(如果有一个隐藏层,则将隐藏层的输出作为编码器输出)作为第 2 个 AE 的输入,依此类推。最后再对整个网络进行调优。

深层网络的威力在于其能够逐层地学习原始数据的多种表达。每一层都以前一层的表达为基础,往往更抽象,更加适合复杂的分类等任务。堆叠自编码器实际上就在做这样的事情,如前所述,单个自编码器通过虚构 $x\to h\to x$ 的三层网络,能够学习出一种特征变化 $h=f^{\theta}(x)$(这里用 θ 表示变换参数,包括 W、b 和激活函数)。实际上,当训练结束后,输出层已经没有意义,一般将其去掉,即自编码器表示为

前面之所以将自编码器模型表示为 3 层的神经网络,是因为训练的需要,将原始数据作为假想的目标输出,以此构建监督误差来训练整个网络。等训练结束后,输出层即可去掉,需要的只是从 x 到 h 的变换。

堆叠就是逐层垒叠的意思,与栈类似,所以又称栈式自编码器。训练一个自编码器,得到特征表达,这就是将堆叠 h 再当作原始信息,训练一个新的自编码器,得到新的特征表达。当将多个自编码器堆积起来之后,构成如下结构:

$$x\to \mathrm{AE}_1\to h_1\to \mathrm{AE}_2\to h_2\to\cdots\to h_{n-1}\to \mathrm{AE}_n\to h_n\to\cdots$$

整个网络的训练是逐层进行的。先训练网络 $n \to m \to n$，得到 $n \to m$ 的变换，然后训练 $m \to k \to m$，得到 $m \to k$ 的变换。最终为 $n \to m \to k$ 的变换结果，这便是逐层非监督预训练。

2. 栈式自编码器的训练

对于栈式自编码器分类任务的训练过程是：先利用无监督预训练，然后进行有监督微调训练。2 个隐藏层、1 个 Softmax 输出层的栈式自编码器训练过程如下：

①用原始输入数据作为输入，训练出第一个隐藏层结构的网络参数，并用训练好的参数算出第 1 个隐藏层的输出。

②将步骤①第 1 个隐藏层的输出作为第 2 个栈式自编码器的输入，用同样的方法训练第 2 个隐藏层网络的参数。

③用步骤②的输出作为多分类器 Softmax 的输入，然后使用原始的标签数据的标签训练 Softmax 分类器。

④计算 2 个隐藏层加 Softmax 分类器的整个栈式自编码器的损失函数，以及整个栈式自编码器对每个参数的偏导函数值。

⑤用步骤①、②和③的参数作为整个栈式自编码器的参数初始化的值，然后用 BP 算法迭代求出上面损失函数最小值附近处的参数值，进行有监督微调训练，并将结果作为整个网络最后的最优参数值。

关于训练需要注意点（假设隐藏层为 2 层）：

- 利用栈式自编码器进行预训练时，需要依次计算出每个隐藏层的输出，如果后面是采用 Softmax 分类器，则同样也需要用最后一个隐藏层的输出作为 Softmax 的输入来训练 Softmax 的网络参数。
- 由步骤①可知，在进行参数校正之前是需要对分类器的参数进行预训练。且在步骤⑤进行参数微调训练时是将所有的隐藏层看作一个单一的网络层，因此每一次迭代就可以更新所有网络层的参数。

3. 栈式自编码器的训练分析

对于上述训练方式，在训练每一层参数时，将固定其他各层参数保持不变。如果想得到更好的结果，在上述预训练过程完成之后，可以通过反向传播算法同时调整所有层的参数以改善结果，这个过程一般称为微调。

实际上，使用逐层贪婪训练方法将参数训练到快要收敛时，应该使用微调。反之，如果在随机化的初始权重上直接使用微调，那么将得到不好的结果，因为参数将收敛到局部最优。常用的做法是丢掉栈式自编码网络的解码层，直接将最后一个隐藏层的 $a^{(n)}$ 作为特征输入到 Softmax 分类器进行分类，这样，分类器（softmax）分类错误的梯度值就可以直接反向传播给编码层。

例如，训练一个四层的神经网络模型，包括 $h^{(1)}$ 和 $h^{(2)}$ 两个隐藏层，用于分类任务，网络结构如图 5-6 所示。

利用栈式自编码训练上面这个网络的过程如下：

（1）无监督预训练阶段

①采用稀疏自编码网络，训练从输入层到 $h^{(1)}$ 层的参数，如图 5-7 所示。

训练完毕后，去除解码层，只留下从输入层到隐藏层的编码阶段。

②训练从 $h^{(1)}$ 到 $h^{(2)}$ 层的参数

首先将无标签数据的 $h^{(1)}$ 层神经元的激活值作为 $h^{(2)}$ 层的输入层，然后进行自编码训练，如

图5-8所示。

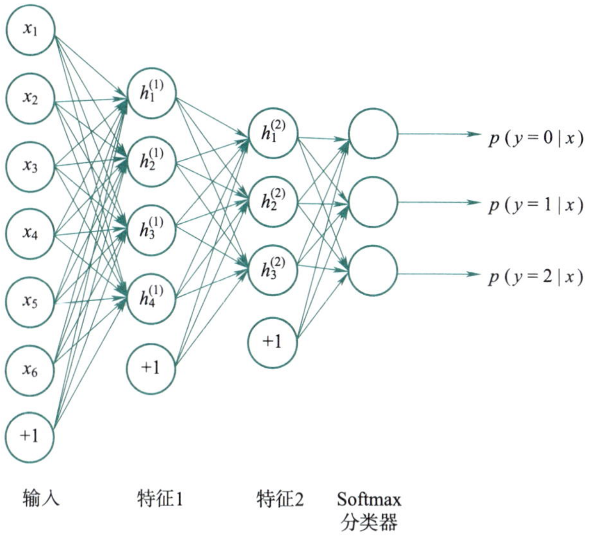

图 5-6　四层的神经网络模型

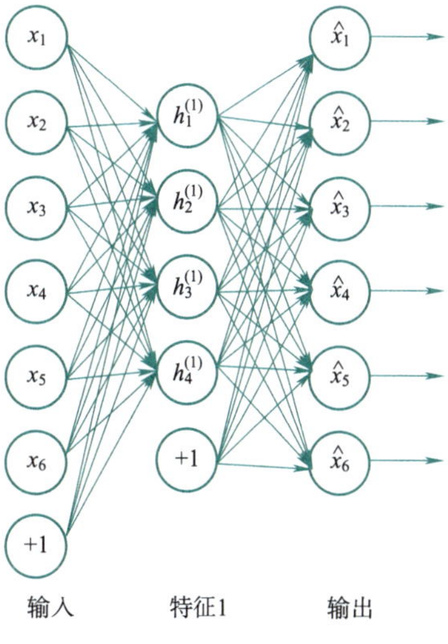

图 5-7　训练从输入层到 $h^{(1)}$ 层的参数

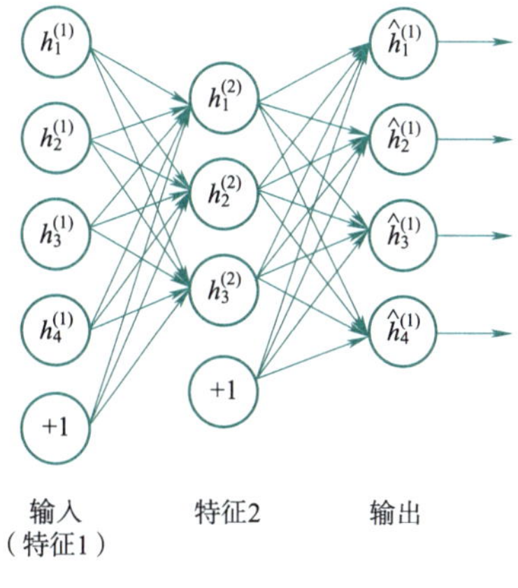

图 5-8　训练从 $h^{(1)}$ 到 $h^{(2)}$ 层的参数

最后训练完毕后，再去除 $h^{(2)}$ 层的解码层。

③训练完 $h^{(2)}$ 后，就可以接分类层 Softmax，用于多分类任务，如图5-9所示。

至此参数的初始化阶段就算结束了，这个过程就是无监督预训练。

(2)进入有监督微调阶段

利用上面的参数作为网络的初始值，继续进行神经网络的有监督微调阶段的训练。

例 5-1　基于栈式自编码器的手写体识别分类器。

基于栈式自编码器的手写体识别分类器如图5-10所示。

其中，输入层有784个神经元，两个隐藏层，一个隐藏层有200个神经元，另一个有 k 个神经元，输出层为支持向量机(SVM)。训练过程如图5-11所示。

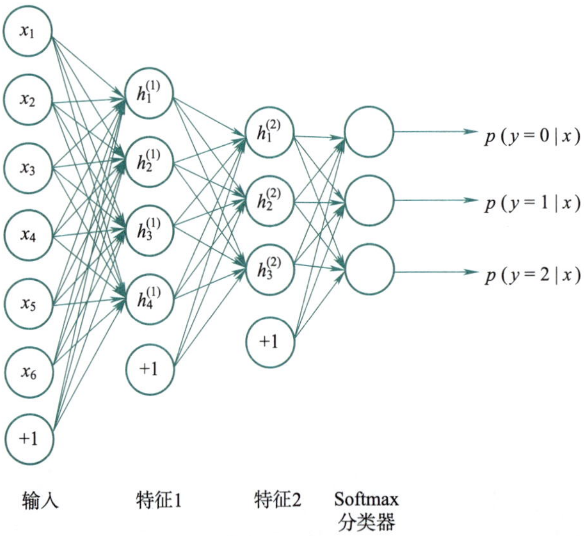

图 5-9 Softmax 多分类

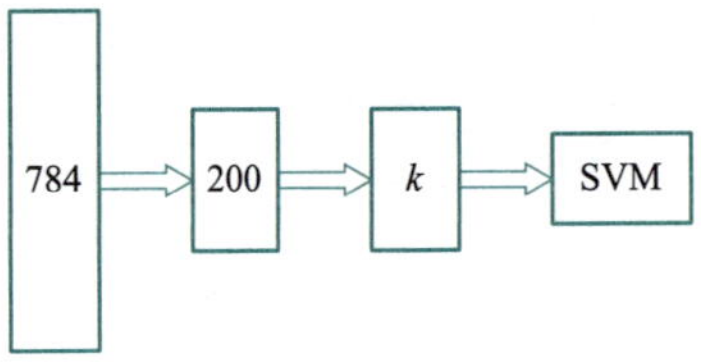

图 5-10 手写体识别分类器

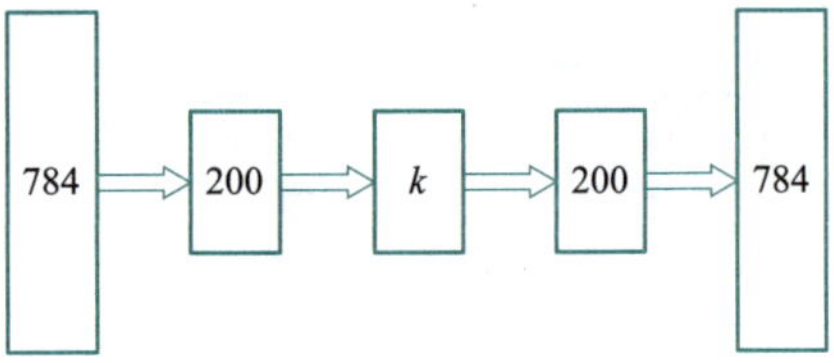

图 5-11 手写体识别分类器训练过程

①用原始输入数据作为样本输入，完成 784→200→784 的训练。训练出第一个隐藏层结构的网络参数，并用训练好的参数计算出第 1 个隐藏层的输出。

②将步骤①第 1 个隐藏层的输出作为第 2 个栈式自编码器的输入，完成 200→k→200 的训练。用同样的方法训练第 2 个隐藏层网络的参数。

③用第 2 个隐藏层的输出作为多分类器 Softmax 的输入，然后使用原始标签数据的标签训练 Softmax 分类器。

④计算两个隐藏层加 Softmax 分类器的整个栈式自编码器的损失函数，以及整个栈式自编码器对每个参数的偏导函数值。

⑤用步骤①、②和③的参数作为整个栈式自编码器的参数初始化的值，然后用 BP 算法迭代求出上面损失函数最小值附近处的参数值，进行有监督微调训练，并将结果作为整个网络最后的最优参数值。其整体的效果是，784→200→k→200→784。

如果第二层隐藏层单元为 $k=100$，那么第一个过程就是训练 787-200-784 这个自编码，在训练完以后，将“200”出来的特征值再拿来训练一个 200-100-200 的自编码层，这样两个过程合在一起就是 784→200→100→200→784。这是两层隐藏层自编码，更多层的自编码无非是在后面继续训练。那么这样做的好处就可以使得每一层网络的权值都能尽可能准确。

在自编码完成以后，可以用第 2 个隐藏层出来的 k 个特征去进行分类训练，后接一个支持向量机（SVM）分类器。

5.2.4　去噪自编码器

去噪自编码器(stacked denoising autoencoder,DAE)是指能够对带有噪声的原始数据编码、解码后,还能恢复不带有噪声的原始数据自编码器。

假设原始数据 x 被损坏,比如加入高斯白噪声,高斯白噪声是一种符合高斯分布的噪声,且在所有频率上其功率谱密度相同。或者将某些维度数据变成 $\tilde{x}$,然后再对 $\tilde{x}$ 编码、解码,得到恢复信号 $\tilde{x}=g(f(\tilde{x}))$,去噪自编码器的恢复信号尽可能逼近未被污染的数据 x。此时,监督训练的误差从 $L(x,g(f(x)))$ 变为 $L(x,\tilde{x})$。直观上理解,DAE 希望学到的特征变换尽可能健壮,能够在一定程度上对抗原始数据的污染与缺失。

1. 改变损失函数的重构误差

DAE 的目标是最小化$(x,g(f(\tilde{x})))$,其中 $\tilde{x}$ 是被某种噪声损坏的 x 的副本。因此 DAE 必须撤销这些损坏,也就是消除噪声,而不是简单地复制输入 $\tilde{x}$。

DAE 可以通过重构含有噪声的输入数据来解决该问题。DAE 所要实现的功能就是学习叠加噪声的原始数据,而它学习到的特征与从未叠加噪声的数据学到的特征几乎一样,但 DAE 从叠加噪声的输入中学习得到的特征更具健壮性,并且可以避免自编码器遇到的上述问题,简单地学习相同的特征值。

2. DAE 的训练

DAE 的训练过程如图 5-12 所示,引入一个损坏过程 $C(\tilde{x}|X)$,$C(\tilde{x}|X)$ 表示给定数据样本 x 产生损坏样本 $\tilde{x}$ 的概率。

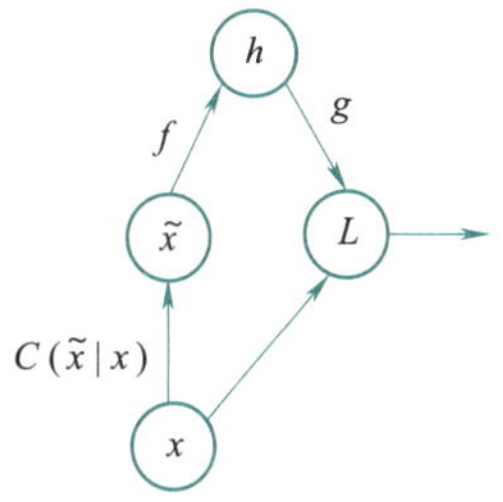

图 5-12　去噪自编码器

DAE 是在传统自动编码器的基础上,通过向输入中注入噪声,然后利用含噪声的样本去重构不含噪声的“干净”输入,这是与传统编码器的主要区别。同时这种训练策略也使得 DAE 能够学习到更能反映输入数据的本质特征。传统自动编码器单纯依靠最小化输入与重构信号之间的误差来得到输入的隐藏层特征表示,但这种训练策略并不能保证提取到数据的本质特征,因为单纯依靠最小化重构误差可能导致编码器学习到的特征仅仅是原始输入的复制。为避免上述问题,引入噪声注入策略。

DAE 仍然是通过最小化输入与重构信号之间的误差来对网络参数进行调整,这一点与传统的自动编码器相同。不同的是,DAE 的隐藏层表示并不是由原始输入直接映射得到,而是由原始输入的“腐坏”版本得到。DAE 按照一定比例将原始输入中的元素随机置零,对剩余元素不做处理,便得到了原始输入的“腐坏”版本。相当于向原始输入中引入一定比例的“空白”元素,减少了原始输入包含的信息;而 DAE 就是尝试着去填补丢失的信息,进而学习到的数据结构,使得提取到的特征更能反映原始输入的特点。

多个 DAE 堆叠能够形成具有一定深度的栈式去噪自编码器(stacked denoising autoencoder,SDAE)。这时的 SDAE 并不能进行模式识别,因为它只是一个特征提取器,并不具有分类功能。为了使 SDAE 具有分类功能,需在其顶层添加分类器,如 SVM、Softmax 等,并使用带标签的数据对 SDAE 进行有监督训练,最后使用 BP 算法对整个网络参数进行微调,便得到具有分类功能的 SDAE。具体步骤如下:

①初始化 SDAE 网络参数。

②训练第一层 DAE,将其隐藏层作为第 2 个 DAE 的输入,并进行同样的训练,直到第 n 层 DAE 训练完成。

③将训练好的 n 层 DAE 进行堆叠形成 SDAE,向 SDAE 网络顶层添加输出层。

④利用样本数据和标签对整个网络进行有监督的微调。

3. 去噪自编码器构建

通过改变损失函数的重构误差项来学习有用信息。向训练数据加入噪声,并使自编码器学会去除这种噪声来获得没有被噪声污染过的真实输入。因此,这就迫使编码器学习提取最重要的特征并学习输入数据中更加健壮的表征,这也是它的泛化能力比一般编码器强大的原因,这种结构可以通过梯度下降算法来训练。

去噪自动编码器被训练为从损坏的版本 $\tilde{x}$ 重构干净数据点 X,这可以通过最小化损失 $L = -\log P_{\text{decoder}}(x \mid h = f(\tilde{x}))$ 实现,其中 $\tilde{x}$ 是样本 X 经过损坏过程 $C(\tilde{x} \mid X)$ 后获得的损坏版本。通常分布 P_{decoder} 是因子的分布(由前馈网络 g 给出)。

自编码器根据以下过程,从训练数据对 $(X, \tilde{x})$ 中学习重构分布

$$P_{\text{reconstruct}}(x \mid \tilde{x})$$

①从训练集中取一个训练样本 x。

②从 $C(\tilde{x} \mid x = \tilde{x})$ 提取一个损坏样本 $\tilde{x}$。

③将 $(X, \tilde{x})$ 作为训练样本来估计自编码器的重构分布 $p_{\text{reconstruct}}(x \mid \tilde{x})$。

通常可以简单地对负对数似然 $-\log p_{\text{decoder}}(x \mid h = f(\tilde{x}))$ 进行基于梯度法(如小批量梯度下降法)的近似最小化。只要编码器是确定性的,去噪自编码器就是一个前馈网络,并且可以使用与其他前馈网络完全相同的方式进行训练。

上述描述简单地说,就是以一定概率分布(通常使用二项分布)去擦除原始输入,即每个值都随机置 0,这样看起来部分数据的部分特征是丢失了。以这丢失的数据 $\tilde{x}$ 去计算 y,计算 z,并将 z 与原始 x 做误差迭代,这样网络就学习了这个破损数据,如图 5-13 所示。

破损数据的作用是:

①通过与非破损数据训练的对比,破损数据训练出来的权噪声比较小。原因不难理解,因为擦除的时候将输入噪声擦除。

②破损数据一定程度上减轻了训练数据与测试数据的代沟。由于数据的部分被擦除,因而这破损数据一定程度上比较接近测试数据。训练、测试肯定有同有异,当然需要求同舍异,这样训练出来的权值健壮性提高。

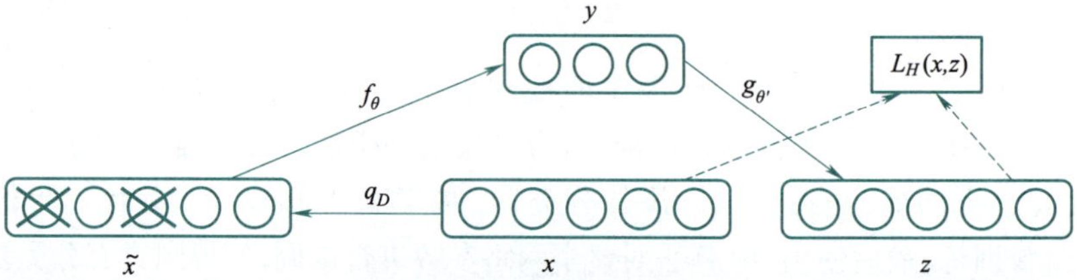

图 5-13 破损数据的作用

由于人类具有认知被阻挡的破损图像能力，根据联想记忆感受机能，能以多种形式记忆图像、声音等，所以即便是数据破损丢失，也能回想起来。

5.2.5　变分自编码器

变分自编码器（variational auto-encoder，VAE）是变分推断与自编码器的组合，是一种非监督的生成模型，VAE 一般用于图像压缩、图像降噪等。

1. 变分自编码器的定义

为了能够将自编码器的解码器用于生成目的，必须确保隐空间足够规则。获得这种规律性的一种可能方案是在训练过程中引入显式的正则化。因此，变分自编码器可以定义为一种自编码器，其训练经过正则化以避免过度拟合，并确保隐空间具有能够进行数据生成过程的良好属性。

实践中，选择正态分布作为编码的分布，使得可以训练编码器返回描述高斯分布的均值和协方差矩阵。将输入编码具有一定方差而不是单个点的分布的原因是可以非常自然地表达隐空间规则化：编码器返回的分布被强制接近标准正态分布。在下面，将通过这种方式确保隐空间的局部和全局正则化（局部是由于方差控制，而全局是由于均值控制）。因此，在训练 VAE 时最小化的损失函数由一个“重构项”（在最后一层）组成，“重构项”倾向于使编码解码方案尽可能地具有高性能，而一个“正则化项”（在隐藏层）通过使编码器返回的分布接近标准正态分布，来规范隐空间的组织。该正则化项为返回的分布与标准高斯之间的 KL 散度，两个高斯分布之间的 KL 散度具有封闭形式，可以直接用两个分布的均值和协方差矩阵表示。

在变分自动编码器中，损失函数由一个重构项（优化编码-解码）和一个正则化项（使隐空间规则化）组成。

2. 变分自编码器结构

首先假设一个隐变量 Z 的分布，构建一个从 Z 到目标数据 X 的模型，即构建 $X = g(Z)$，使得学出来的目标数据与真实数据的概率分布相近。VAE 模型的结构如图 5-14 所示。

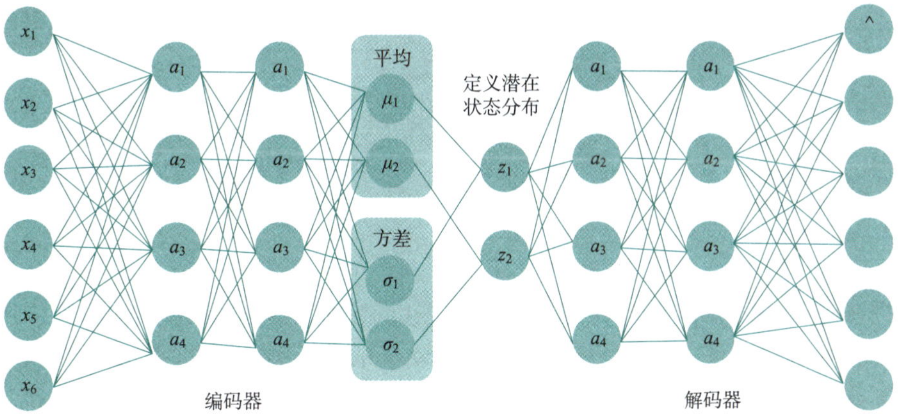

图 5-14　变分自编码器的结构

变分自编码器不再将输入映射到固定变量上，而是映射到一个分布上。此时 z 就是一个分布，比如高斯分布等。网络模型中的瓶颈也被分解成了两个向量，一个称为均值向量，一个称为方差向量。损失函数相对自编码器较复杂，由重建损失（和自编码器一样）与 KL 散度（学习的分布和高斯分布之间的相似性）。

给定隐藏变量的分布 $p(z)$，如果可以学习到条件概率分布 $p(x|z)$（此处实际上是网络的后半部分，是由 z 映射到 x），则通过对联合概率分布 $p(x,z)=p(x|z)p(z)$ 进行采样，生成不同的样本。

从神经网络的角度来看，VAE 相对于自编码器模型，同样具有编码器和解码器两个子网络。解码器接受输入 x，输出为隐变量 z；解码器负责将隐变量 z 解码为重建的 x。不同的是，VAE 模型对隐变量 z 的分布有显式的约束，希望隐变量 z 符合预设的先验分布 $p(z)$。因此，在损失函数的设计上，除了原有的重建误差项外，还添加了隐变量 z 分布的约束项。

从概率的角度，假设任何数据集都采样自某个分布 $p(x|z)$，z 是隐藏变量，代表了某种内部特征。比如手写数字的图片 x，z 可以表示字体的属性，如大小、粗细等，它符合某个最大似然估计方法。最大似然估计：利用已知的样本标记结果，反推最具有可能或者最大概率导致这些结果出现的模型参数。即环境 x 为多少时结果 y 最有可能发生，使 $L(x|y)$ 取得最大值。

3. VAE 工作过程

VAE 工作过程分为编码和解码两部分，首先是编码，将真实样本 x_i 经过均值方差计算模块和基于标准正态分布 $N(0,1)$ 看齐得到采样变量 z_i，然后经过生成器得到生成样本 $\tilde{x}_i$，如图 5-15 所示。

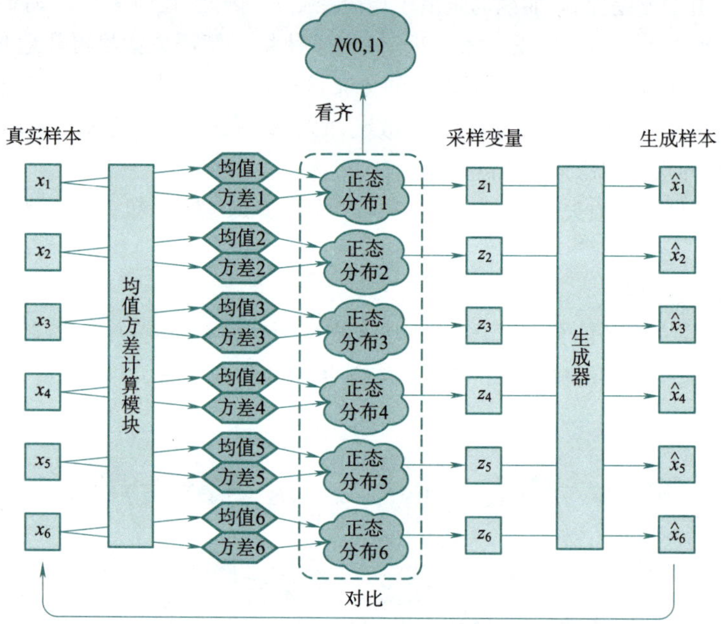

图 5-15 VAE 工作过程

假设潜在分布总是高斯分布，可以用均值和方差（或标准差）两个指标来描述，高斯分布（正态分布）如图 5-16 所示。一般设先验分布为标准正态分布，标准正态分布的期望值 $\mu=0$，即曲线图像对称轴为 y 轴，标准差 $\sigma=1$ 条件下的正态分布，表示为 $N(0,1)$。

①标准正态分布曲线下面积分布规律是：在 $-1.96\sim+1.96$ 范围内曲线下的面积等于 0.950 0，在 $-2.58\sim+2.58$ 范围内曲线下面积为 0.990 0。借助统计用表就可以估计出某些特殊值范围内的曲线下面积。

②正态分布的概率密度函数曲线呈钟形，因此又经常称为钟形曲线。通常所说的标准正态分布是位置参数均数为 0，标准差为 1 的正态分布。

③密度函数关于平均值对称，平均值与它的众数以及中位数为同一数值。

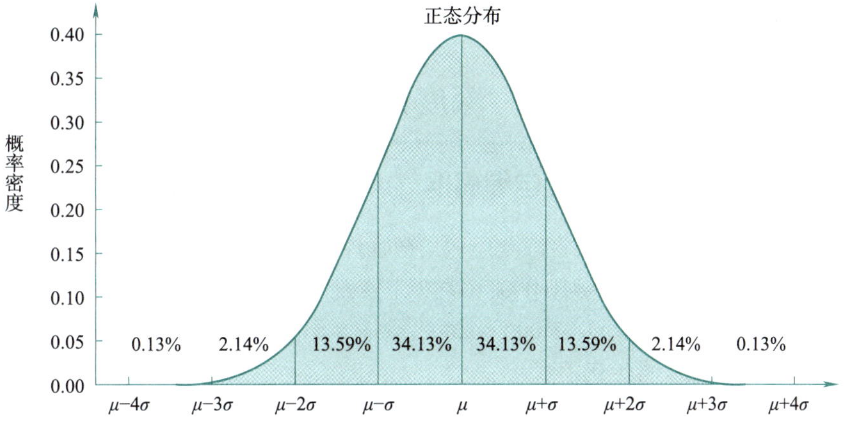

图 5-16　高斯分布

4. VAE 训练

KL 散度是两个分布之间差异的度量,为了使 $q(z|x)$ 与 $p(z|x)$ 相似,可使 KL 散度最小化。最小化是指相同分布交点处的 KL 散度为 0。

最后定义的损失函数如下:

$$\mathcal{L}(x,\hat{x}) + \sum_j \mathrm{KL}(q_j(z|x) \parallel p(z))$$

上式中第 1 项为重构损失,即重构输出与输入之间的差值,通常使用均方差。第 2 项是真实分布 $p(z)$ 与选择分布 $q(z|x)$ 之间的 KL 散度,其中 q 是一个均值为 0 和单位方差为 1 的正态分布 $N(0,1)$,选择分布 $q(z|x)$ 在训练中接近真实分布 $p(z)$。

对于 VAE,训练一个模型 $X=g(Z)$,这个模型能够将原来的概率分布映射到训练集的概率分布,也就是说,其目的都是进行分布之间的变换。在 VAE 中,没有使用 $p(z)$(先验分布)是正态分布的假设,所使用的是假设 $p(z|x)$(后验分布)是正态分布的假设。具体地说,给定 t 是独立的、多元的和正态分布。

就像标准自编码器一样,变分自编码器是一种由编码器和解码器组成的结构,经过训练以使编码解码后的数据与初始数据之间的重构误差最小。但是,为了引入隐空间的某些正则化,对编码解码过程进行了一些修改:不是将输入编码为隐空间中的单个点,而是将其编码为隐空间中的概率分布。然后对模型进行如下训练:

①将输入编码为在隐空间上的分布。

②从该分布中采样隐空间中的一个点。

③对采样点进行解码并计算出重建误差。

④重建误差通过网络反向传播。

5. AE 与 VAE 的区别

①AE 中隐层的分布是未知的,而 VAE 中隐层隐变量的分布是服从高斯分布的。

②AE 中学习的是编码器和解码器,VAE 中还需要学习隐变量高斯分布的参数即均值和方差。AE 只能从一个 x 得到相对应的重构 x,VAE 可以产生新的 z,从而得到新的 x 即新的样本。

③损失函数:除了重构误差,由于隐变量 z 付出高斯分布,因此编码器对应的条件概率分布应当

和高斯分布尽可能相似。可以用相对熵,又称 KL 散度来衡量两个分布的差异。严格地说,距离一般是对称的,而 KL 散度并不对称。

5.3 深度自编码器

5.3.1 基于多层 BP 网络的深度自编码器

深度自编码器含有多个隐藏层,将隐藏层的层数加深,网络结构为:

10 000→4 096→1 024→4 096→10 000,含有 3 个隐藏层。

2 000→1 000→500→100→500→1 000→2 000,含有 5 个隐藏层。

训练 N 层神经网的深度自编码器过程。

①原来的网络输入 X,中间只有一层如下:数据 X 是四维,通过第一层后,四维的数据被压缩为三维,而这三维的数据通过后面一层能够大致恢复原有四维的数据 X。换句话说,通过这个网络使中间的三维数据浓缩了原有的四维数据信息,可以将它看作对原有四维的数据编码,即从 X 到其自身的编码。

②可以用反向传播算法训练该神经网络,训练好第一层后,接着训练第二层。假设第一层的输出为 $\boldsymbol{x}_1$,$\boldsymbol{x}_1$ 是一个三维的向量。仍然采用自编码器的方法,固定第一层参数不变,将第二层的输出也设定为 $\boldsymbol{x}_1$,然后用反向传播算法训练第二层。这时反向传播算法仅作用在第二层,而第一层的参数是固定不动的。训练完第二层之后,将上面左边的参数原封不动固定,作为第三层训练的基础。

③依此类推,用同样的方法在训练好前 $M-1$ 层的前提下,固定前 $M-1$ 层参数不变,可以用反向传播算法训练第 M 层。

当完成所有 N 层的自编码器训练之后,将训练后获得的网络参数作为初始值,然后再次用向后传播算法调整整个网络的参数,如图 5-17 所示。

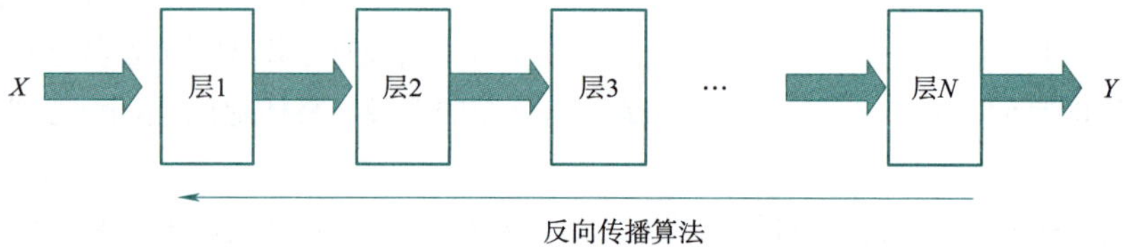

图 5-17 调整整个网络的参数

由于网络每一层初始值都不同程度地编码了训练样本的信息,因此,这样的初始值大概率能保证找到非局部极值点。

5.3.2 基于卷积神经网络的深度自编码器

基于多层 BP 网络的深度自编码器通常使用的是全连接层,对于一维信号并没有什么影响,而对二维图像或视频信号,全连接层将损失空间信息,但通过卷积操作,在编码器和解码器中使用卷积层抽取和还原特征,能很好地保留二维信号的空间信息。

卷积自编码器是自编码器方法的一种延伸,卷积自编码器利用卷积网络对图像特征抽取和表示的优异性能,来代替自编码器的 NN 网络。CNN 之所以在处理图像上有优势,是因为可以提取隐藏在图像中的空间信息,因此,使用 CNN 构造编码器和解码器网络,将比其他自编码器工作得更好。

CNN 深度自编码器的主要工作流程如图 5-18 所示，其编码器和译码器都是卷积神经网络，编码器使用的是卷积操作和池化操作，而译码器中使用的逆卷积操作和逆池化操作。

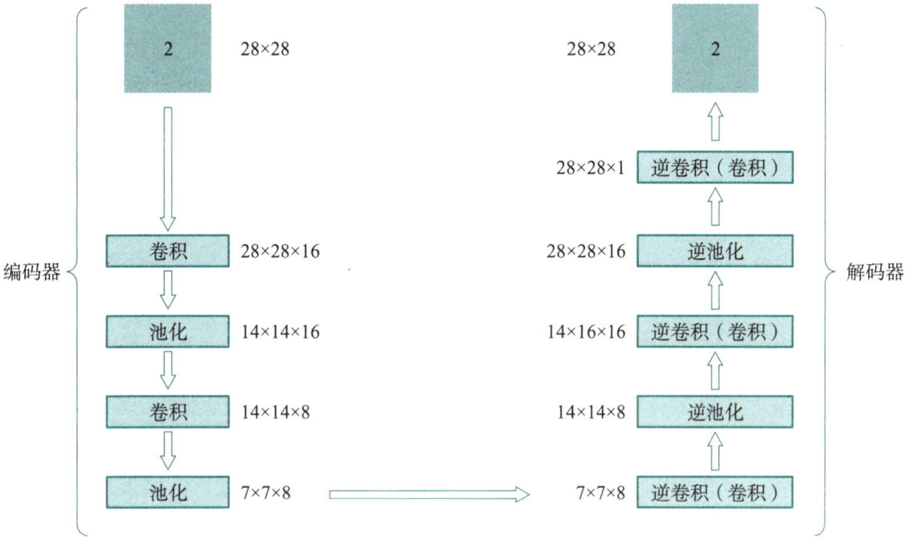

图 5-18　CNN 深度自编码器的主要工作流程

在 CNN 深度自编码器中，编码器使用了卷积操作和池化操作，解码器使用了逆卷积操作和逆池化操作。

5.4　深度自编码器应用

5.4.1　深度自编码器主要应用场景

①编码和解码。

②对数据进行降维。

③抽取图像的特征，包括抽取有标签数据的特征和抽取无标签数据的特征，并利用得到特征计算相似性。

④预训练网络，首先通过无标签的数据进行预训练得到初始权重，再用有标签的数据进行调优。

⑤图像去噪或者增强模型的抗噪声健壮性。

⑥生成数据或者图像。

5.4.2　典型应用

1. 数字识别

卷积自动编码器的编码器和解码器都是 CNN 网络，编码器的卷积网络学习将输入编码为一组信号，然后解码器 CNN 重构来自自动编码机的输入。其中 CNN 作为通用特征提取器进行工作，学习如何最好地捕捉输入特征。随着卷积层的添加，传递到下一层的空间尺寸信息在减小，但是在自编码器中，重构图像的大小和深度应与输入图片相同，这表明解码器应该以某种方式调整图像大小和卷积来重构原始图像。

卷积自动编码器是通用的特征提取器。卷积自编码器是采用卷积层代替全连接层，原理和自编码器一样，对输入的特征进行降采样以提供较小维度潜在表示，并强制自编码器学习特征的压缩版本。完成数字识别的卷积自动编码器。

2. 数据降噪

噪声是测量中的随机误差或偏差，包括错误值或者偏离期望的孤立点。简单来说就是对任务或者模型没有帮助甚至有误导作用的数据。编码器通过学习将潜在空间中尽可能多的相关信息保留，丢弃不相关部分（噪声）。解码器学习潜在空间信息重建与输入一致的，这样就达到了去噪，如图 5-19 所示。

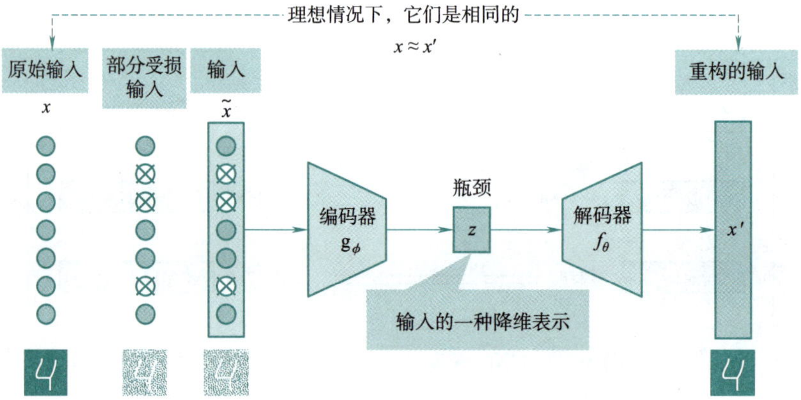

图 5-19　数据降噪

小　结

自编码器的出现解决了许多问题，得到了许多新应用。自编码器是一种无监督的神经网络模型，其核心作用是学习到输入数据的深层表示。主要应用于特征提取和非线性降维。自编码器的编码器将输入转化为内部表示，也就是压缩过程，解码器将内部表示转换为输出，就是图中的解压过程。压缩之后的数据维度要比刚开始的数据维度少很多，达到数据降维的目的，然后进行解码，恢复到原来大概的形状。本章介绍了常用的几种自编码器，主要包括欠完备自编码器、稀疏自编码器、栈式自编码器、去噪自编码器和变分自编码器等。

思考与练习

1. 解释下述术语：表征学习、自编码器、权重绑定。
2. 在三层前馈神经网络组成的自编码器中，瓶颈数据处于哪一层？
3. 在稀疏自编码器中，说明约束隐藏层稀疏化方法的作用。
4. 举例说明栈式自编码器的训练方法。
5. 说明不完整的数据在去噪自编码器构建中的作用。

第 6 章 Transformer模型

6

- Transformer模型的特点与注意力机制
  - Transformer模型的主要特点
  - 注意力机制和自注意力机制
  - Transform多头注意力机制
- Transformer模型结构
  - 总体架构
  - 位置向量
  - 编码器块
  - 解码器块
  - 构建Transformer英汉翻译系统过程
- Transformer工作过程与训练
  - Transformer工作过程
  - Transformer训练
  - Transformer并行训练与测试

Transformer 模型应用了自注意力机制,可以实现高度并行计算。

6.1 Transformer 模型的特点与注意力机制

卷积网络结构适合处理具有位移不变性的图像数据,RNN 网络结构适合处理顺序数据或时间序列数据。Transformer 模型出自 Google 于 2017 年发表的论文 *Attention is all you need*,它主要应用自注意力机制提取内在特征。

RNN、LSTM 和 GRU (gated recurrent unit)神经网络已在语言建模、机器翻译、序列模型等方面成功应用,循环结构的语言模型和编码器-解码器体系结构取得了显著的进展。

为了克服 RNN 由于梯度消失导致很难捕获长距离依赖关系和序列的问题,提出了 GRU 模型和 LSTM 模型,虽然通过了多门控信息流的方法加强了对信息流的控制,但却使得模型变得更加复杂,需要更多的计算,而且由于这些模型是顺序模型,输入可能是当时输入句子的一个词或一个标记,计算最终单元的输出必须计算之前出现的所有单元的输出,因此,造成每个单元都容易成为信息流的瓶颈。

6.1.1 Transformer 模型的主要特点

LSTM、GRU 等模型的特点是：每个时刻的输出是根据上一时刻隐藏层状态和当前时刻的输入决定产生序列。因为每次计算都需要等待上一时刻的计算完成，所以每个时刻的输出只与上一时刻的输出和当前时刻的输入相关，这将导致下述两个问题：

①对于长序列，这样一层一层地逐层传递，前面时刻的信息到了后面基本已消失。

②对于文本序列，每个时刻的输出不仅与上一时刻相关，还可能与前 n 个时刻输出相关。

以上两个问题也使得循环神经网络难以学习相对位置较远的文本之间的关系。

Transformer 模型是一种避免循环结构模型，完全依赖于自注意力机制对输入/输出的全局依赖关系进行建模，Transformers 模型可对整个序列并行计算，可以同时处理整个句子，而不是从左到右逐个处理单词。Transformer 模型的主要创新是使用了基于自注意力机制方式，其性能比循环神经网络模型更加强大。Transformer 模型的主要特点如下：

①突破了 RNN 模型不能并行计算的限制。

②相比 CNN，计算两个位置之间的关联所需的操作次数不随距离增长而增加。

③自注意力机制可以从模型中检查注意力分布，各个注意头可以学习执行不同的任务。

④解决了序列到序列转换模型的不足之处，完全依赖于自注意机制来处理输入和输出之间的全局依赖关系，极大地并行化计算、减少操作次数。

⑤通过一系列连续执行的操作连接所有位置，可以学习长期依赖关系。

6.1.2 注意力机制和自注意力机制

1. 注意力机制

传统的注意力机制发生在目标的元素和源中的所有元素之间，也就是说，注意力机制中权重的计算需要目标来参与。即在编码器-解码器模型中，注意力权值的计算不仅需要编码器中的隐状态而且还需要解码器中的隐状态。

2. 自注意力机制

自注意力又称内部注意力，自注意力机制通常不使用其他额外的信息，它能关注本身从句子中抽取相关信息。自注意力机制是注意力机制的变体，其主要特点是减少了对外部信息的依赖，更注重捕捉数据或特征的内部相关性。自注意力机制不是输入语句和输出语句之间的注意力机制，而是输入语句内部元素之间或者输出语句内部元素之间发生的注意力机制。例如，在 Transformer 中计算权重参数时，将文字向量转成对应的 KQV，只需要在源处进行对应的矩阵操作，用不到目标中的信息。

在文本处理中，应用自注意力机制主要是通过计算单词间的互相影响来解决长距离依赖问题，在序列中找出相关向量。

在自注意力机制中，是通过计算 $\boldsymbol{Q}$(查询)，$\boldsymbol{K}$(键)，$\boldsymbol{V}$(值)三个嵌入向量来完成自注意力机制。

$\boldsymbol{Q}$、$\boldsymbol{K}$、$\boldsymbol{V}$ 三个嵌入向量的具体含义出自信息检索技术。例如，当查询(query)一个特定的视频时，搜索引擎会将 Query 映射到一组 Keys 键(如视频标题、描述等)，然后去找与 Key 最匹配的视频，也就是值 Values。这也是基于特征查询的基本过程。

通过键入查询，针对数据库中目标查询，找出候选匹配 k，然后显示最匹配的值。通过查找 $\boldsymbol{Q}$ 和 $\boldsymbol{K}$ 两个向量之间的相关性，需要计算它们的点积。为了找到第一个单词的输出，只考虑句子第一个单词的表示形式 q，并将其与输入中每个单词的表示 k 取点积。这样就可以知道输入中每个单词相对于第一个单词的关系。然后将上述点积值进行 Softmax 归一化。进而得到描述输入中每个单词相对于第一个单词重要程度的分布。

自注意力机制计算过程如下：

①对于每个向量 a_i，分别乘上需要通过学习而得到的三个权重参数 w_q、w_k、w_v，得到 q_i、k_i、v_i 三个值：

$$q_i = w_q a_i$$
$$k_i = w_k a_i$$
$$v_i = w_v a_i$$

因为 $q_i = w_q a_i$，$\boldsymbol{a} = (a_1, a_2, a_3, a_4)$，所以有：

$$\boldsymbol{Q} = w_q \boldsymbol{a}$$

同理可得：

$$\boldsymbol{K} = w_k \boldsymbol{a}$$
$$\boldsymbol{V} = w_v \boldsymbol{a}$$

②利用得到的 $\boldsymbol{Q}$ 和 $\boldsymbol{K}$ 计算每两个输入向量之间的相关性，也就是计算自注意力值 $\boldsymbol{\alpha}$，$\boldsymbol{\alpha}$ 的计算方法有多种，通常采用点乘的方式。

$$\alpha_{i,j} = q_i k_j$$

写成张量形式：

$$\boldsymbol{\alpha} = \boldsymbol{Q}\boldsymbol{K}^{\mathrm{T}}$$

$$\boldsymbol{\alpha} = \begin{pmatrix} \alpha_{1,1} & \alpha_{2,1} & \alpha_{3,1} & \alpha_{4,1} \\ \alpha_{1,2} & \alpha_{2,2} & \alpha_{3,2} & \alpha_{4,2} \\ \alpha_{1,3} & \alpha_{2,3} & \alpha_{3,3} & \alpha_{4,3} \\ \alpha_{1,4} & \alpha_{2,4} & \alpha_{3,4} & \alpha_{4,4} \end{pmatrix}$$

其中：

$$\boldsymbol{K} = (k_1,\ k_2,\ k_3,\ k_4)$$
$$\boldsymbol{Q} = (q_1,\ q_2,\ q_3,\ q_4)$$

矩阵 $\boldsymbol{\alpha}$ 中的每一个值记录了所对应的两个输入向量的注意力的大小 α_{ij}，$\boldsymbol{Q}\boldsymbol{K}^{\mathrm{T}}$代表 n 个查询向量（样本特征）与 n 个键向量（信息特征）之间的相似度。

③对 $\boldsymbol{\alpha}$ 矩阵进行 Softmax 操作得到 $\boldsymbol{\alpha}'$，可将 Softmax 结果与相应的表示 $\boldsymbol{V}$ 相乘，然后进行归一化。因此，对第一个单词的最终表示将是所有输入的加权总和。每个输入单词均通过相对于第一个单词的相关性加权。取点积后，将结果除以 sqrt(d_k)，其中 d_k 是向量 $\boldsymbol{K}$ 的维数。这样做是为了稳定梯度，避免点积结果出现非常大的情况。

对所有单词重复此过程。以矢量形式，可以用下面的方程式来表示。

$$\mathrm{Attention}(Q, K, V) = \mathrm{softmax}\left(\frac{QK^{\mathrm{T}}}{\sqrt{d_k}}\right)V$$

α'就是各个样本与各条信息间相关或相似程度的分布。如果计算得到[0.3,0.5,0.2]，这表示第一个样本与第一、二、三条信息的相关或相似度分别为 30%、50% 和 20%。

利用得到的 α'_{ki} 和 V_i 相乘计算得出每个输入向量对应的自注意力层的输出向量 B,其中

$$b_i = \sum_{i=1}^{n} v_i \alpha'_{ki}$$

$\boldsymbol{B} = \boldsymbol{V} \cdot \boldsymbol{\alpha}'$,其中:

$$\boldsymbol{B} = (b_1, b_2, b_3, b_4), \boldsymbol{V} = (v_1, v_2, v_3, v_4)$$

$$\boldsymbol{\alpha}' = \begin{pmatrix} \alpha'_{1,1} & \alpha'_{2,1} & \alpha'_{3,1} & \alpha'_{4,1} \\ \alpha'_{1,2} & \alpha'_{2,2} & \alpha'_{3,2} & \alpha'_{4,2} \\ \alpha'_{1,3} & \alpha'_{2,3} & \alpha'_{3,3} & \alpha'_{4,3} \\ \alpha'_{1,4} & \alpha'_{2,4} & \alpha'_{3,4} & \alpha'_{4,4} \end{pmatrix}$$

Attention(Q,K,V) 表示值向量的加权和,权值为各个样本与各条信息间相关或相似程度的分布,这就是自注意力计算的最终结果。以第一个向量 $\boldsymbol{a}_1$ 对应的自注意力输出向量 $\boldsymbol{b}_1$ 为例,它的产生过程如图 6-1 所示。

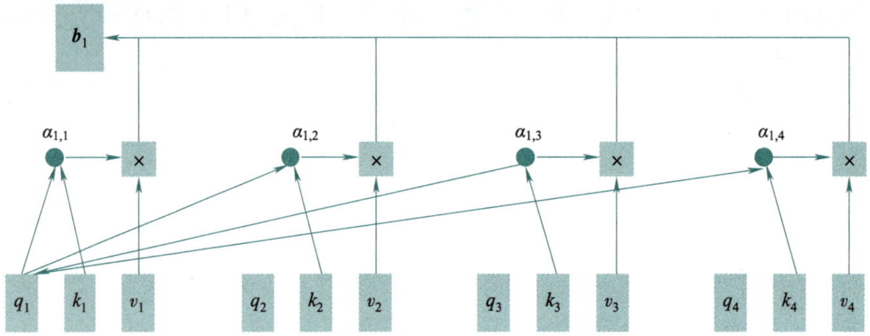

图 6-1 向量 $\boldsymbol{\alpha}_1$ 对应的自注意力输出向量 $\boldsymbol{b}_1$

为了加快计算速度,通常使用自注意力的矩阵运算简化和加速上述计算,具体步骤如下:首先计算 $\boldsymbol{Q}$, $\boldsymbol{K}$ 和 $\boldsymbol{V}$ 向量,先将所有输入词向量拼成一个矩阵 $\boldsymbol{X}$,然后乘以已经训练好的权重矩阵($\boldsymbol{w}_Q$, $\boldsymbol{w}_K$, $\boldsymbol{w}_V$),如下所述:

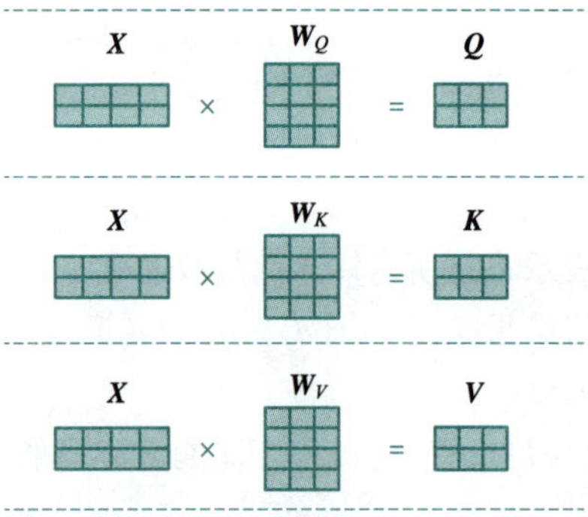

输入矩阵 $\boldsymbol{X}$ 中的每一行都代表了输入序列中的一个词向量。剩下的步骤其实就是计算得分,通过 Softmax 函数,再乘以矩阵 $\boldsymbol{V}$,可以用下述公式表示:

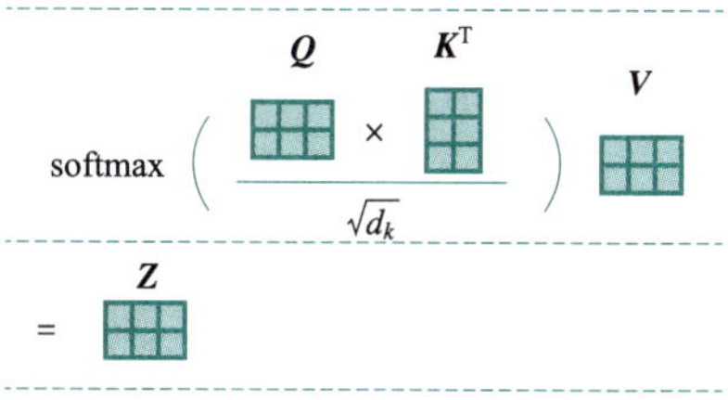

例 6-1　计算两个词“算法”和“模型”的相关度。

计算过程如图 6-2 所示。

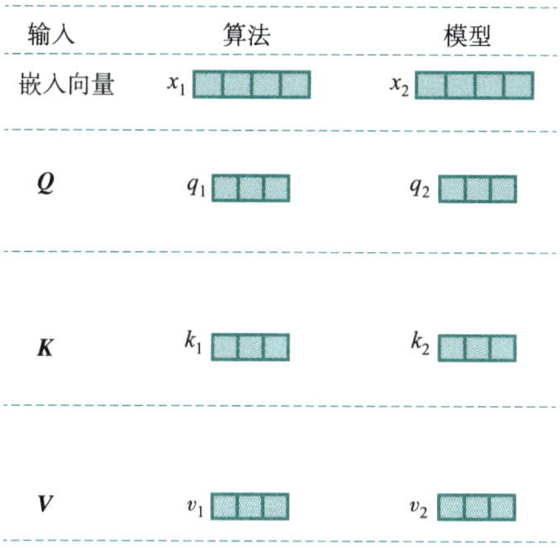

图 6-2　词向量与权矩阵相乘得到 $\boldsymbol{q}$、$\boldsymbol{k}$、$\boldsymbol{v}$ 三个向量

根据输入向量得到 $\boldsymbol{Q}$(查询)、$\boldsymbol{K}$(键)、$\boldsymbol{V}$(值)三个嵌入向量。$\boldsymbol{x}_1$、$\boldsymbol{x}_2$ 是句子中的词向量，$\boldsymbol{W}_Q$、$\boldsymbol{W}_K$、$\boldsymbol{W}_V$是权矩阵，将词向量分别与这三个权矩阵相乘得到新的三个向量，可以由 $\boldsymbol{x}_1$ 词向量生成 q_1、k_1、v_1，由 x_2 词向量生成 q_2、k_2、v_2。

下一步是计算词与词之间的相似度，如图 6-3 所示，在计算词“算法”和词“模型”的相似度时，使用 q_1 乘 k_1，这是注意力机制中计算相似度的方法，都是通过向量相乘。那么为什么不直接通过 x_1 乘 x_2 计算相似度，这是由于 $\boldsymbol{q}$ 向量更多是为了保留单词本身的意思，也就是在不考虑上下文的情况下的一个单词的意思，而 $\boldsymbol{k}$ 则是为了在计算相似度的时候，能够放大词与词之间的异同而构建的新向量，或者说能够根据实际需求起到更多作用的向量。例如，在分析相似性时，一个单词和自己的相似度应该是最大的，可是在计算不同向量 $\boldsymbol{x}$ 的乘积也可能出现更大的相似度，这就不符合假设，而现在新向量 $\boldsymbol{qk}$ 相乘来计算相似度，通过模型的训练学习即可避免发生这种情况，所以比起原来两词向量相乘，在计算相似度时灵活性更大，效果更好。

同样地，为了让模型更灵活，在计算相似度并转化为权重之后，并没有乘以原来的 $\boldsymbol{x}$ 或者 $\boldsymbol{q}$，而是又构建了一个新向量 $\boldsymbol{v}$，通过加权求和得到最终的输出 $\boldsymbol{z}$，如图 6-4 所示。

最后得到的 z_1、z_2，就是词向量 $\boldsymbol{x}_1$、$\boldsymbol{x}_2$ 在分析了前后文之后，得到的新向量。可以看出，自注意力机制为原来的词向量带来了上下文的信息。

例 6-2　自注意力模块有 n 个输入，并返回 n 个输出。自注意力机制让每个输入都彼此自交互，然后找到它们应该更加关注的输入(注意力)。自注意力模块的输出是这些交互的聚合和注意力的得分。

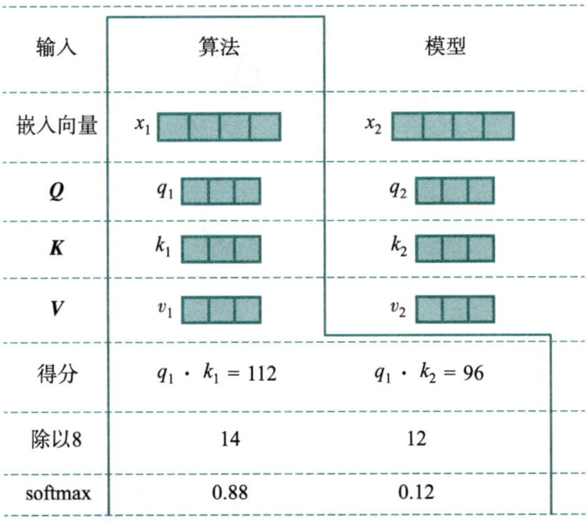

图 6-3　通过 *qk* 计算词与词之间的相似度

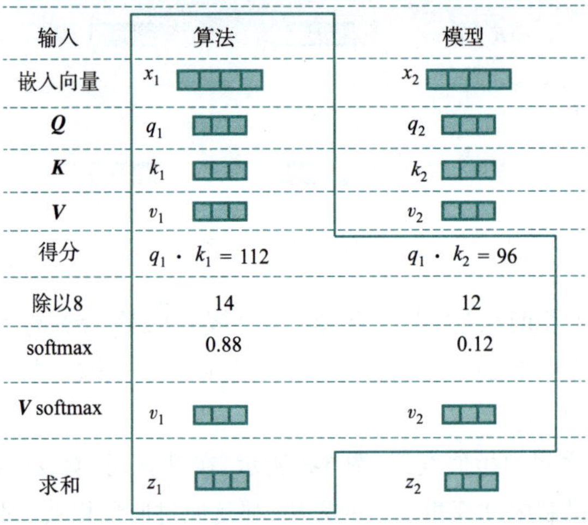

图 6-4　加权求和得到最终的输出 *z*

1. 输入数据

三个输入数据,每个输入数据的维度为 4。

$$x_1 = [1, 0, 1, 0]$$
$$x_2 = [0, 2, 0, 2]$$
$$x_3 = [1, 1, 1, 1]$$

2. 权重初始化

每个输入必须有 3 个表征:查询(query)、键(key)和值(value)。在本例中,表征的维度为 3。因为每个输入的维度为 4,所以每组权重的形状为 4×3,输出维度 3。

为了得到这些表征,每个输入都要与一组键的权重 $\boldsymbol{K}$、一组查询的权重 $\boldsymbol{Q}$、一组值的权重 $\boldsymbol{V}$ 相乘。

在本例中,首先随机初始化这三个权重。

$\boldsymbol{Q}$ 查询的权重 $\boldsymbol{W}_q$：

$$\boldsymbol{W}_q = [[1, 0, 1], [1, 0, 0], [0, 0, 1], [0, 1, 1]]$$

$\boldsymbol{K}$ 键的权重 $\boldsymbol{W}_K$：

$$\boldsymbol{W}_K = [[0, 0, 1], [1, 1, 0], [0, 1, 0], [1, 1, 0]]$$

$\boldsymbol{V}$ 值的权重 $\boldsymbol{W}_V$：

$$\boldsymbol{W}_V = [[0, 2, 0], [0, 3, 0], [1, 0, 3], [1, 1, 0]]$$

在 Transformer 模型中，这些权重通常是较小的数值，初始化使用合适的随机分布来实现，比如高斯分布、Xavier 分布和 Kaiming 分布等。

3. 计算查询和值

利用已初始化的权重，求出每个输入的键、查询和值的表征：

$$k_1 = x_1 \boldsymbol{W}_K = [1, 0, 1, 0] \begin{pmatrix} [0, 0, 1] \\ [1, 1, 0] \\ [0, 1, 0] \\ [1, 1, 0] \end{pmatrix} = [0, 1, 1]$$

$$k_2 = x_2 \boldsymbol{W}_K = [0, 2, 0, 2] \begin{pmatrix} [0, 0, 1] \\ [1, 1, 0] \\ [0, 1, 0] \\ [1, 1, 0] \end{pmatrix} = [4, 4, 0]$$

$$k_3 = x_3 \boldsymbol{W}_K = [1, 1, 1, 1] \begin{pmatrix} [0, 0, 1] \\ [1, 1, 0] \\ [0, 1, 0] \\ [1, 1, 0] \end{pmatrix} = [2, 3, 1]$$

向量化运算更为高速：

$$\boldsymbol{K} = \boldsymbol{X}\boldsymbol{W}_K = \begin{pmatrix} [1, 0, 1, 0] \\ [0, 2, 0, 2] \\ [1, 1, 1, 1] \end{pmatrix} \begin{pmatrix} [0, 0, 1] \\ [1, 1, 0] \\ [0, 1, 0] \\ [1, 1, 0] \end{pmatrix} = \begin{pmatrix} [0, 1, 1] \\ [4, 4, 0] \\ [2, 3, 1] \end{pmatrix}$$

通过类似的方式，可以求得 $\boldsymbol{V}=\boldsymbol{X}\boldsymbol{W}_V$ 为：

$$\begin{pmatrix}[1,0,1,0]\\[0,2,0,2]\\[1,1,1,1]\end{pmatrix}\begin{pmatrix}[0,2,0]\\[0,3,0]\\[1,0,3]\\[1,1,0]\end{pmatrix}=\begin{pmatrix}[1,2,3]\\[2,8,0]\\[2,6,3]\end{pmatrix}$$

可以求得 $\boldsymbol{Q}=\boldsymbol{X}\boldsymbol{W}_q$ 为：

$$\begin{pmatrix}[1,0,1,0]\\[0,2,0,2]\\[1,1,1,1]\end{pmatrix}\begin{pmatrix}[1,0,1]\\[1,0,0]\\[0,0,1]\\[0,1,1]\end{pmatrix}=\begin{pmatrix}[1,0,2]\\[2,2,2]\\[2,1,3]\end{pmatrix}$$

4. 计算 x_1 的注意力分数

根据查询 q_1 计算注意力分数 $q_1\boldsymbol{K}^{\mathrm{T}}$ 为：

$$[1,0,2]\begin{pmatrix}[0,4,2]\\[1,4,3]\\[1,0,1]\end{pmatrix}=[2,4,4]$$

注意这里仅使用了输入 x_1 的查询。后面的其他查询计算重复同一步骤。

5. 计算 Softmax

对这些注意力分数进行 Softmax 计算：

$$\text{Softmax}([2,4,4])=[0.0,0.5,0.5]$$

6. 将分数与值 V 相乘

通过将值与注意力分数相乘，计算加权的值表征。

每个输入 x_i 的 $\boldsymbol{V}_i=x_i\boldsymbol{W}_V$，经过 Softmax 的注意力分数与其对应的 Softmax 的注意力分数值相乘。将得到 3 个向量，称为加权值，具体如下：

$$\begin{aligned}0.0\times[1,2,3]&=[0.0,0.0,0.0]\\0.5\times[2,8,0]&=[1.0,4.0,0.0]\\0.5\times[2,6,3]&=[1.0,3.0,1.5]\end{aligned}$$

7. 对加权的值求和，得到输出 1

$$\begin{array}{r}[0.0,0.0,0.0]\\+[1.0,4.0,0.0]\\+[1.0,3.0,1.5]\\\hline=[2.0,7.0,1.5]\end{array}$$

所得到的向量 [2.0, 7.0, 1.5] 是指 x_1 的自注意力输出向量，这是基于输入 x_1 的查询表征与所有其他键（包括其自身的）的交互而得到的。

8. 输入 x_2 和 x_3，重复步骤 4～7

现在已经完成了对输出 x_1 的自注意力输出向量求解，再为输出 x_2 和 x_3 的自注意力输出向量重复步骤 4～7。

因为使用了点积的评分函数,所以查询和键的维度必须总是一致。但是,值的维度可能不同于查询和键。由此造成的结果是所得输出的维度与值的维度一致。

Transform 的训练是并行训练,所有的词都同时训练,这样就显著加快了计算效率。该模型使用了位置嵌入完成对语言顺序的理解,使用自注意力机制和全连接层进行计算。

6.1.3 Transform 多头注意力机制

通过自注意力计算可以得到输出矩阵 $\boldsymbol{Z}$,而多头注意力(multi-head attention)是由多个自注意力组合形成的,多头注意力的结构如图 6-5 所示。多头注意力由四部分组成:

①线性层(分拆成多头)。

②缩放的点积注意力。

③多头及连接。

④输入最后的一层线性层。

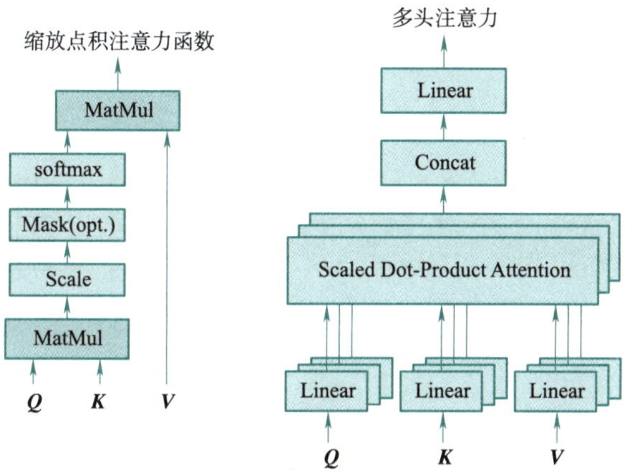

图 6-5 Transform 多头注意力机制

每个多头注意力块有三个输入:$\boldsymbol{Q}$(请求)、$\boldsymbol{K}$(主键)、$\boldsymbol{V}$(数值),这些输入经过线性层分拆成多头。

将上面定义的缩放点积注意力(scaled_dot_product_attention)函数应用于每个头(进行了广播以提高效率)。在这步,注意力必须使用一个恰当的掩码,然后将每个头的注意力输出连接起来,并放入最后的线性层。

将 $\boldsymbol{Q}$、$\boldsymbol{K}$ 和 $\boldsymbol{V}$ 拆分到了多个头,而非单个的注意力头,因为多头允许模型共同注意来自不同表示空间的不同位置的信息。在分拆后,每个头部的维度减少,因此总的计算成本与有着全部维度的单个注意力头相同。

从图 6-5 可以看出,多头注意力包含多个自注意力层,将输入 $\boldsymbol{X}$ 分别传递到 h 个不同的自注意力中,计算得到 h 个输出矩阵 $\boldsymbol{Z}$。图 6-6 所示为 $h=8$ 时的情况,此时将得到 $\boldsymbol{Z}_1 \sim \boldsymbol{Z}_8$ 共 8 个输出矩阵。

得到 8 个输出矩阵 $\boldsymbol{Z}_1 \sim \boldsymbol{Z}_8$ 后,多头注意力将它们拼接在一起,然后传入一个线性层,得到多头注意力最终的输出 $\boldsymbol{Z}$,如图 6-7 所示。

可以看到多头注意力输出的矩阵 $\boldsymbol{Z}$ 与其输入的矩阵 $\boldsymbol{X}$ 的维度相同。

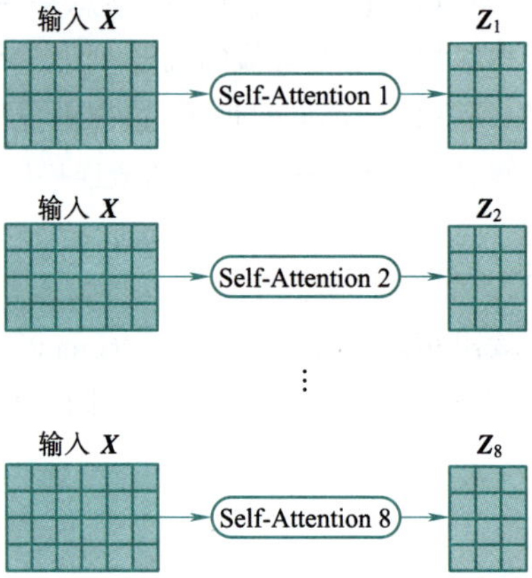

图 6-6　多头自注意力

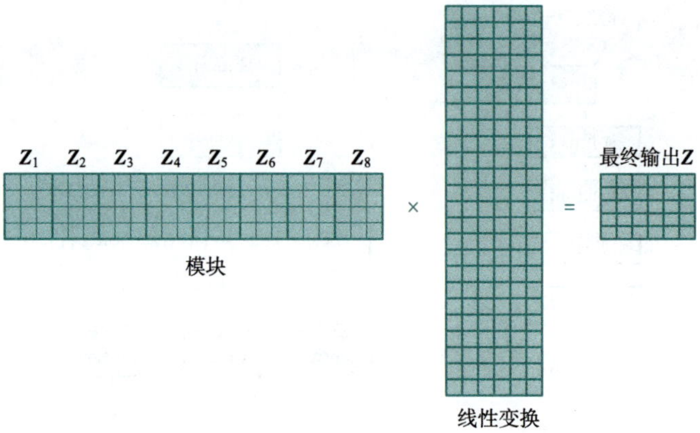

图 6-7　多头注意力的输出

例 6-3　编码器中的多头注意力计算。

1. 计算查询向量 $\boldsymbol{q}$、键向量 $\boldsymbol{k}$ 和值向量 $\boldsymbol{v}$

首先根据每个单词的表示 $(x_1, x_2, \cdots, x_n)$，通过线性变换计算对应的查询向量 $\boldsymbol{q}$、键向量 $\boldsymbol{k}$ 和值向量 $\boldsymbol{v}$，计算公式如下：

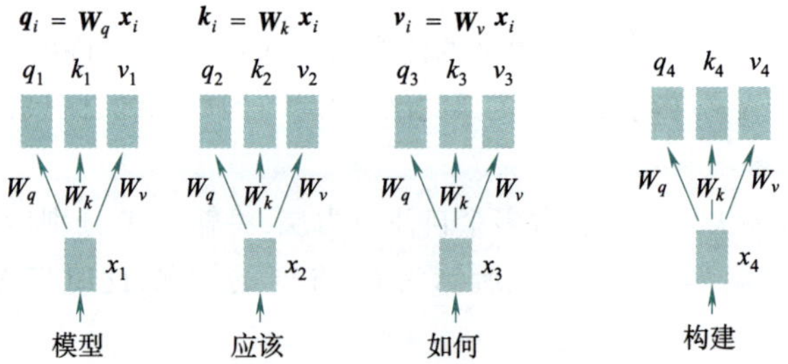

2. 进行多头分解

将查询向量 $\boldsymbol{q}$、键向量 $\boldsymbol{k}$ 和值向量 $\boldsymbol{v}$ 分解为多个向量，以“模型”编码分为两个头为例，分解过程如下：

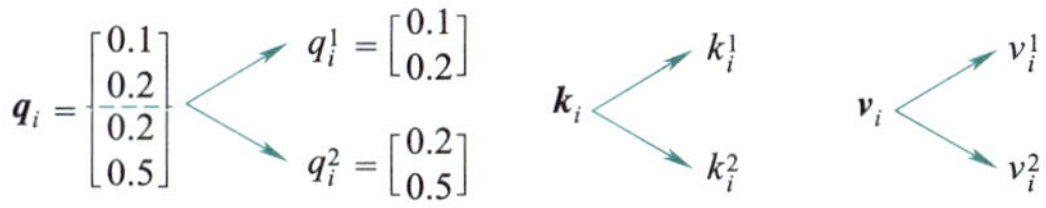

3. 缩放点积注意力

缩放点积注意力如图 6-8 所示。对每个头分别计算其注意力权重：

$$\text{Attention}(\boldsymbol{Q},\boldsymbol{K},\boldsymbol{V}) = \text{Softmax}\left(\frac{\boldsymbol{Q}\boldsymbol{K}^{\mathrm{T}}}{\sqrt{d_k}}\right)\boldsymbol{V}$$

其中，d_k 为 q 和 k 的维度数，那么分母是 $2^{1/2}$。

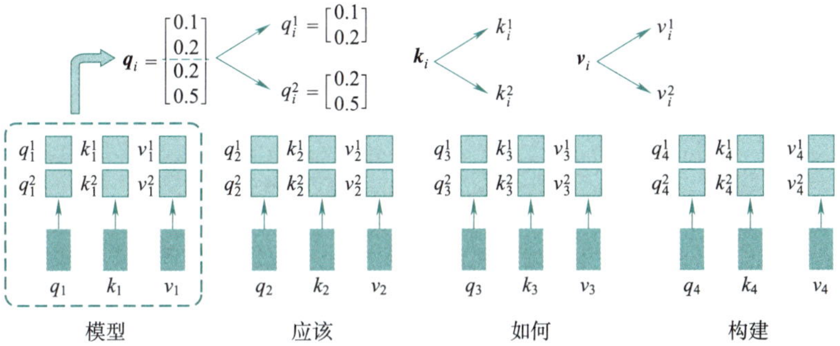

图 6-8　缩放点积注意力计算

对每个头分别计算其注意力权重后，再利用 Softmax 进行归一化处理得到注意力权重 a，聚合上下文信息，如图 6-9 所示。

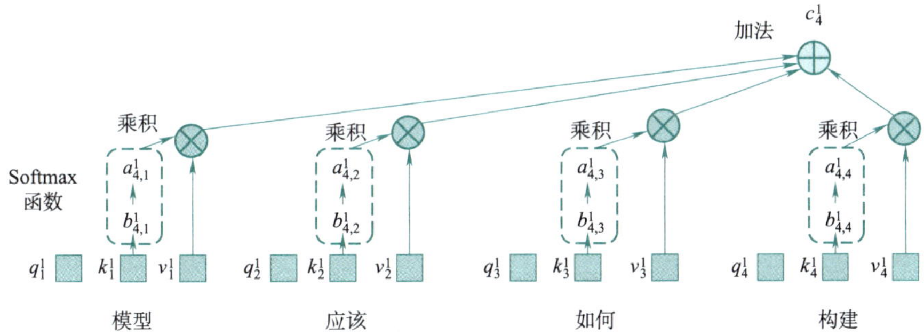

图 6-9　利用 Softmax 归一化处理

4. 不同头信息聚合

将各头的语义向量进行拼接，拼接后的语义向量则包含了上下文的信息，然后进行线性变换，得到最终的隐藏层状态，如图 6-10 所示。

从例 6-3 中可以看出，自注意力机制优势能够较好地建模单词间的长距离依赖关系。句子中任何两个单词之间通过自注意力机制，能够直接连接。而且能够实现并行计算，提升计算效率。

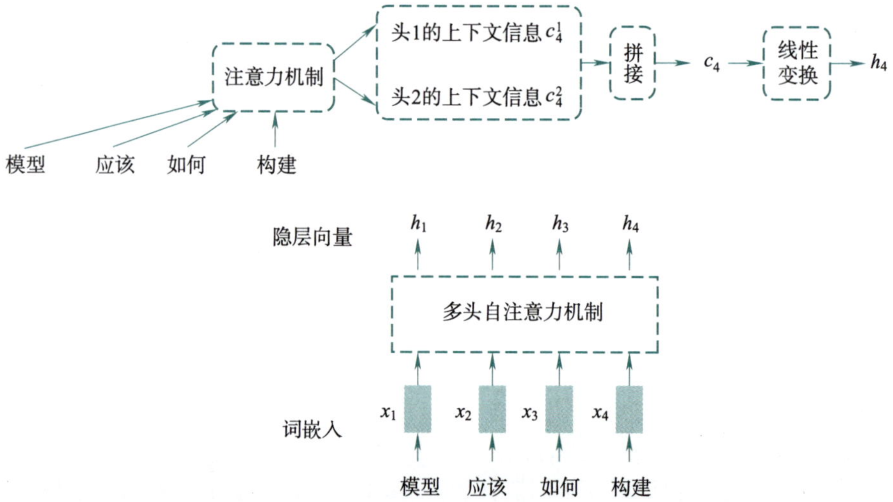

图 6-10　不同头信息聚合

6.2　Transformer 模型结构

Transform 模型主要由编码器和解码器两部分组成,编码器将输入序列映射到隐藏层,然后解码器再将隐藏层映射为输出序列。Transform 模型的序列到序列的转换过程如下:

①将自然语言序列输入到编码器。

②将编码器的输出映射到隐藏层,然后再输入到解码器。

③启动解码器。

④得到一个字。

⑤将得到的第一个字再输入到解码器,从解码器得到第二个字。

⑥重复④ ~⑥过程,直到解码器输出终止符,完成新序列生成。

6.2.1　总体架构

Transformer 总体架构如图 6-11 所示,图中 N_x可用 N_1 ~ N_6表示,可有 6 个 N_x结构的编码器和解码器的图层,又称编码器块和解码器块。其中图 6-11 中的左侧为编码器块,右侧为解码器块。框起的部分为多头注意力,可以看到编码器块包含一个多头注意力,而解码器块包含两个多头注意力,其中有一个使用了掩码(masked)。多头注意力 上方还包括一个 Add & Norm 层,Add 表示残差连接(residual connection)用于防止网络退化,Norm 表示 layer normalization,用于对每一层的激活值进行归一化。

6.2.2　位置向量

在自注意力机制中没有采用循环结构或卷积结构,也就是说,没有包括单词的位置信息,但是,句子中单词的位置关系对于句子语义有重要作用,所以在自注意力机制中需要增加位置向量,如图 6-12 所示。

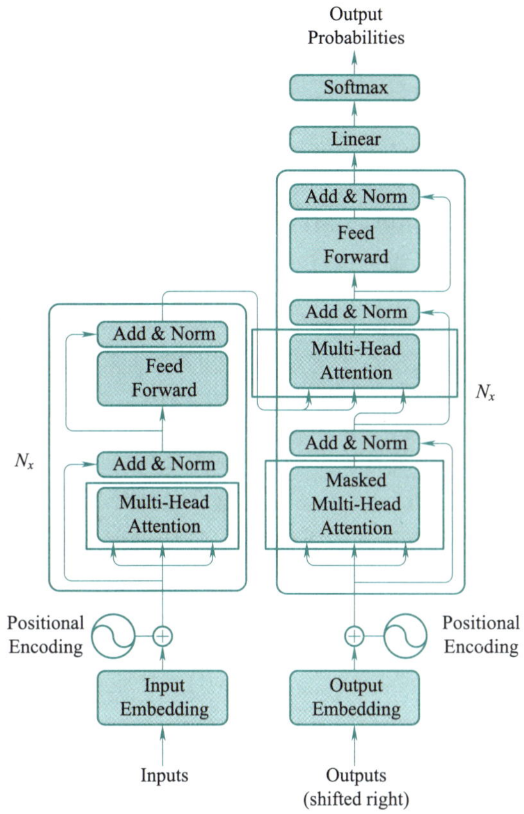

图 6-11 Transformer 总体架构

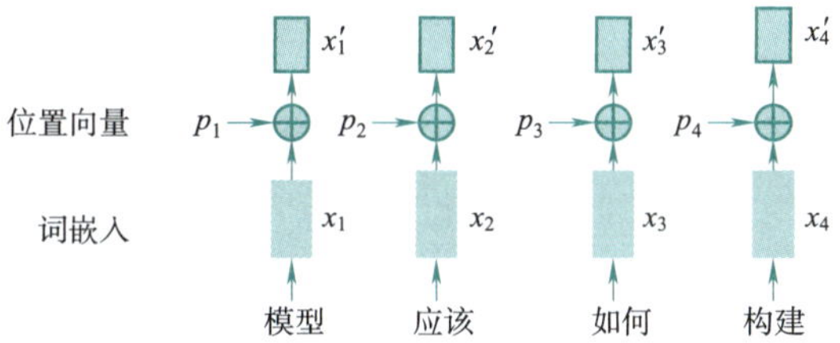

图 6-12 添加位置向量

1. 添加位置向量

对于 n 个单词的词向量$(x_1,x_2,\cdots,x_n)$,添加相对应的位置向量$(p_1,p_2,\cdots,p_n)$,得到:

$$(x_1',x_2',\cdots,x_n') = (x_1,x_2,\cdots,x_n) + (p_1,p_2,\cdots,p_n)$$

2. 确定位置向量

将添加位置向量作为参数,随机初始化后,根据训练数据进行优化。

$$\boldsymbol{p}_{\text{pos}} = \left.\begin{pmatrix} y_0 \\ \boldsymbol{M} \\ y_i \\ \boldsymbol{M} \\ y_{d-1} \end{pmatrix}\right\} d(\text{如 } d=500)$$

其中 pos 是位置，d 是总的维度数。$2i$ 或 $2i+1$ 分别表示第 $2i$ 或 $2i+1$ 维元素，$0 \leqslant i \leqslant d/2-1$。

$$y_{2i}=\sin\left(\frac{\text{pos}}{10\,000^{2i/d}}\right)$$

$$y_{2i+1}=\cos\left(\frac{\text{pos}}{10\,000^{2i/d}}\right)$$

Transformer 中使用位置嵌入保存单词在序列中的相对或绝对位置。位置嵌入用 PE 表示，PE 的维度与单词嵌入是一样的。PE 可以通过训练得到，也可以使用某种公式计算得到。在 Transformer 中采用计算得到，计算公式如下：

$$\text{PE}_{(\text{pos},2i)}=\sin(\text{pos}/10\,000^{2i/d})\text{偶数}$$

$$\text{PE}_{(\text{pos},2i+1)}=\cos(\text{pos}/10\,000^{2i/d})\text{奇数}$$

其中，pos 表示单词在句子中的位置，d 表示 PE 的维度（与词嵌入维度相同），$2i$ 表示偶数的维度，$2i+1$ 表示奇数的维度（即 $2i\leqslant d$, $2i+1\leqslant d$）。使用这个公式计算 PE 的好处如下。

①使 PE 能够适应比训练集所有句子中更长的句子，假设训练集中最长的句子有 20 个单词，现在有一个长度为 21 个单词的句子，则使用公式计算的方法能够计算出第 21 位的嵌入。

②可以让模型容易地计算出相对位置，对于固定长度的间距 k，可以用 PE(pos) 计算得到 PE(pos + k)。因为：

$$\sin(A+B)=\sin A\cos B+\cos A\sin B$$

$$\cos(A+B)=\cos A\cos B-\sin A\sin B$$

将单词的词嵌入和位置嵌入相加，就可以得到单词的表示向量 $\boldsymbol{X}$，$\boldsymbol{X}$ 就是 Transformer 的输入。

6.2.3 编码器块

1. 编码器块结构

Transformer 编码器块结构如图 6-13 虚线内所示，可以看到是由多头自注意力子层、前馈网络子层组成。每个子层后采用了残差连接和层归一化方法。

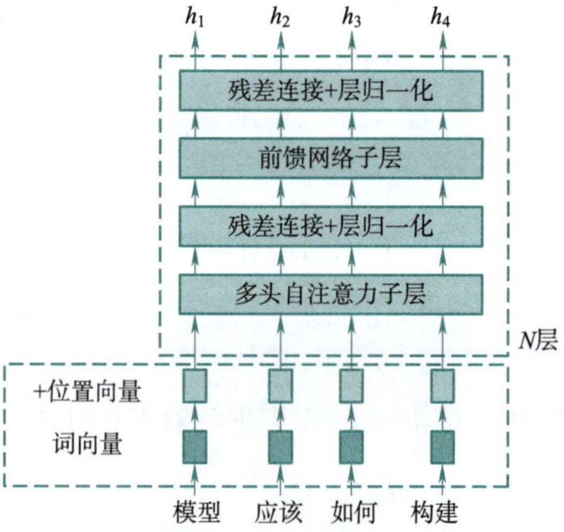

图 6-13 Transformer 编码器块结构

(1) 多头自注意力子层

编码器的多头自注意力子层如图 6-14 所示。

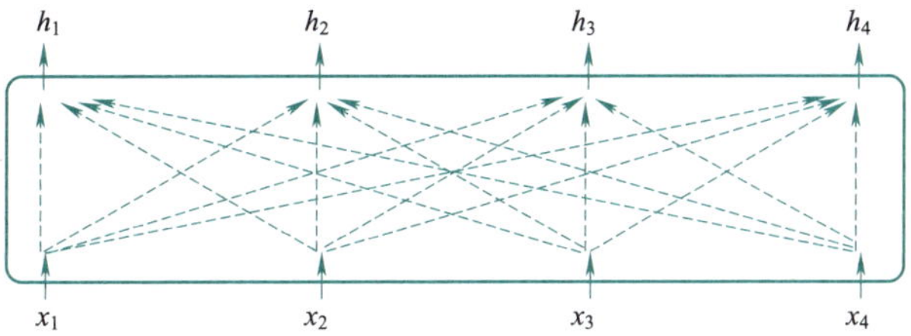

图 6-14　编码器的多头自注意力子层

（2）前馈网络子层

前馈网络子层是一个两层的全连接层，第一层的激活函数为 ReLU，第二层不使用激活函数，对应的公式如下：

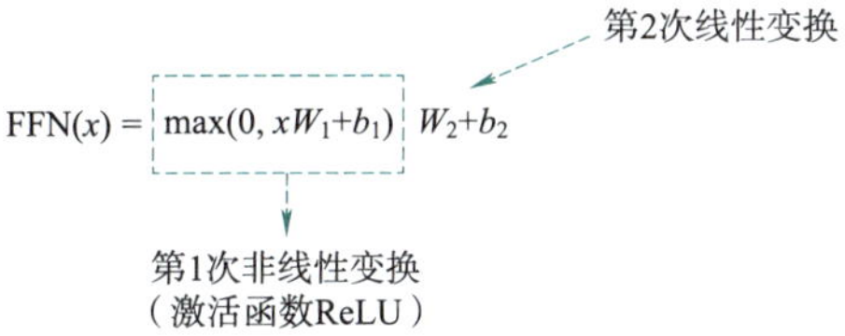

其中，x 为输入，前馈网络子层最终得到的输出矩阵的维度与 $\boldsymbol{X}$ 一致。

（3）残差连接

残差连接能够将误差信号不经过中间权重矩阵变换直接传播到底层，缓解梯度弥散问题。具体做法是将输入 x 与网络层变换 $f(x)$ 直接相加，作为该层的最终输出结果。可以让网络只关注当前差异的部分，如图 6-15 示。

（4）层归一化

层归一化的目的是使得网络中每层输入和输出数据的分布相对稳定，可加速模型学习速度，其做法是将每一层神经元的输入都转成一样的均值方差，这样可以加快收敛，如图 6-16 示。

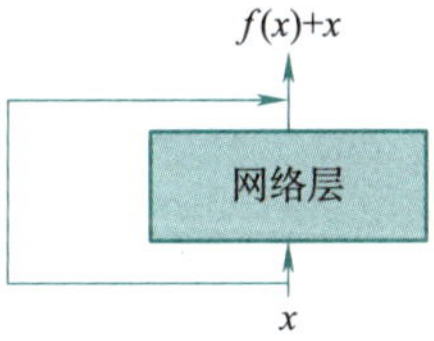

图 6-15　残差连接

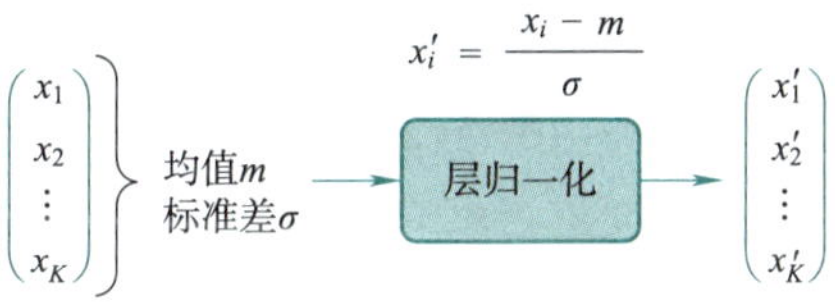

图 6-16　层归一化

2. 编码器块工作过程

①对输入序列进行词嵌入表示并加入位置信息。

②将当前编码器块的输入序列放入多头自注意力子层生成新的向量。具体来说，在计算编码器的自注意力时，查询、键和值都来自前一个编码器块的输出。

③将多头自注意力子层的输出与当前编码器块的输入做残差连接并将结果做层归一化。

④将层归一化后的结果放入全连接前馈网络层中。该层的作用是对自注意力层中输出的所有位置表示进行变换，所以其被称为基于位置的前馈神经网络。

⑤进行残差连接并进行层归一化。

⑥将结果送入下一个编码器块，重复 N 次。

从编码器输入的句子首先会经过一个自注意力子层，这层帮助编码器在对每个单词编码时关注输入句子的其他单词。自注意力子层的输出会传递到前馈神经网络中。每个位置的单词对应的前馈神经网络都完全一样。

编码器块接收输入矩阵 $\boldsymbol{X}(n \times d)$,并输出一个矩阵 $\boldsymbol{O}(n \times d)$。通过多个编码器块叠加就可以组成编码器。

第一个编码器块的输入为句子单词的表示向量矩阵,后续编码器块的输入是前一个编码器块的输出,最后一个编码器块输出的矩阵就是编码信息矩阵 $\boldsymbol{C}$,这一矩阵后续输入到解码器中。

首先将每个输入单词通过词嵌入算法转换为词向量,每个单词都被嵌入为 512 维的向量,词嵌入过程只发生在底层的编码器中。所有编码器都有一个相同的特点,即它们接收一个向量列表,列表中的每个向量大小为 512 维。在底层(最开始)编码器中它就是词向量,但是在其他编码器中,它就是下一层编码器的输出(也是一个向量列表)。向量列表大小是可以设置的超参数,一般是训练集中最长句子的长度。

将输入序列进行词嵌入之后,每个单词都流经编码器中的自注意力和前馈神经网两个子层。Transformer 的一个核心特性,在这里输入序列中每个位置的单词都有自己独特的路径流入编码器。在自注意力子层中,这些路径之间存在依赖关系。自注意力机制是通过某种运算直接计算得到句子在编码过程中每个位置上的注意力权重,然后再以权重和的形式计算得到整个句子的隐含向量表示。该机制的缺陷是:模型在当前位置的信息进行编码时,过度地将注意力集中在自身的位置,提出多头注意力机制来解决这个问题。而前馈层没有这些依赖关系。因此在前馈层可以并行执行各种路径。

例 6-4 机译系统的编码器块的工作过程。

在机译系统中,编码器块的工作过程是从自然语言序列经过计算到隐藏层的过程。一个样本是由原始句子和翻译后的句子组成。例如,原始句子是“我喜欢机器学习”,那么翻译后是“i love machine learning”。该样本就是由“我喜欢机器学习”和“i love machine learning”组成。这个样本的原始句子的单词长度为 4,即“我”“喜欢”“机器”“学习”。经过嵌入后,每个词的嵌入向量是 512。那么“我喜欢机器学习”这个句子嵌入后的维度是[4,512],如果是批量 batch 输入,则嵌入后的维度是 [batch, 4, 512]。假设样本中句子的最大长度是 10,那么对于长度不足 10 的句子,需要补足到 10 个长度,形状就变为[10, 512],补全的位置上的嵌入数值全为 0 。

对于输入序列一般要进行填充补齐,也就是说设定一个统一长度 N,在较短的序列后面填充 0。对于那些补零的数据来说,注意力机制不应该将注意力放在这些位置上,所以需要进行一些处理。具体的做法是让这些位置的值加上一个非常大的负数(负无穷),这样经过 Softmax 后,这些位置的权重就将接近 0。Transformer 的填充屏蔽实际上是一个张量,每个值是一个 Boolean 值为 false 的地方就是要进行处理的地方。

得到补全的句子嵌入后,直接输入编码器,那么没有考虑到句子中的位置顺序关系,此时需要再加一个位置向量,位置向量在模型训练中有特定的方式,可以表示每个词的位置或者不同词之间的距离,其核心思想是在注意力计算时提供有效的距离信息。

6.2.4 解码器块

1. 解码器块结构

Transformer 解码器由 N 个解码器块组成,每块包含如下三个子层:

①掩码多头自注意力子层。

②编码-解码注意力子层。

③前馈网络子层。

每个子层之间采用了残差连接和层归一化方法，如图 6-17 所示。

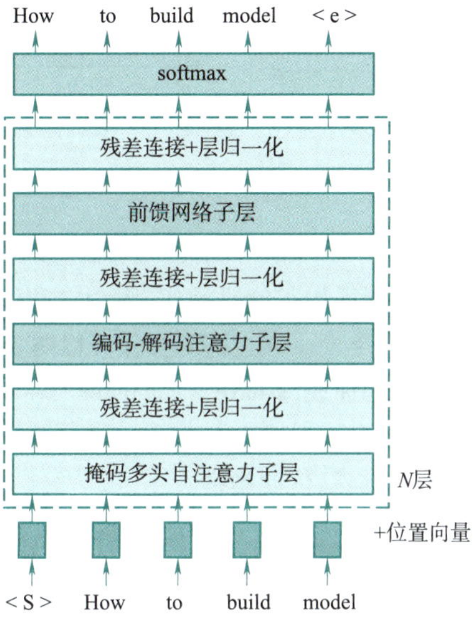

图 6-17　解码器块结构

2. 编码器块与解码器块之间的连接

编码器块与解码器块之间的连接如图 6-18 所示。解码器块的编码-解码注意力子层接收编码器隐含层的输出。

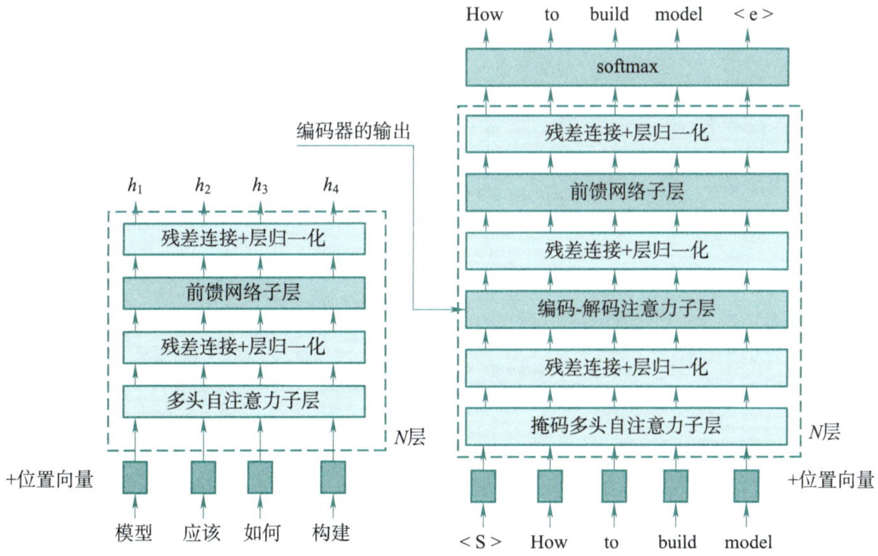

图 6-18　编码器块与解码器块之间连接

3. 掩码多头自注意力子层

对于某一个目标单词，只与之前单词做注意力计算。为了保证模型在训练阶段和测试阶段保持一致，需要将后续的单词掩盖。对于翻译系统，在训练阶段，标准译文是已知的，在测试阶段，模型仅已知由模型自身预测得到之前的单词，如图 6-19 所示。

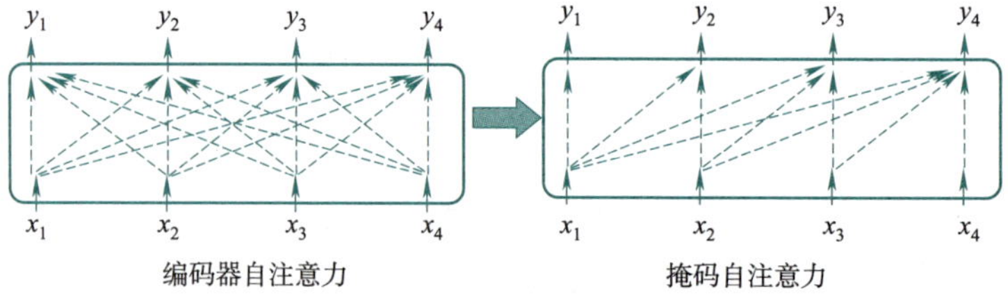

图 6-19　掩码多头自注意力子层

解码器块的掩码多头自注意力子层采用了掩码操作，因为在翻译的过程中是顺序翻译的，即翻译完第 i 个单词，才可以翻译第 $i+1$ 个单词。通过掩码操作可以防止第 i 个单词知道 $i+1$ 个单词之后的信息。例如，“我有一台计算机”翻译成“I have a computer”，在解码时，需要根据之前的翻译结果，求解当前最有可能的翻译结果。首先根据输入“ <Begin> ”预测出第一个单词为“I”，然后根据输入“ <Begin> I”预测下一个单词“have”，依此类推。

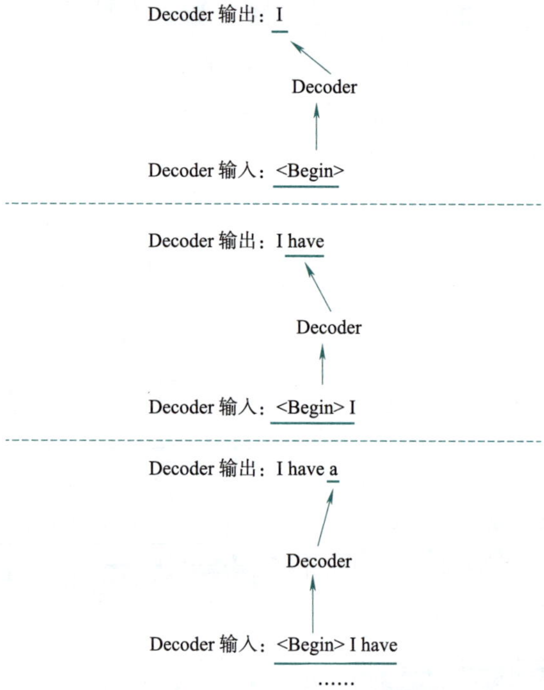

解码器可以将单词序列（ <Begin> I have a computer）和正确的对应输出（I have a computer <end>）传递到解码器。那么在预测第 i 个输出时，就要将第 $i+1$ 之后的单词掩盖，注意：掩码操作是在自注意力的 Softmax 之前使用。下面用 0 1 2 3 4 5 分别表示“ <Begin> I have a computer <end>”，掩码多头自注意力子层工作过程如下：

①解码器的输入矩阵包含“ <Begin> I have a computer”（0，1，2，3，4）五个单词的表示向量，掩码（mask）矩阵是一个 5×5 的矩阵，如图 6-20 所示。在掩码可以发现单词 0 只能使用单词 0 的信息，而单词 1 可以使用单词 0、1 的信息，即只能使用之前的信息。

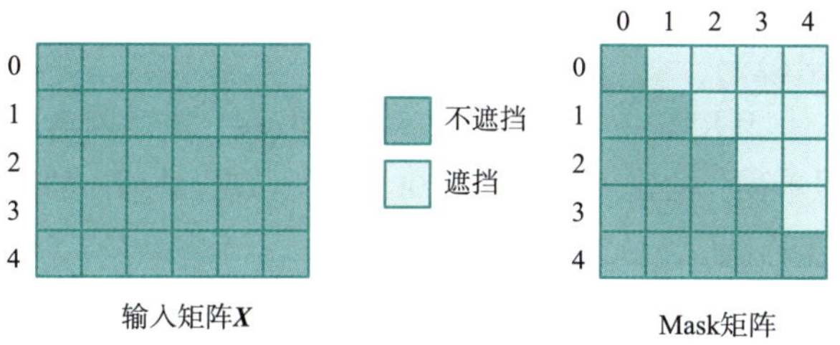

图 6-20 输入矩阵与掩码矩阵

②接下来的操作和之前的自注意力一样，通过输入矩阵 $\boldsymbol{X}$ 计算得到 $\boldsymbol{Q}$、$\boldsymbol{K}$、$\boldsymbol{V}$ 矩阵。然后计算 $\boldsymbol{Q}$ 和 $\boldsymbol{K}^{\mathrm{T}}$ 的乘积 $\boldsymbol{QK}^{\mathrm{T}}$。

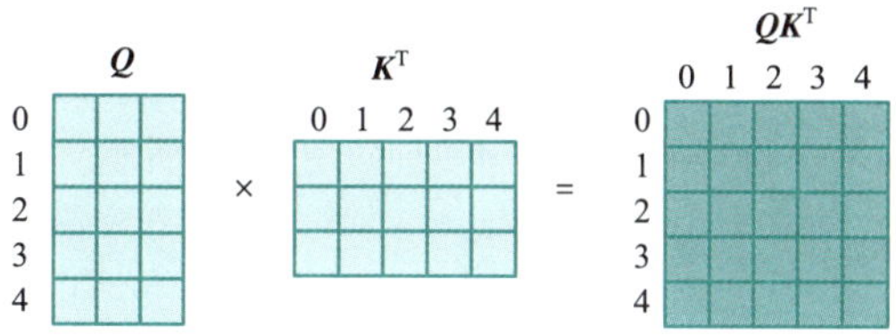

③在得到 $\boldsymbol{QK}^{\mathrm{T}}$ 之后需要进行 Softmax，计算注意力，在 Softmax 之前需要使用掩码矩阵遮挡住每一个单词之后的信息，遮挡操作如下：

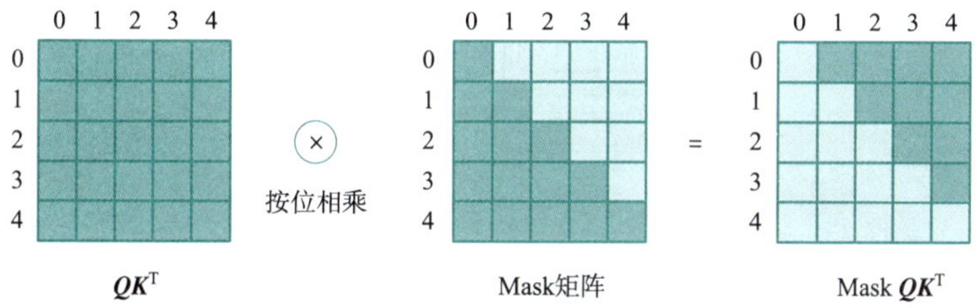

得到掩码 $\boldsymbol{QK}^{\mathrm{T}}$ 之后，在掩码 $\boldsymbol{QK}^{\mathrm{T}}$ 上进行 Softmax，每一行的和都为 1。但是单词 0 在单词 1、2、3、4 上的注意力分数都为 0。

④使用掩码 $\boldsymbol{QK}^{\mathrm{T}}$ 与矩阵 $\boldsymbol{V}$ 相乘，得到输出 $\boldsymbol{Z}$，则单词 1 的输出向量 $\boldsymbol{Z}_1$ 只包含单词 1 信息。

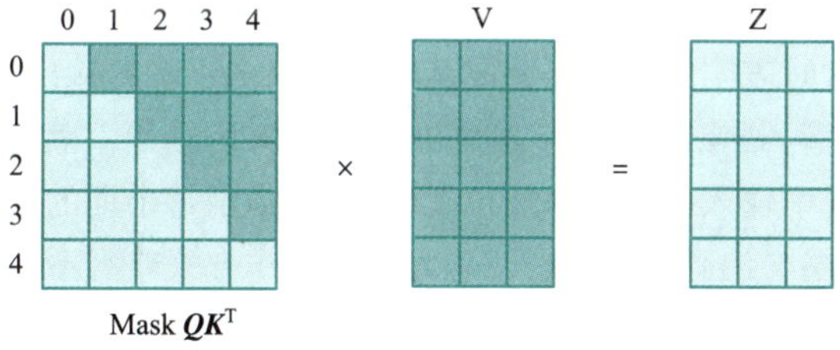

⑤通过上述步骤就可以得到一个掩码自注意力的输出矩阵 $\boldsymbol{Z}_i$，然后和编码器类似，通过多头注意力拼接多个输出 $\boldsymbol{Z}_i$，然后计算得到掩码多头自注意力子层的输出 $\boldsymbol{Z}$，其中 $\boldsymbol{Z}$ 与输入 $\boldsymbol{X}$ 维度相同。

4. 编码-解码注意力子层

解码器块的编码-解码注意力子层与掩码多头自注意力子层区别不大，主要的变化是自注意力的 $\boldsymbol{K}$、$\boldsymbol{V}$ 矩阵不是使用上一个解码器块的输出计算，而是使用编码器的编码信息矩阵 $\boldsymbol{C}$ 来计算。根据编码器的输出 $\boldsymbol{C}$ 计算得到 $\boldsymbol{K}$、$\boldsymbol{V}$，根据上一个解码器块的输出 $\boldsymbol{Z}$ 计算 $\boldsymbol{Q}$（如果是第一个解码器块，则使用输入矩阵 $\boldsymbol{X}$ 进行计算），后续的计算方法与之前描述的一致。这样设计的好处是在解码的时候,每一位单词都可以利用到编码器中所有单词的信息,这些信息无须遮挡。

5. Softmax 预测输出单词

解码器块最后的部分是利用 Softmax 预测下一个单词,在之前的网络层可以得到一个最终的输出 $\boldsymbol{Z}$,因为遮挡存在,使得单词 0 的输出 $\boldsymbol{Z}_0$只包含单词 0 的信息,单词 4 的输出 $\boldsymbol{Z}_4$包含单词 0 、单词 1、单词 2、单词 3、单词 4 的信息,如图 6-21 所示。

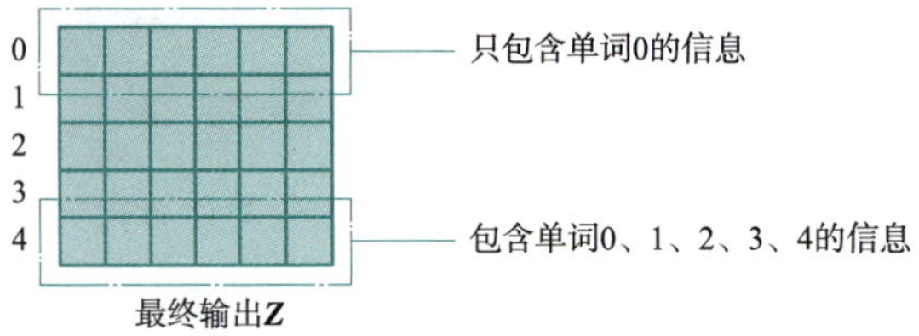

图 6-21　解码器的 Softmax 预测输出 Z

Softmax 根据输出矩阵的每一行预测下一个单词,如图 6-22 所示。

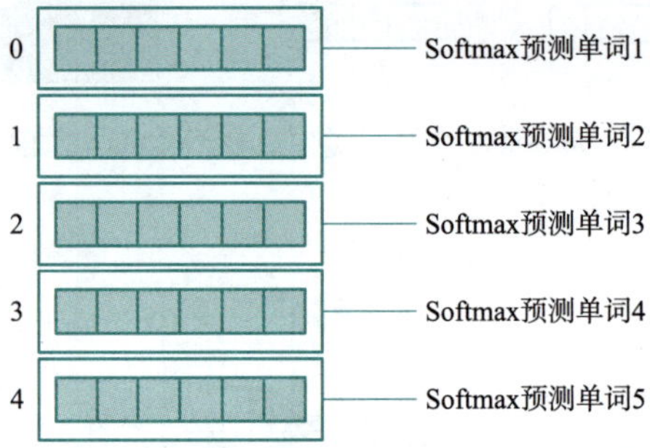

图 6-22　Softmax 预测下一个单词

对于某一个目标单词,将值与源端单词的隐藏层状态做注意力计算。编码-解码注意力子层能够在解码过程中利用源语言信息。具体做法是:注意力计算中查询向量 $\boldsymbol{q}$ 来自目标端单词的隐藏层状态,而键向量 $\boldsymbol{k}$ 和值向量 $\boldsymbol{v}$ 源自源端隐藏层状态。

6. 解码器主要工作

完成编码阶段工作后,进入解码阶段。在译文时,为了翻译成英语句子,不断重复下列过程,直至到达特殊结束符为止,这时表明解码器已完成其输出。每个步骤的输出在下一个时间步骤中被反馈送到底部解码器,并且解码器像编码器那样输出它们的解码结果。就像对编码器输入所做的那样,也需要在这些解码器层中输入嵌入并添加位置编码,以指示每个词的位置。

解码器中的自注意力层与编码器中的自注意力层的操作方式略有不同。在解码器中,自注意力层关注输出序列中较早的位置,这是通过在自注意力计算中的 Softmax 步骤之前屏蔽未来位置完成的。编码器 - 解码器的注意力层就像多头自注意力层一样,除了从它下面层创建其查询矩阵,还从编码器的输出中获取键和值矩阵。

线性层的工作是将解码器输出的浮点数向量转变成一个单词,线性层是一个简单的全连接的神经网络,它将解码器产生的向量投影到一个更大的向量中。其后面是 Softmax 层。

例 6-5　注意力输出序列的解码过程。

模型能够直接建模任意两个词汇之间的语义关系,提升词与词间远程依赖关系的建模能力。模型同时对所有源端单词和目标端单词进行编码和解码,提升了模型并行计算能力。

假设模型从训练数据集中学到了 10 000 个英语单词并存储于模型的输出词汇表中。这将使日志向量有 10 000 个细胞,每个细胞对应于唯一单词的得分,然后输入线性层。Softmax 层将这些分数转换为概率(全部为正,全部加起来为 1.0)。选择具有最高概率的单元,并且将与其相关联的单词作为该时间步的输出。如图 6-23 所示,注意力输出序列的解码过程从底部开始,向量的产生为解码器隐藏层的输出,然后它变成输出字。

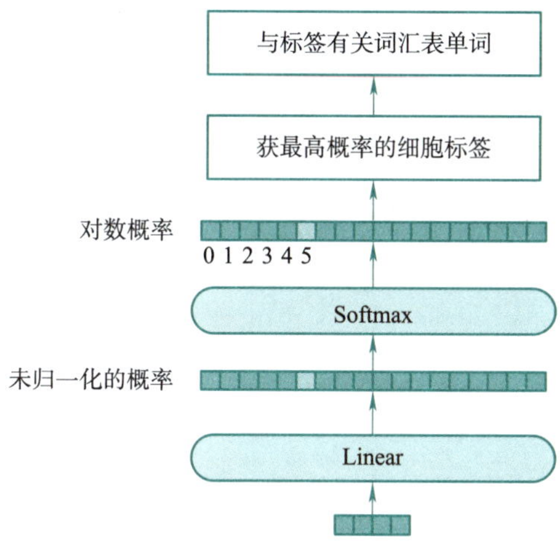

图 6-23 注意力输出序列的解码过程

6.2.5 构建 Transformer 英汉翻译系统过程

1. 数据预处理

将英汉双语语料库进行预处理,包括分词、去除停用词、标记化等操作,将文本转化为模型可以处理的数字序列。

2. 构建词汇表

将英汉双语语料库中的所有单词和标记构建成一个词汇表,并为每个单词或标记分配一个唯一的索引编号。

3. 数据编码

将预处理后的英汉双语语料库进行编码,将每个单词或标记转化为其在词汇表中的索引编号,同时添加特殊标记,如 bos、eos、pad 等,用于表示序列的开始、结束和填充。

4. 准备数据

将编码后的英汉双语语料库进行批量处理,将其转化为模型可以处理的格式,如张量。

5. 模型构建

构建 Transformer 模型,包括编码器和解码器,以及注意力机制和前馈神经网络等组件。在训练过程中,将输入的英文序列编码为向量表示,然后通过解码器生成中文序列。

6. 模型训练

使用准备好的数据集对构建好的 Transformer 模型进行训练。在训练过程中,通过计算损失函数来评估模型的翻译质量,并使用反向传播算法来更新模型的权重,以提高模型的翻译效果。

7. 模型调优

在训练过程中，可以使用一些技巧来提高模型的翻译质量，如使用标签平滑、多层注意力机制、残差连接等。

8. 模型评估

使用一些指标来评估模型的翻译质量，如 BLEU 值、METEOR 值等。

9. 模型应用

将训练好的 Transformer 模型应用于实际的英汉翻译任务中，如机器翻译、文本摘要等。

关于准备数据如下所示：

在构建基于 Transformer 的英汉翻译系统时，数据准备的步骤非常关键，因为它直接影响到模型训练的质量和翻译效果。以下是更详细的数据准备步骤：

1. 获取双语语料库

首先，需要一个高质量的英汉双语语料库。这样的语料库通常包含成对的英文和中文句子，可以是从新闻文章、学术论文或其他平行文本中提取的。

2. 清洗数据

对语料库中的文本进行清洗，包括去除多余的空格、标点符号、HTML 标签等。对于中文，可能需要去除汉字之间的空格，因为中文写作通常不使用空格分隔单词。

3. 分词

对于英文，可以通过空格和标点符号进行分词。对于中文，需要使用分词工具（如 jieba、HanLP 等）将句子分割成词语或字符。

4. 标记化

将清洗和分词后的文本转化为标记（tokens）。每个单词或字符成为一个标记。可能需要将标点符号保留为单独的标记，以便模型学习它们的翻译。

5. 构建词汇表

从所有英文和中文标记中构建一个词汇表。通常，词汇表只包含最常见的一定数量的单词（如 32 000 个），以减少计算复杂度和内存需求。为词汇表中的每个单词分配唯一的整数索引。

6. 编码

使用词汇表将文本数据转化为整数序列。每个单词或字符根据词汇表被替换为对应的整数索引。为了让模型能够处理不同长度的句子，可能需要对整数序列进行填充（padding）或截断（truncation）到固定的长度。

7. 添加特殊标记

添加特殊标记，如 <PAD>（填充）、<SOS>（序列开始）、<EOS>（序列结束）和 <UNK>（未知单词），以帮助模型理解和处理序列。

8. 批处理

将编码后的数据分割成批次（batches），以便进行批量训练。每个批次包含多个句子对，以及它们的编码序列。

9. 打乱数据

在训练之前，打乱数据的顺序，以提高模型的泛化能力。

10. 数据增强（可选）

为了提高模型的健壮性，可以实施一些数据增强技术，如回译（back-translation）、词语替换等。

完成上述步骤后，数据就准备好了，可以用于训练 Transformer 模型。正确的数据准备是确保模型能够学习有效翻译的关键步骤。

6.3 Transformer 工作过程与训练

6.3.1 Transformer 工作过程

由图6-24 可知,Transformer 编码器和解码器都分别包含6 个块。编码器负责把自然语言序列映射于隐藏层,然后解码器将隐藏层内容再映射为自然语言序列。下面以将“我有一台计算机”翻译成英文为例,说明 Transformer 的工作过程。

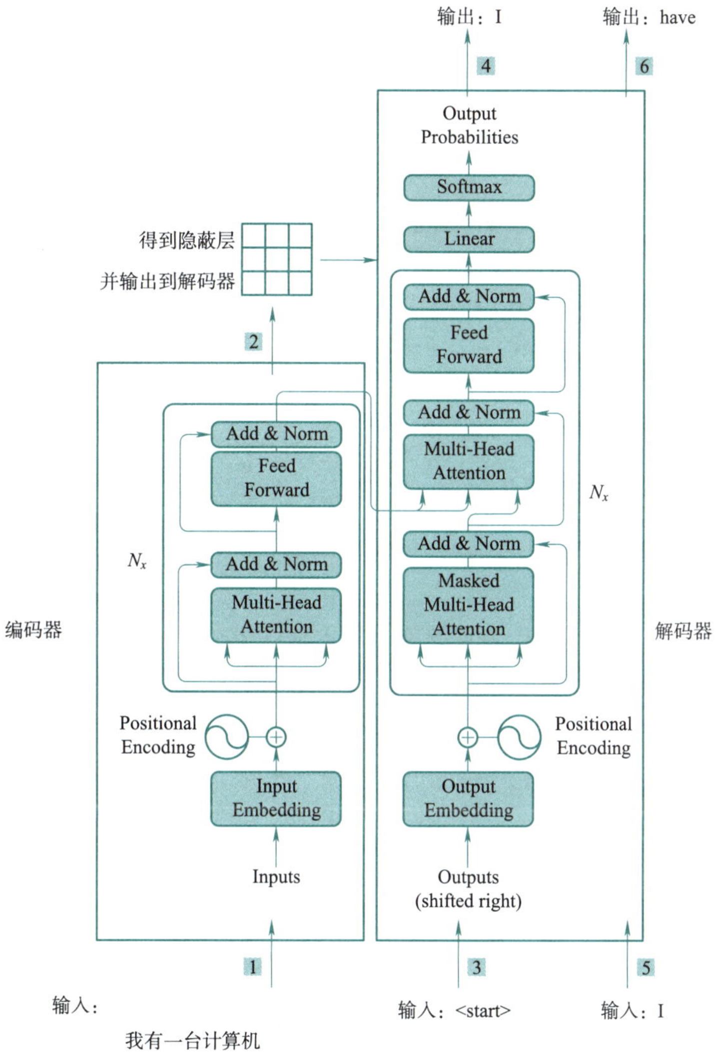

图 6-24 Transformer 模型工作过程

1获取输入句子的每一个单词的表示向量 $\boldsymbol{X}$,$\boldsymbol{X}$ 由单词嵌入和单词位置嵌入相加得到,Transformer 的输入表示如图 6-25 所示。Transformer 中单词的输入表示 $\boldsymbol{x}$ 由单词嵌入和位置嵌入(位置编码)相加得到。“我有一台计算机”的 Transformer 表示如图 6-25 所示。

2得到的单词表示向量矩阵如图 6-26 所示,每一行是一个单词的表示,将 $\boldsymbol{X}$ 传入编码器中,经

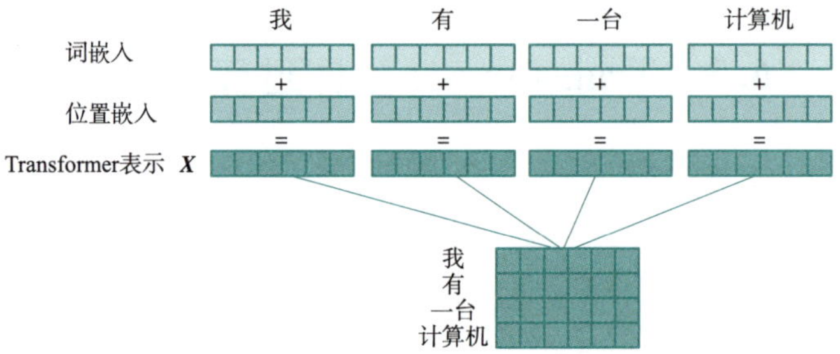

图 6-25　输入的嵌入

过 6 个编码器块后可以得到句子所有单词的编码矩阵 **C**。单词向量矩阵用 $\boldsymbol{X}_{(n\times d)}$ 表示，n 是句子中单词个数，d 是表示向量的维度（如维度 $d = 512$）。每个编码器块输出的矩阵维度与输入完全一致。

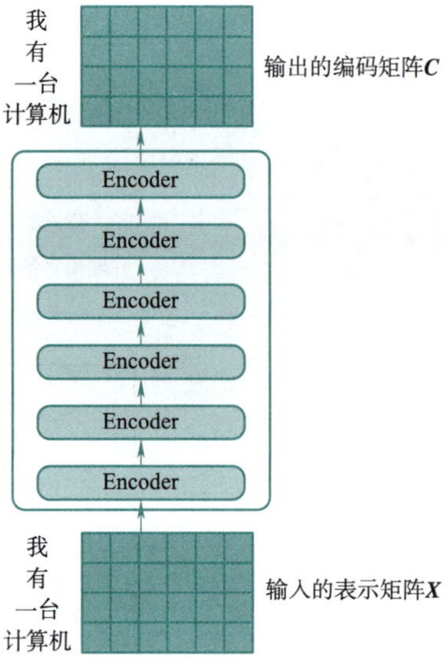

图 6-26　编码句子信息

3 启动解码器，将编码器输出的编码信息矩阵 **C** 传递到解码器中。解码器接收了编码器的编码矩阵 **C**，然后首先输入一个翻译开始符 <Begin>，预测第 1 个单词“i”；然后输入翻译开始符 <Begin> 和单词“i”，预测第 2 个单词“have”，依此类推。

4 输入一个翻译开始符 <Begin>，预测第 1 个单词“I”。

5 将第一个字落下来再输入到解码器，得到第二个字“have”。

6 重复此过程，直到解码器输出终止符，I have a computer <end> 序列生成完成。

如图 6-27 所示。在使用过程中，翻译到单词 $i+1$ 时需要通过掩盖（mask）操作遮盖住 $i+1$ 之后的单词。

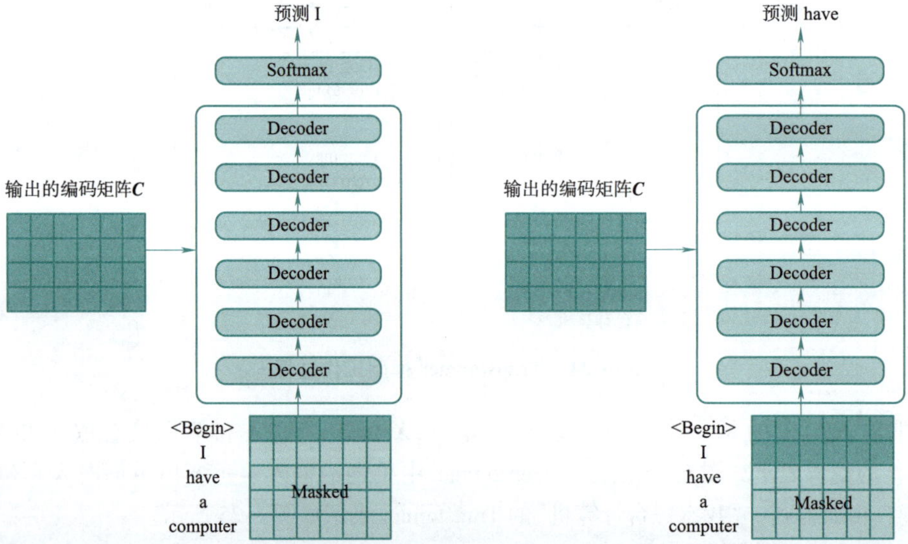

图 6-27　Transformer 解码器预测

例 6-6 由三层编码器-解码器单元堆叠而成的 Transformer 模型。

编码器部分：

(1)第一层编码器单元

①输入处理。

- 输入序列通过词嵌入层转换为向量表示。
- 位置编码被添加到词嵌入向量中，以保留序列中单词的位置信息。

②多头自注意力机制。通过多头自注意力机制，模型能够在不同子空间中同时关注输入序列的不同部分。

③前馈网络。自注意力层的输出被传递到前馈网络，该网络对每个位置的数据进行相同的非线性变换。

④残差连接与层归一化。

- 残差连接帮助缓解深层网络训练中的梯度消失问题。
- 层归一化确保了网络中层与层之间的数据分布稳定。

(2)第二层编码器单元

第二层编码器单元的结构与第一层相同，但输入是第一层的输出，这样模型可以学习更抽象的表示。

(3)第三层编码器单元

同样，第三层编码器单元重复上述过程，进一步提炼输入序列的高级特征。

解码器部分：

(1)第一层解码器单元

①自注意力层。解码器首先通过自注意力层处理目标序列的输入。

②编码器-解码器注意力层。这一层允许解码器关注编码器的输出，即源序列的信息。

③前馈网络与残差连接：解码器的每个单元也包括前馈网络和残差连接，以及层归一化。

(2)第二层解码器单元

第二层解码器单元的结构与第一层相似，但它接收第一层的输出作为输入。

(3)第三层解码器单元

第三层解码器单元同样遵循相同的结构，最终输出用于预测下一个目标序列的单词。

(4)输出层

解码器的最后一层输出经过线性变换和 Softmax 激活函数，生成概率分布，用于预测下一个单词。

通过这种多层编码器-解码器单元的堆叠，Transformer 模型能够有效地处理序列到序列的任务，如机器翻译和文本摘要。每一层都为模型提供了不同的视角和信息处理层次，使得模型在理解和生成文本方面表现出色。

关于例 6-6 的进一步解释：

(1)第二层编码器输出与第一层编码器输出有何不同？

在 Transformer 模型中，每一层编码器都会对输入序列进行加工处理，每一层的输出都会有所不同。第二层编码器的输出是第一层输出的进一步抽象和提炼，包含了更复杂的语义和上下文信息，能够为后续层或任务提供更丰富和深入的数据表示。以下是第二层编码器输出与第一层编码器输出的不同之处。

①多头自注意力机制的累积效果。

• 第一层编码器主要利用多头自注意力机制捕获输入序列中的长距离依赖关系。

• 第二层编码器在第一层的基础上进一步加工,能够捕获更复杂的依赖关系。这是因为多头注意力机制在每一层都可以捕获不同子空间的信息,经过多层叠加后,模型能够学习到更丰富的表示。

②位置编码的结合。位置编码在第一层和第二层都会被添加到输入中,但是在第二层,位置信息与经过第一层处理后的特征结合,将产生更精确的位置感知表示。

③前馈神经网络的影响。

• 每一层编码器之后都会跟随一个前馈神经网络,这个网络对自注意力层的输出进行进一步的非线性变换。

• 第二层编码器的输入是第一层编码器前馈神经网络的输出,因此第二层的输出将包含第一层前馈网络的学习结果。

④残差连接和层归一化的作用。

• 每一层编码器内部都有残差连接和层归一化操作,这有助于缓解深层网络训练中的梯度消失问题。

• 第二层的输出是第一层输出经过残差连接和归一化后的结果,因此第二层的输出会更加稳定和规范化。

⑤更深层次的特征抽象。第二层编码器能够基于第一层的输出进行更深层次的特征抽象。例如,第一层可能更多地关注词义层面的信息,而第二层可能会在此基础上进一步识别短语或句法结构。

⑥上下文信息的丰富性。第二层编码器在处理输入时,已经考虑了第一层的上下文信息,因此其输出将包含更全面的上下文信息。

(2)第二层解码器输出与第一层解码器输出有何不同?

在 Transformer 模型中,解码器部分也由多层组成,每层解码器都会对输入序列进行加工处理,每一层的输出都会有所不同。第二层解码器的输出是第一层输出的进一步加工,包含了更丰富的语义信息、更精准的对齐信息以及更深入的上下文理解。每一层解码器都在逐步构建一个更全面和准确的输出表示,以便于生成高质量的翻译文本或执行其他序列生成任务。以下是第二层解码器输出与第一层解码器输出可能的不同之处。

①自注意力机制的累积效果。第一层解码器首先通过自注意力机制处理目标序列,捕获序列内的依赖关系。第二层解码器在第一层的基础上进一步加工,可以学习到更复杂的序列内部依赖关系。

②编码器-解码器注意力。第一层解码器在自注意力之后,会使用编码器-解码器注意力机制来关注源序列(即编码器的输出)。第二层解码器在处理时,会基于第一层解码器的输出和编码器-解码器的注意力结果,这可能会产生更精准的对齐信息。

③位置编码的结合。位置编码在第一层和第二层解码器中都会被添加到输入中。在第二层,位置信息与第一层解码器的输出结合,可能会产生更精细的位置感知表示。

④前馈神经网络的影响。每一层解码器之后都会有一个前馈神经网络,对注意力层的输出进行进一步的非线性变换。第二层解码器的输入是第一层解码器前馈神经网络的输出,因此第二层的输出将包含第一层前馈网络的学习结果。

⑤残差连接和层归一化的作用。解码器中的每一层都有残差连接和层归一化,这有助于训练深层网络。第二层的输出是第一层输出经过残差连接和归一化后的结果,因此第二层的输出会更加

稳定。

⑥更深层次的特征抽象。第二层解码器能够基于第一层的输出进行更深层次的特征抽象,识别更复杂的语言结构或语义信息。

⑦上下文信息的丰富性。第二层解码器在处理输入时,已经考虑了第一层的上下文信息以及与编码器的交互信息,因此其输出将包含更全面的上下文信息。

⑧掩码(masking)的影响。在解码器中,为了防止模型在预测某个位置时看到未来的信息,通常会使用掩码机制。第二层解码器在处理时,依然需要考虑这种掩码,但它的输入已经是经过一层掩码处理后的输出,这会影响其输出的性质。

6.3.2 Transformer模型训练

Transformer训练的内容主要有:自注意力层 $\boldsymbol{Q}$(query)、$\boldsymbol{K}$(key)、$\boldsymbol{V}$(value)权重矩阵、前馈神经网络权重矩阵、位置编码、层归一化层的参数、词嵌入权重矩阵等。

在训练过程中,这些权值通过反向传播和优化算法不断更新,以获得最小化损失函数。关键步骤如下:

①所有权重矩阵随机初始化,偏置项通常初始化为零。

②前向传播:输入数据经过嵌入层、自注意力层、前馈神经网络等模块,生成输出。计算损失函数(如交叉熵损失)。

③进行反向传播:根据损失函数的梯度,计算各权重矩阵的梯度。使用优化器更新权重矩阵。

④迭代优化:重复前向传播和反向传播过程,直到模型收敛或达到预设的训练轮数。

例如,从编码器存储区输出向量开始,解码器将其转化出输出单词阶段。一个未经训练的模型用有标记的训练集来训练它,所以可以用它的输出与期望的输出比较,然后修改响应的权重。

使用bos(begin of sequence)表示序列开始。eos(end of sequence)表示序列结束。

为了简单说明,假设输出词汇仅包含六个单词:“a”“am”“i”“thanks”“student”“<eos>”。

词	a	am	I	thanks	student	<eos>
标签	0	1	2	3	4	5

模型的输出词汇表在训练之前的预处理流程中就已设定。一旦定义了输出词汇表,就可以使用一个相同宽度的向量表示词汇表中的每一个单词。如果采用one-hot编码,可以用下面这个向量表示单词“am”。

0.0	1.0	0.0	0.0	0.0	0.0

可以用下面这个向量表示单词“student”。

0.0	0.0	0.0	0.0	1.0	0.0

接下来讨论模型的损失函数,这是用来在训练过程中优化的标准。通过它可以训练得到一个结果尽量准确的模型。例如,训练模型将“谢谢”翻译为“thanks”。这表明需要一个表示单词“thanks”概率分布的输出。但是因为这个模型还没被完成训练,所以不可能是上述输出结果。

未经训练模型的输出为:

0.2	0.2	0.1	0.2	0.2	0.1

期望输出为：

0.0	0.0	0.0	1.0	0.0	0.0
A	am	I	thanks	student	<eos>

因为未经训练模型的参数(权重)是随机生成的，产生的概率分布在每个单元格/单词中都赋予了随机数值。但是，可以使用真实的输出来比较它，然后用反向传播算法调整所有模型的权重，生成更接近结果的输出。

如果输入“我是一个学生”期望输出是“I am a student”。那就希望模型能够成功地输出概率分布，完成中文翻译英文。

本例中是6个词，但现实情况通常是3 000或10 000为宽度的向量。

第1个概率分布在与“I”关联的单元格有最高的概率。

第2个概率分布在与“am”关联的单元格有最高的概率。

依此类推，第5个输出的分布表示“<eos>”关联的单元格有最高的概率。

模型的目标输出如下：

输出词表：

位置	a	am	I	thanks	student	< eos >
1	0.0	0.0	**1.0**	0.0	0.0	0.0
2	0.0	**1.0**	0.0	0.0	0.0	0.0
3	**1.0**	0.0	0.0	0.0	0.0	0.0
4	0.0	0.0	0.0	0.0	**1.0**	0.0
5	0.0	0.0	0.0	0.0	0.0	**1.0**

模型的目标输出如下：I am a student <eos>

依据例子训练模型得到的目标概率分布，在一个足够大的数据集上充分训练后，希望模型输出的概率分布如下：

输出词表：

位置	a	am	I	thanks	student	< eos >
1	0.01	0.02	**0.93**	0.01	0.03	0.01
2	0.01	**0.8**	0.1	0.05	0.01	0.03
3	**0.99**	0.001	0.003	0.003	0.002	0.001
4	0.01	0.02	0.01	0.01	**0.94**	0.01
5	0.003	0.002	0.01	0.002	0.003	**0.98**

模型的目标输出如下：I am a student < eos >

期望训练过后，模型将输出正确的翻译。当然如果这段话完全来自训练集，它并不是一个很好的评估指标。即使每个位置(词)都得到了概率，它不太可能成为那个时间步的输出，但Softmax可以帮助模型训练。因为这个模型一次只产生一个输出，假设这个模型只选择概率最高的单词，并将剩下的词去除。

1. 解码器训练

以将“我/喜欢/机器/学习”翻译成“i/ love /machine/ learning”为例说明解码器训练过程。

① 将“我/喜欢/机器/学习”嵌入后输入到编码器中，最后一层的编码器最终输出的 outputs [10, 512]，表明采用的嵌入长度为 512，批量大小 = 10，outputs [10, 512]乘以新的参数矩阵，可以作为解码器中每一层用到的 ***K*** 和 ***V***。

②将 <bos> 作为解码器的初始输入，将解码器的最大概率输出词 A_1 和 i 做交叉熵计算误差。

③将 <bos>、i 作为解码器的输入，将解码器的最大概率输出词 A_2 和“love”做交叉熵计算误差。

④将 <bos>、i、love 作为解码器的输入，将解码器的最大概率输出词 A_3 和 machine 做交叉熵计算误差。

⑤将 <bos>、i、love、machine 作为解码器的输入，将解码器最大概率输出词 A_4 和 learning 做交叉熵计算误差。

⑥将 <bos>、i、love、machine、learning 作为解码器的输入，将解码器最大概率输出词 A_5 和终止符做交叉熵计算误差。

2. 解码器测试

将训练完的模型进行测试，例如，用“机器学习”当作测试样本，得到其中文翻译“machine learning”。经过编码器后得到输出张量，送入到解码器(并不是当作解码器的输入)：

①用起始符 <bos> 当作解码器的输入，得到输出“machine”。

②用“<bos> + machine”当作输入得到输出“learning”。

③用“<bos> + machine + learning”当作输入得到 <eos>。

就得到了完整的翻译“machine learning <eos>”。

可以看到，在测试过程中，只能一个单词一个单词地进行输出，是串行进行的。

3. 模型预测单词的位置

通过训练，模型将输出期望的正确翻译。因为模型一次生成一个输出，可以从该概率分布中选择具有最高概率的单词并丢弃其余的单词，进而预测单词的位置。

6.3.3　Transformer 并行训练与测试

训练与预测最大的不同是解码器的输入。

①预测时，解码器的输入除了第一个字符，其余字符都来自解码器的前一个预测字符。

②训练时，解码器的所有输入都是真实的数据集输入，此时解码器的输出仅仅用来计算交叉熵进行模型优化。这是有监督学习。

Transformer 编码器无论是训练还是测试，都可并行工作。但 Transformer 解码器在训练时可为并行，测试时为串行。

1. 编码器

编码器的并行可以理解，对于一个 BFE 数据块(B 为一个批次的样本数、F 为一个样本中的字符数、E 为每个字符的嵌入长度)，其经过一层编码器后，数据块的形状仍为 BFE。而在一个编码器中，尽管计算非常复杂，但是通过矩阵运算，每条样本的计算都是同时发生的，每条样本内的字符之间的自注意力分数计算也是同时发生的。经过一层编码器的运算时间，取决于最小粒度的计算的耗时时间，这就可称为并行。

2. 解码器

解码器的输入有两个，一个是编码器的输出，一个是带标签的矩阵。例如，机器翻译任务中译英。“我爱编程”译为“I love programming”。那么“我爱编程”就是编码器的输入，解码器的输入就是编码器的输出与“l love programming”。

简单地说，将训练过程中的解码器可以看作一个 N 分类任务。在上文的例子中，即同时预测出 l、love、programming 三个词。应该先预测出 l，结合 l 再预测出 love，最后结合 l love 预测出 programming。其实训练过程是按照上述逻辑。只不过通过示教与遮挡将该逻辑并行化实现了。

假设输入矩阵是(3,4)大小。然后初始化 $\boldsymbol{Q}$、$\boldsymbol{K}$、$\boldsymbol{V}$。

$\boldsymbol{Q}$ 与 $\boldsymbol{K}$ 的转置相乘，得到每个字符两两相关矩阵 $\boldsymbol{A}$，如图 6-28 所示。

在乘以 $\boldsymbol{V}$ 之前，矩阵 $\boldsymbol{A}$ 需要做遮挡处理。按理说，预测 I 的时候，是不可以看到 love、programming 的信息，预测 love 的时候，也不可以看到 programming 的信息。因此该矩阵的上半部分要加上一个极小负值，因为在后续做 Softmax 的时候，极小负值就会变为 0。于是遮挡之后的矩阵，变为矩阵 $\boldsymbol{B}$ 形式，如图 6-29 所示。然后该遮挡过后的矩阵与 $\boldsymbol{V}$ 相乘

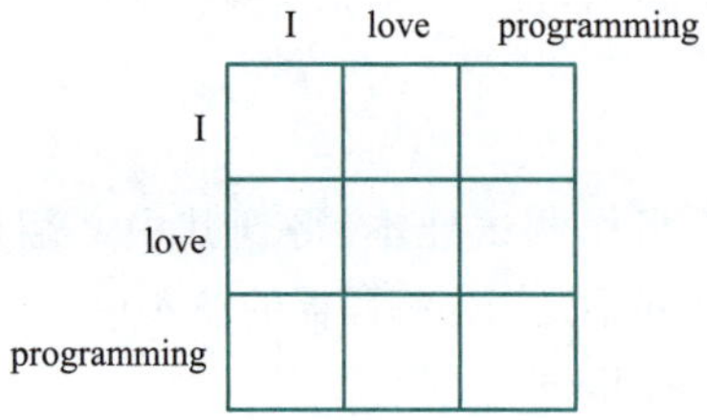

图 6-28　相关矩阵 $\boldsymbol{A}$

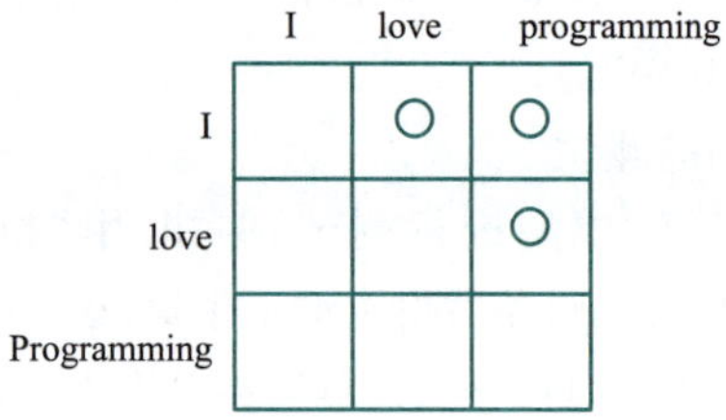

图 6-29　相关矩阵 $\boldsymbol{B}$

I 那一行只考虑了 $\boldsymbol{A}$ 矩阵中 I 那一行的信息，love 那一行综合考虑 $\boldsymbol{A}$ 矩阵中 I 与 love 两行的信息，依此类推。上面这种做法等同于先预测出 l，结合 l 再预测出 love，最后结合 l love 预测出 programming。只不过因为训练阶段标签是知道的，所以预测的字符提前告知。

矩阵 $\boldsymbol{B}$ 的 $\boldsymbol{Q}$ 与编码器传过来的矩阵作为 $\boldsymbol{K}$、$\boldsymbol{V}$，再经过一层自注意力层，最终得到了一个(3,4)的矩阵。然后经过 Softmax 等一系列计算，完成三分类任务，每次分类的类别数就是翻译后语言的词表大小。这样做：

①以并行预测。

②前面的多分类任务并不会融合序列后面字符的信息。

③后面的字符可以融合前面字符的信息，并且可以保证前面的字符信息一定是对的。

测试阶段就比较好理解，由于必须预测出当前字符，才可以利用当前字符再去预测后面的字符，自然也就不需要遮挡了。

例 6-7　Transform 模型的解码器训练。训练过程是按单个单词串行进行的，也可以并行进行训练，单个句子训练时，输入到解码器的分别是：

```
<bos>
<bos>,"i"
<bos>,"i","love"
<bos>,"i","love ","machine"
<bos>,"i","love ","machine","learning"
```

这就是需要将矩阵输入到解码器，同时可以得到 5 个输出概率分布，这样就可以进行并行训练。这个矩阵类似于批处理，矩阵的每行是一个样本，只是每行的样本长度不一样，每行输入后，最终得到一个输出概率分布，如果作为矩阵输入，同时可以得到 5 个输出概率分布。

小　　结

Transformer 模型是一种序列到序列转换的模型，主要是使用了基于自注意力的机制和处理方式。Transformer 模型主要应用自注意力机制提取内在特征，其应用席卷自然语言处理(NPL)领域。目前许多最有效的自然语言处理方法都是基于这种架构而构建，Transformer 模型是大模型的引擎(参考第 12 章 GPT 大模型)。本章主要内容包括 Transformer 模型原理、模型结构、模型工作过程及其应用。通过这些内容学习可以了解、掌握当下在 NPL 领域应用最广、最先进的 Transformer 模型，为以后进一步应用建立基础。

思考与练习

1. 简述自注意力机制与注意力机制的区别。
2. 多头注意力机制的作用是什么?
3. 什么是位置向量? 什么是位置张量?
4. 画出 Transformer 架构。
5. 什么是自监督学习?
6. 简述 Transformer 工作过程。
7. 在 Transformer 中，掩码有哪些作用?

第7章 生成对抗网络

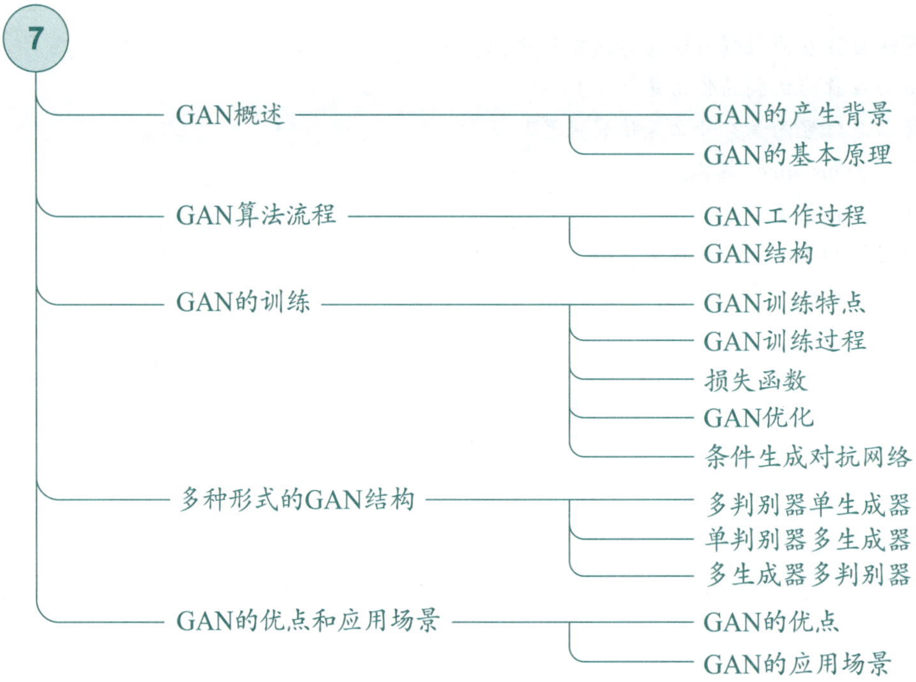

对真实世界建模不仅需要大量的先验知识,而且建模方法的优劣决定了生成模型的性能。真实世界的数据非常复杂,仅利用简单的函数很难对一些随机数据完成准确的转换,也就是说,复杂模型的获得需要庞大的复杂数据。针对上述问题,生成对抗网络(generative adversarial networks,GAN)模型是一种新的建模方法,GAN 能够自动学习数据的分布规律来构建模型,并可以构造出类似真实世界的图像和文本。

7.1 GAN 概述

GAN 是一个新型的生成模型,由 Ian Goodfellow 于 2014 年提出,随后 GAN 的研究与应用发展迅速。

7.1.1　GAN 的产生背景

1. 人工智能发展的新热潮

随着计算能力的提高和大数据量的出现，人工智能取得了快速发展，深度学习已成为人工智能的主流技术之一。

人工智能分为运算智能、感知智能和认知智能三个层次。

(1)运算智能

运算智能是指快速存储和计算智能的能力，当下计算机的优势是具有高速度的运算能力和容量巨大的存储能力。1996 年 IBM 的深蓝计算机战胜了当时的国际象棋冠军卡斯帕罗夫，表明机器在这样的强运算型的比赛方面战胜了人类。

(2)感知智能

感知智能是指视觉、听觉、触觉等感知能力，人和动物都具备感知智能，能够通过各种智能感知能力与自然界进行交互。自动驾驶汽车就是通过激光雷达等感知设备和人工智能算法，实现这样的感知智能。机器在感知世界方面比人类还有优势，人类都是被动感知的，但是机器可以主动感知，如激光雷达、微波雷达和红外雷达等。不管是感知机器人，还是自动驾驶汽车，因为充分利用了深度神经网络，机器在感知智能方面已越来越接近于人类。

(3)认知智能

认知智能是指能理解会思考，人类有语言，才可以建立概念，进行推理，所以概念、意识、观念等都是人类认知智能的表现。在认知层次，机器能够对世界的本质有一定的理解，理解无论对人类还是人工智能都是内在的表现，但无法直接测量，只能间接地从其他方面推测。而 GAN 作为典型的生成模型，其生成器具有生成数据样本的能力，这种能力在一定程度上反映了对事物的理解。

2. 生成模型的积累

在 GAN 被提出之前，深度学习在计算机视觉领域最令人瞩目的成果基本上都是判别模型，如图像分类，目标识别等。深度生成模型的影响力很小，主要原因是对深度神经网络（如 CNN）使用最大似然估计时，遇到了困难的概率计算问题（高维计算、复杂度），但是，利用生成对抗网络可以巧妙地绕过困难的概率计算问题。

生成模型不仅在人工智能领域占有重要地位，生成方法本身也具有很大的研究价值。GAN 提出之前，生成模型已经有了一定研究积累基础，但是，目标函数难以求解、计算复杂度较高、效率较低等是模型训练和生成数据过程中的困难问题。

3. 神经网络的深层化

随着深度学习技术在各个领域取得巨大成功，神经网络研究再度崛起。神经网络作为深度学习的典型模型结构，得益于计算能力的提升和数据量的增大，一定程度上解决了自身参数多、训练难的问题，现已广泛应用于解决各类问题中，而 GAN 中的生成器和判别器均采用神经网络来实现。

7.1.2　GAN 的基本原理

GAN 是使用对抗过程来获得生成模型的新框架。GAN 受博弈论中的零和博弈启发，将生成问题视为判别器和生成器的博弈。生成器从给定噪声中（一般是指均匀分布或者正态分布）产生合成数据，判别器分辨出生成器输出数据和真实数据。前者试图产生更接近真实的数据，相应地，后者试图更完美地分辨出真实数据。由此，生成器与判别器在对抗中进步，在进步后继续对抗，由生成器产生的输出数据也就越来越完美地逼近真实数据，从而可以生成需要得到的数据（如图片、序列、视频等）。

例如,对于图片对抗生成,主要由两部分组成,一个是生成器 G,另一个是判别器 D。生成器 G 的作用是尽量去拟合真实数据分布,生成以假乱真的图片。其输入参数是一个随机噪声 z,$G(z)$ 代表其生成的一个样本(冒充数据)。判别器 D 的作用是判断一张图片是否是真实的图片,即能判断出一张图片是真实数据,还是生成器 G 生成的样本(冒充数据)。在比拼竞争的过程中,双方都不断地提升自己的方法,最终导致假图片与真品无法区分,这时就表明已得到了一个效果较好的生成结果。

生成对抗网络的运行步骤是:生成器输入一系列随机数字并返回一张图像,将生成的图像和真实数据集中的图像流一起送入判别器,判别器接收真实图像和假图像,并返回概率值,范围是 0 ~ 1 之间的数字,其中 1 表示真实性的预测,0 表示假的预测。因此,得到一个双反馈回路:判别器在包含图像真相的反馈回路中,发生器在判别器的反馈回路中。

例如,输入参数是 x,x 代表一张图片,$D(x)$ 代表 x 是真实图片的概率。具体过程如下:

①对于从训练数据中取样出的真实图片样本 x,判别器 D 希望 $D(x)$ 的输出值接近 1,也就是判定训练数据为真实图片。

②给定一个随机噪声 z,判别器 D 希望 $D(G(z))$ 的输出值接近 0,认定生成器 G 生成的图片为假;而生成器 G 希望 $D(G(z))$ 的输出值接近 1,即 G 希望能够欺骗 D,让 D 将生成器 G 生成的样本误判为真实图片。这样 G 和 D 就构成了博弈的状态。

③在博弈的过程中,生成器 G 和判别器 D 都不断地提升自己的能力,最后达到一个平衡的状态。G 可以生成能够以假乱真的图片 $G(z)$。对于 D 来说,它难以判定 G 生成的图片究竟是否真实。当 $D(G(z))=0.5$ 时,该目的就实现了,得到一个生成的模型 G,它是生成图片。上述过程如图 7-1 所示。

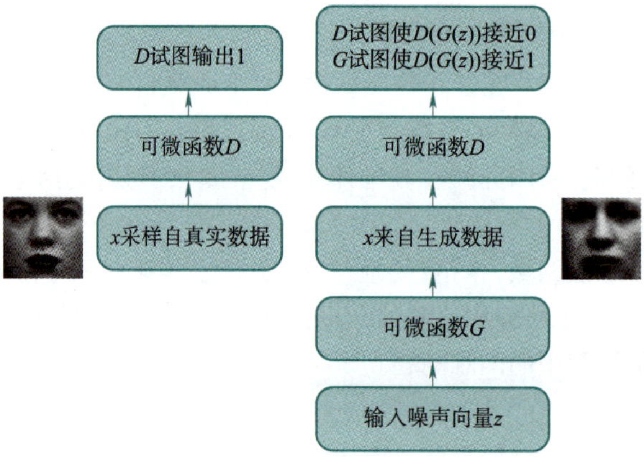

图 7-1 GAN 博弈的过程

7.2 GAN 算法流程

GAN 是一种深度学习模型,模型的生成器和判别器两部分互相博弈学习而产生输出。在原始 GAN 理论中,并不要求生成器 G 和判别器 D 都是神经网络,只需要是生成器和判别器。但是,现在已经使用深度神网络 G 和 D。

7.2.1　GAN 工作过程

GAN 是一种无监督学习的深度神经网络学习模型，结构如图 7-2 所示。基本的 GAN 主要包含了生成器和判别器两个互相独立的神经网络。生成器的任务随机采样噪声 z，通过生成器 G 生成数据 $G(z)$。判别器 D 负责辨别数据的真伪，真实数据 x 和生成数据 $G(z)$ 作为判别器的输入，判别器输出是 $G(z)$ 为真的概率。在训练过程中，生成器努力地欺骗判别器，而判别器努力地学习如何正确区分真假样本，判断一个样本是否是真实的样本，这样，两者就形成了对抗关系，最终的目标是生成器生成能够以假乱真的伪样本。

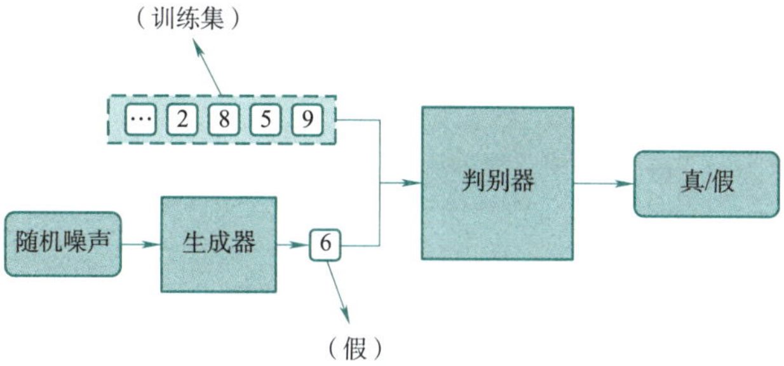

图 7-2　生成对抗网络

基本生成对抗网络的实现方法是生成器 G 与判别器 D 的博弈，在训练过程中通过相互竞争使 D 和 G 同时得到增强。由于 D 的存在，使得 G 在没有大量先验知识以及先验分布的前提下也能很好地去学习逼近真实数据，并最终使模型生成的数据达到以假乱真的效果，也就是 D 无法区分 G 生成的样本与真实样本，从而 G 和 D 达到某种纳什平衡。纳什平衡又称非合作博弈均衡，是博弈论的一个重要术语。

在一个博弈过程中，无论对方的策略选择如何，当事人一方选择某个确定的策略，则该策略被称为支配性策略。如果两个博弈的当事人的策略组合分别构成各自的支配性策略，那么这个组合就被定义为纳什平衡。

1. 构建 GAN 的主要工作

构建 GAN 时需要考虑的工作如下：

①定义一个生成器，输入一组随机噪声向量，最好符合常见的分布，一般的数据分布都呈现常规分布规律，例如输出为一个图片。

②定义一个判别器，用它来判断图片是否为训练集中的图片，是为真，否为假。

③生成器和判别器可以是卷积神经网络、循环神经网络或者全连接前馈神经网络等。

2. 零和博弈

零和博弈源于博弈论，是指在一项游戏中，游戏者有输有赢，一方赢正是另一方输，而游戏的总成绩永远为零，零和博弈广泛用于有赢家必有输家的竞争与对抗。不难看出，GAN 的工作过程是一种二人零和博弈，博弈双方的利益之和是一个常数，例如两个人掰手腕，假设总的空间一定，A 力气大一点，则 A 就得到的空间多一点，相应的 B 空间就少一点；相反 B 力气大，B 就得到的多一点，相应的 A 空间就少一点，但总空间是一定的，这就是二人博弈。在 GAN 中可以看成有两个这样的博弈者，一个是生成模型 G，另一个是判别模型 D，它们有各自的功能。两者的相同点是这两个模型都可以看成是一个黑匣子，接受输入，然后有一个输出，类似一个函数的输入和输出映射。不同点是生成模型功能:生成器是一个样本生成器,输入一个噪声/样本,然后将其包装成一个逼真的样本,也就是输出。判别器是一个二分类器(如同0-1分类器),用于判断输入的样本是真是假,就是输出值大于0.5还是小于0.5,如图7-3所示。

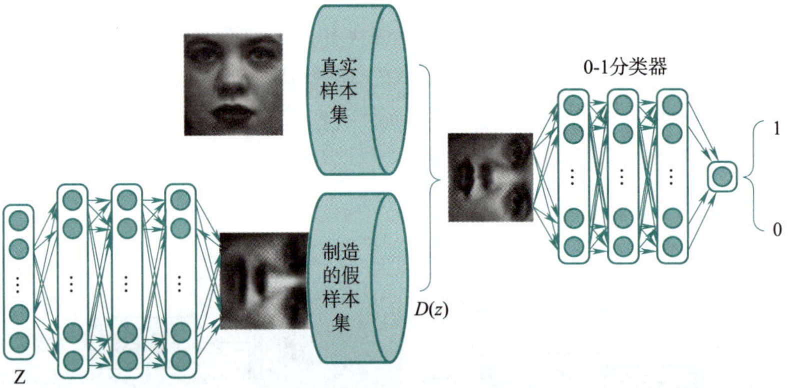

图7-3　GAN零和博弈

7.2.2　GAN结构

GAN主要由生成器和判别器组成。

1. GAN生成器

图7-4所示为生成器,需要输入一个 n 维向量,生成器输出的是图片,所以首先需要获得输入向量。这里的生成器是可以输出任意图片的生成模型,例如可以是全连接神经网络,也可以是卷积神经网络等。其中输入向量可看作携带输出的某些信息,例如手写数字为数字、手写的潦草程度等。由于这里对于输出数字的具体信息不做要求,只要求其能够最大限度与真实手写数字相似(能骗过判别器)。所以使用随机生成的向量作为输入,其中随机输入最好能满足常见分布比,如均值分布、高斯分布等。

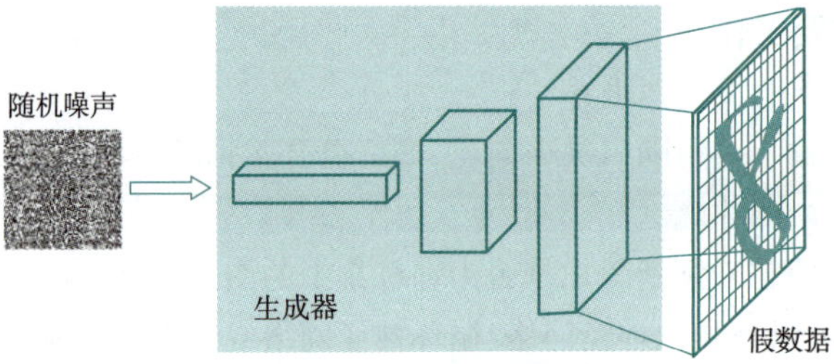

图7-4　GAN生成器

2. GAN判别器

判别器的功能是输入图片,输出为图片的真伪标签,如图7-5所示。判别器与生成器一样,可以是任意的判别器模型,如全连接神经网络、卷积神经网络等。

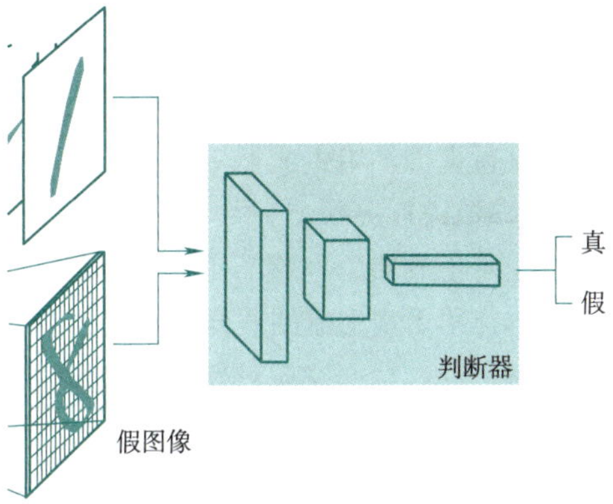

图 7-5　GAN 判别器

7.3　GAN 训练

由神经网络构成的 GAN 中的生成器和判别器需要进行训练。

7.3.1　GAN 训练特点

传统的建模方法，一般先定义一个模型，然后利用数据去学习。例如，已经知道原始数据属于高斯分布，但不知道高斯分布的参数，这时定义高斯分布，然后利用数据去学习高斯分布的参数，得到最终的模型。又如，定义一个分类器，然后强行让数据进行各种高维映射，最后变成一个简单的分布，支持向量机（SVM）可以很轻易地进行二分类。

GAN 的生成器最后可以通过噪声生成一个完整的真实数据（如人脸图像），也就是生成器掌握了从随机噪声到人脸数据的分布规律。GAN 一开始并不知道这个规律是什么样，也就是 GAN 是通过多次训练后学习到的真实样本集的数据分布。GAN 强大之处在于能自动学习原始真实样本集的数据分布，不管这个分布多么复杂，都可完成训练。训练过程中需要注意下述几点：

①在噪声数据分布中随机采样 z，并输入生成器，得到一组假数据，记为 $G(z)$。

②在真实数据分布中随机采样，作为真实数据，记为 x；将前两步中某一步产生的数据作为判别器的输入（判别器的输入为两类数据，即真/假），判别器的输出值为该输入属于真实数据的概率，真为 1，假为 0。

③根据得到的概率值计算损失函数。

④根据判别器和生成器的损失函数，可以利用反向传播算法，更新模型的参数。先更新判别模型的参数，然后通过再采样得到的噪声数据更新生成器的参数。

注意：生成器与判别器是完全独立的两个模型，它们之间无联系。训练原则是单独交替迭代训练。

7.3.2　GAN 训练过程

GAN 中的生成器和判别器进行博弈交替迭代训练，两者的训练过程如下：

①获得初始的真和假数据集。给生成器一个随机的输入（初始化），生成器输出一个假的样本集（未训练时效果非常差），同时已有真实的样本集（标签数据），于是得到了真假数据集。

②有了真假数据集后，生成器的参数固定不变，对判别器进行训练。训练过程是一个有监督的二分类问题，即给定一个样本，训练判别器能判断出其是真样本还是生成器生成的假样本。

③完成判别器的训练后，需要提升生成器的造假能力，将生成器与前一步训练好的判别器串接，固定判别器的参数不变，对生成器进行训练。给生成器一个随机输入，损失函数是判别器的输出是否为真，根据损失函数，对生成器的参数进行更新。

④完成生成器的训练后，再次固定生成器的参数不变，对判别器进行训练。给生成器随机输入，得到新的假的数据集，此时的假样本比第1步生成的假样本要真一些，因为生成器经过了一轮优化，将最新得到真假样本输入判别器进行训练，从而完成对判别器的再一次优化训练。

⑤多次更新迭代后，在理想状态下，最终判别器 D 无法区分图片是来自真实的训练样本集合，还是来自生成器 G 生成的样本为止，此时辨别的概率为0.5。

训练方式：交替地训练 D 和 G，D 训练 k 步，G 训练1步。只要 G 变化得足够慢，D 就能保持接近它的最优解。

7.3.3 损失函数

损失函数是必须讨论的问题，因为它涉及模型的训练。

1. 正向传播

正向传播有两种输入：

①随机产生一个随机向量作为生成模型的数据，然后经过生成模型后产生一个新的向量，作为假图像，记作 $G(z)$。

②从数据集中随机选择一张图片，将图片转化成向量，作为真实图像，记作 x。

将由正向传播的两种输入而产生的输出作为判别器的输入，经过判别器后，输出值为一个0~1之间的数，用于表示输入图片为真实图像的概率，真为1，假为0。使用得到的概率值计算损失函数，解释损失函数之前，先解释判别模型的输入。根据输入的图片类型是冒充图像或真实图像，将判别模型的输入数据的标签标记为0或者1。即判别模型的输入类型为($x_{假}$,0)或者($x_{真}$,1)。

2. 反向传播

(1)优化的目标函数

生成对抗网络中的 G 和 D 的选择无强制限制，定义了一个噪声 $p_z(x)$ 作为先验，用于 G 在训练数据 x 上的概率分布 p_g，$G(z)$ 表示将输入的噪声 z 映射成数据。$D(x)$ 代表 x 来自真实数据分布 p_{data} 而不是 p_g 的概率。优化的目标函数定义为如下 min max 的形式：

$$\min_{G}\max_{D} V(D,G)=\mathbb{E}_{x\sim p_{data(x)}}[\lg D(x)]+\mathbb{E}_{z\sim p_z(z)}[\lg(1-D(G(z)))]$$

左边包含 min G 和 max D 两部分。

①优化 D，目标公式如下：

$$\max_{D} V(D,G)=\mathbb{E}_{x\sim p_{data}(x)}[\lg D(x)]$$

优化 D 即优化判别网络时，不涉及生成网络，公式中第二项的 $G(z)$ 就相当于已经得到的假样本，主要优化公式的第一项，使得真样本 x 输入时，得到的结果越大越好。因为真样本的预测结果越接近1越好；对于假样本 $G(z)$，需要优化的是其结果越小越好，也就是 $D(G(z))$ 越小越好，因为它的标签为0。但是第一项越大，第二项越小，就矛盾了，所以把第二项改为 $1-D(G(z))$，这样就是越大越好。

②优化 G：

$$\min_{G} V(D,G)=\mathbb{E}_{z\sim p_z(z)}[\lg(1-D(G(z)))]$$

在优化 G 时，与真样本无关，所以把第一项直接去掉，这时候只有假样本，但是这时希望假样本的标签是 1，所以是 $D(G(z))$ 越大越好，但是为了统一成 $1-D(G(z))$ 的形式，那么只能是最小化 $1-D(G(z))$，本质上没有区别，只是为了形式的统一。之后这两个优化模型可以合并起来写，就变成最开始的最大最小目标函数了。

已经得到了生成模型和判别模型的损失函数，分开看，其实就是两个单独的模型，针对不同的模型可以按照自己的需要去实现不同的误差修正，也可以选择最常用的 BP 算法作为误差修正算法，更新模型参数。

生成对抗网络的生成模型和判别模型没有任何限制，生成对抗网络提出的只是一种网络结构，可以使用任何生成模型和判别模型去实现一个生成对抗网络。当得到损失函数后就可安装单个模型的更新方法进行修正。

③GAN 全局最小点。

GAN 全局最小点的充分必要条件是：$p_g=p_{data}$。

p_g 表示生成数据的分布函数，p_{data} 表示真实数据的分布函数。

在参数的更新过程中，对 D 更新 k 次后，对 G 更新 1 次。上式中的 min max 可理解为当更新 D 时，需要最大化上式，而当更新 G 时，需要最小化上式。

在对 D 的参数进行更新时，对于来自真实分布 p_{data} 的样本 x 而言，希望 $D(x)$ 的输出越接近于 1 越好，即 $\lg D(x)$ 越大越好。对于通过噪声 z 生成的数据 $G(z)$ 而言，希望 $D(G(z))$ 尽量接近于 0（即 D 能够区分出真假数据），因此 $\lg(1-D(G(z)))$ 也是越大越好，所以需要 max D。在对生成模型 G 的参数进行更新时，希望 $G(z)$ 尽可能和真实数据一样，即 $p_g=p_{data}$。因此希望 $D(G(z))$ 尽量接近于 1，即 $\lg(1-D(G(z))$ 越小越好，所以需要 min G。需要说明的是，$\lg D(x)$ 是与 $G(z)$ 无关的项，在求导时直接为 0。

在生成对抗网络的目标函数中，$D(x)$ 表示判别器认为 x 是真实样本的概率，而 $1-D(G(z))$ 则是判别器认为合成样本为假的概率，取对数相加就能得到公式所示的形式。训练生成对抗网络时判别器希望目标函数最大化，也就是使判别器判断真实样本为真，判断合成样本为假的概率最大化；与之相反，生成器希望该目标函数最小化，也就是降低判别器对数据来源判断正确的概率，即去最大化 D 的区分度，最小化 G 和事实数据集的数据分布。

例 7-2　目标函数的优化。

目标函数的优化过程如图 7-6 所示。

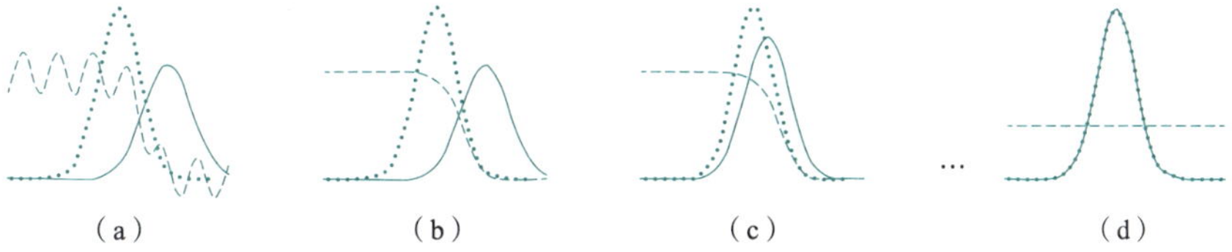

图 7-6　目标函数的优化过程

在图 7-6 中，真实样本分布、生成样本分布以及判别模型分别用粗虚线、实线和细虚线表示。可以看出，在训练开始时，判断模型无法很好地区分真实样本和生成样本，如图 7-6(a) 所示。接下来固定生成模型，优化判别模型，优化结果如图 7-6(b) 所示，可以看出，这时判别模型已经可以较好地区分生成数据和真实数据了。第三步是固定判别模型,改进生成模型,试图让判别模型无法区分生成图片和真实图片,在这一过程中,可以看出由模型生成的图片分布与真实图片分布更加接近,这样的迭代不断进行,如图 7-6(c)所示,直到最后收敛,生成分布与真实分布重合,如图 7-6(d)所示。

算法如下:

小批量随机梯度下降训练生成对抗网络。作用到判标器的步数 k 是一个超参数。通常选择为 $k=1$。

每次迭代的训练数据样本称为小批量(minibatch)(通常简称"批次(batch)"),而完整的一轮训练数据称为一个 epoch。训练的 epoch 数是网络模型将看到每个训练示例的次数。

for 训练迭代数 do

for k 步 do

- 来自噪声先验 $P_g(z)$ 的小批量 m 个噪声样本 $\{z^{(1)},\cdots,z^{(m)}\}$
- 来自数据产生分布 $P_{\text{data}}(x)$ 的 m 个例子 $\{x^{(1)},\cdots,x^{(m)}\}$
- 利用随机梯度刷新判别器

$$\nabla_{\theta_d}\frac{1}{m}\sum_{i=1}^{m}\left[\lg D(x^{(i)})+\lg(1-D(G(z^{(i)})))\right]$$

End for

- 来自噪声先验 $P_g(z)$ 的小批量 m 个噪声样本 $\{z^{(1)},\cdots,z^{(m)}\}$
- 利用随机梯度刷新产生器

$$\nabla_{\theta_d}\frac{1}{m}\sum_{i=1}^{m}\lg(1-D(G(z^{(i)})))$$

End for

基于梯度刷新能够使用任何基于标准梯度学习规则。

从上述算法可以看出,生成器和判别器是分开训练的。在第一部分中,将真实数据和伪数据插入带有正确标签的判别器中,并进行训练。传播梯度以保持生成器固定。同样,通过增加随机梯度来更新判别器,因为对于判别器,要最大化方程 $E_{x\sim p_{\text{data}}}(x)[\lg D(x)]$ 中给出的损失函数。另一方面,通过保持判别器固定并使用假标签传递假数据来欺骗判别器更新生成器。在此,通过降低其随机梯度来更新生成器,因为对于生成器,要最小化方程 $E_{z\sim p_z}(z)[\lg(1-D(G(z)))]$ 中给出的损耗函数。

在实际应用中,生成对抗网络模型的凸显下述优势。数据生成的复杂度与维度线性相关,对于较大维度的样本生成,仅需增加神经网络的输出维度,不会出现传统模型那样的随指数上升、计算量增加。

①对数据的分布不做显性的限制,从而避免了人工设计模型分布的需要。

②生成对抗网络生成的结果更为清晰。

③生成对抗网络突出的生成能力应用更为广泛。

生成对抗网络不仅可用于生成各类图像、文本、声音、音乐、结构化数据等自然语言数据,还在数据填报、图像翻译、数据合成、模仿学习等方面都取得了突破性的进展。

例 7-3 生成手写数字。

如图 7-7 所示,最初随机噪声将提供给生成器,生成器将生成一个手写数字,然后判别器将决定它接收到的输入是否是假的。在该过程开始时,由生成器生成的数字样本不会很好,并且很容易被判别器轻易地丢弃,随着训练的继续,生成器和判别器不断优化。当判别器无法正确区分数据来源时，即判别器输出值 $D(G(z))=0.5$ 时，可以认为网络捕捉到的是真实数据样本。

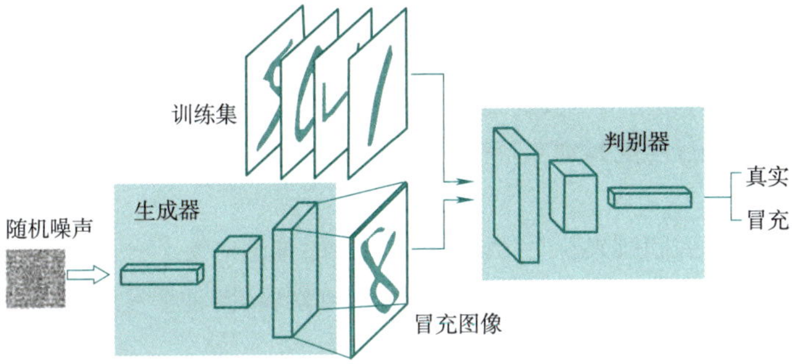

图 7-7　使用生成对抗网络生成手写数字

7.3.4　GAN 优化

1. 模式崩溃

以手写数字识别为例，0～9 一共 10 个数字，假设有 10 个模式，而 GAN 网络只能预测出其中几个数字模式，无法识别其他数字的模式，这就是模式崩溃。D 只能预测连续分布，而源数据分布通常是具有间断点的非连续分布，所以在训练过程中，D 无法学习到具有间断点的非连续分布，将导致模式崩溃。如果目标概率测度的支撑集具有多个连通分支，GAN 训练得到的又是连续映射，则有可能连续映射的值域集中在某一个连通分支上，这将导致模式崩溃。为了克服模式崩溃，可以强行用一个连续映射来覆盖所有连通分支，那么这一连续映射的值域必然覆盖之外的一些区域，则会生成一些无意义的图片。

2. 克服模式崩溃的方法

GAN 模式崩溃的本质上是 GAN 训练优化问题，在理论上，如果 GAN 可以收敛到最优的纳什平衡点，则模式崩溃的问题可得到解决。在图 7-8 中，p_g 线表示生成数据的概率密度函数，而 p_{data} 线表示训练数据集的概率密度函数，本来 p_g 线只有一个模式，也就是生成器几乎只产生一种样本，但是，这时在生成器中采样能得到与训练集的数据表现一致的三种样本。

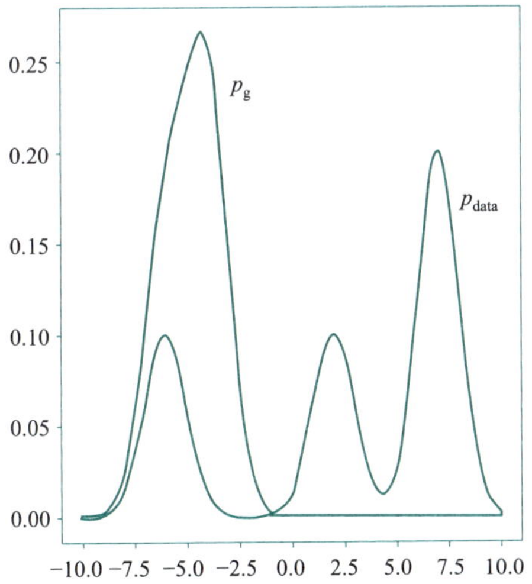

图 7-8　GAN 的训练优化

为了使 p_g 线与 p_{data} 线重合，提出了许多方法，总结为如下几点。

(1)数据多样性

由于数据多样性，可将其分为小批量，然后完成小批量识别和特征映射。判别器具有跨越小批量样本比较的能力，以帮助确定批是真还是假。特征匹配修改了生成器的成本函数，以将生成的批的多样性考虑在内。可通过匹配判别器特征的统计信息来实现。

(2)预计反攻

预测未来可以防止模式间跳来跳去，并在更新参数时预测对策。允许生成器以完全可微的方式展开判别器的更新。现在不是生成器学习欺骗当前的判别器，而是学习最大限度地欺骗它。

(3)使用经验重播

通过每隔一段时间向判别器显示旧的假样本，可以使模式间的跳来跳去最小化。这可以防止判别器变得太容易被利用，但这仅限于生成器过去已经探索过的模式。

(4)使用多个 GAN

可以使 GAN 只覆盖数据集中模式的一个子集，并为不同模式训练多个 GAN，而不是对抗模式崩溃。当合并时，这些 GAN 覆盖所有模式。这种方法的主要缺点是训练多个 GAN 需要很多时间。

当然，实际中几乎不会达到全局最优解，看似收敛的 GAN 其实只是陷入了一个局部最优解。一般说来，有两种思路解决模式崩溃问题：一种思路是提升 GAN 的学习能力，进入更好的局部最优解，可以一定程度减轻模式崩溃的问题；另一种思路是放弃寻找更优解，只在 GAN 的基础上，显式地要求 GAN 捕捉更多的模式。

7.3.5 条件生成对抗网络

生成对抗网络能够通过训练学习到数据分布，进而生成新的样本，但是，生成的图像是随机的，不能控制生成图像属于何种类别。例如，事实数据集包含轮船、火车、计算机和飞机等类别，但 GAN 并不能在测试阶段控制输出属于类别。为了解决这个问题，可使用条件生成对抗网络(conditional generative adversarial network，CGAN)使得图像生成过程加进了可控条件。

1. 网络结构

CGAN 是在 GAN 基础上的改进，通过给 GAN 的生成器和判别器添加额外的条件信息，实现条件生成模型。CGAN 的额外条件信息可以是类别标签或者其他辅助信息。CGAN 的核心操作是将条件信息 y 加入生成器 G 和判别器 D 中，进而得到生成器 $G(x|y)$ 和判别器 $D(x|y)$。

①原始 GAN 生成器输入是噪声信号，类别标签可以与噪声信号组合作为隐空间表示。

②原始 GAN 判别器输入是图像数据(真实图像和生成图像)，同样需要将类别标签与图像数据进行拼接作为判别器输入。

从图 7-11 中可以看出，CGAN 的网络相对于原始 GAN 网络并无变化，改变的仅是生成器 G 和判别器 D 的输入数据，这就使得 CGAN 可以作为一种通用策略嵌入其他 GAN 网络中。

2. 损失函数

在 GAN 中包含一个生成器和一个判别器，其中生成器 G 和判别器 D 进行极大极小博弈，在损失函数的基础上，CGAN 添加的额外信息 y 只需要和 x 与 z 进行合并，作为 G 和 D 的输入即可，由此得到了 CGAN 的损失函数如下：

$$\min_G \max_D V(D,G) = \mathbb{E}_{x\sim p_{data}(x)}[\lg D(x|y)] + \mathbb{E}_{z\sim p_z(z)}[\lg(1-D(G(z|y)))]$$

7.4 多种形式的 GAN 结构

基本的生成对抗网络是单判别器单生成器模型，为了获得更好的性能和功能，出现了多判别器单生成器模型、单判别器多生成器模型和多判别器多生成器模型等。

7.4.1 多判别器单生成器

如图 7-9 所示，采用多个判别器（$D_1, D_2, \cdots, D_N$）的好处是带来了类似 boosting 的优势。boosting 是一种用来提高弱分类算法准确度的方法，通过构造一个预测函数系列，然后以一定的方式将它们组合成一个预测函数。boosting 是一种提高任意给定学习算法准确度的方法。

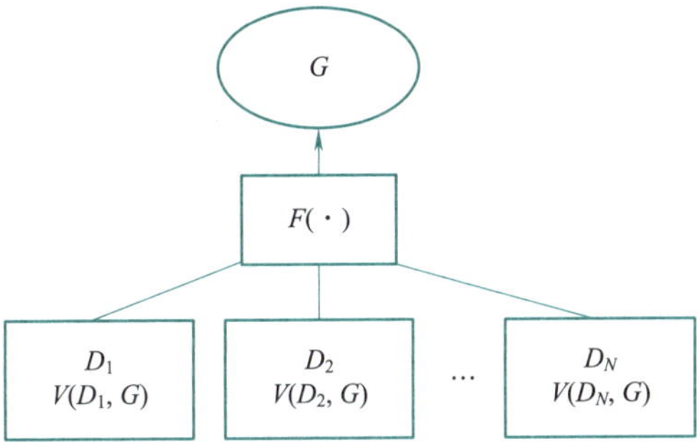

图 7-9 多判别器单生成器

训练一个过于好的判别器，会损坏生成器的性能，这是 GAN 面临的一个问题。如果能够训练多个没有那么强的判别器，然后进行 boosting，就可以取得不错的效果。

多个判别器还可以相互进行分工，例如，在图像分类中，一个进行粗粒度的分类，一个进行细粒度的分类。在语音任务中，各自用于不同声道的处理。

7.4.2 单判别器多生成器

一般来说，生成器比判别器要完成的任务更难，因为它要完成数据概率密度的拟合，而判别器只需要进行判别，导致影响 GAN 性能的一个问题就是模式崩溃，即需要生成高度相似的样本。采用多个生成器单个判别器的方法，可以有效地缓解这个问题。单判别器多生成器如图 7-10 所示。

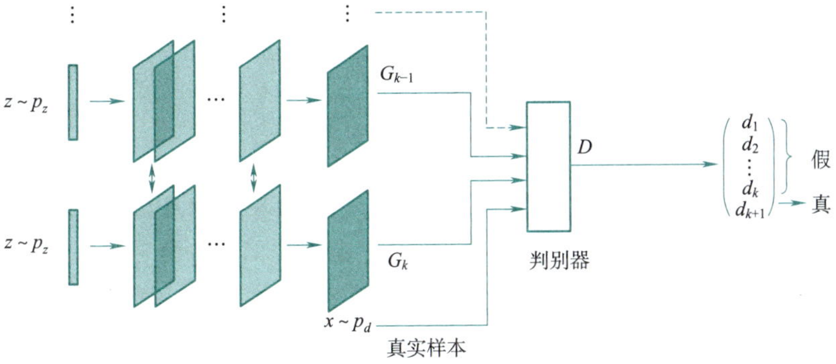

图 7-10 单判别器多生成器

从图 7-9 结构可以看出，多个生成器采用同样的结构，在网络的浅层还可共享权重。

7.4.3 多生成器多判别器

实现图 7-11 所示的两个域之间的风格互换，它应用了多个生成器和多个判别器。

X 和 Y 分别表示两个域的图像，可知这里存在两个生成器 G 和 F，分别用于从 X 到 Y 的生成和从 Y 到 X 的生成，包含两个判别器，分别是 D_x 和 D_y。而损失本身也增加了一个循环损失。

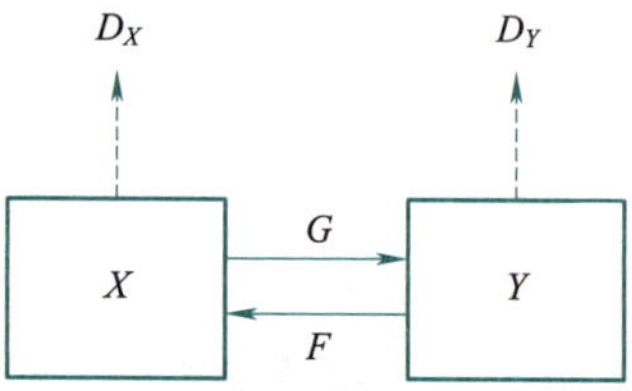

图 7-11 两个域互换

7.5 GAN 的优点和应用场景

7.5.1 GAN 的优点

GAN 对于生成模型的发展有重要的意义，其主要优点如下：

①有效解决了可建立自然性解释的数据生成难题。尤其对于生成高维数据，所采用的神经网络结构不限制生成维度，拓宽了生成数据样本的范围。

②训练过程创新性地将两个神经网络的对抗作为训练准则，不需要做各种近似推理，没有复杂的变分下界（观测数据似然度的一个下界），显著改善了生成模型的训练难度和训练效率。

③生成过程不需要采样序列，可以直接进行新样本的采样和推断，提高了新样本的生成效率。对抗训练方法增加了生成样本的多样性。

④生成的样本易于人类理解。例如，能够生成十分锐利清晰的图像，为创造性地生成有意义的数据提供了可能的解决方法。

⑤学习过程中不需要数据标签，但是，GAN 训练过程可以用来实施半监督学习中无标签数据对模型的预训练过程。具体来说，先利用无标签数据训练 GAN，基于训练好的 GAN 对数据的理解，再利用小部分有标签数据训练判别器，用于传统的分类和回归任务。

GAN 采用对抗学习的准则，这是 GAN 最突出的优点。但是，在理论上还不能判断模型的收敛性和均衡点的存在性。训练过程需要保证两个对抗网络的平衡和同步，否则难以得到很好的训练效果。另外，GAN 存在神经网络类模型的一般性缺陷，可解释性差。另外，GAN 生成的样本虽然具有多样性，但是存在崩溃模式现象。

7.5.2 GAN 的应用场景

GAN 具有多种应用场景，常用的几种场景简述如下。

1. 图像处理

（1）图像编辑

GAN 可以增强图像滤镜的功能，能够对一张原始的山水风景图片，可以生成石山、长满树木的山、长满竹子的山。不只是对人物进行定向修改，还能修改图片中的环境因素，例如，某环境中是下雨的场景、没有下雨的照片。也可以根据一个人小时候的照片，生成其长大后或年老后的样子等。

（2）图像生成

GAN 是一个生成模型，可以用来生成图像、音频等，而且生成质量逐年提升。

(3)图像转换

图像转换或者是图像翻译,是将图像转换为另一种形式的图像,与风格迁移稍有不同。一般的 GAN 的生成器 G 输入是一个随机向量,输出的是图像,其中生成器的输入是图像,输出的是转换后的图像。

(4)图像合成

图像合成是通过某种形式的图像描述创建新图像的过程。图像合成也有一些典型的工作,并且有很好的应用场景。

①场景合成。首先,合成第一个场景,此部分在于如何给定部分显示场景的信息还原出真实的场景信息,比如根据分割图像还原出原始场景信息,刚好是图像分割的逆过程,只要 GAN 还原的场景足够真实,完全可以模拟无人驾驶的路况场景,从而在实验室阶段就可以完成无人驾驶汽车的上路测试工作。

②人脸合成。人脸合成主要是根据一张人脸的图像,合成出不同角度的人脸图像,可以用作人脸对齐,姿态转换等辅助手段提高人脸识别的精度,典型的工作是可以根据半边人脸生成整张人脸的前向图,对人脸识别任务有很大的辅助效果。

③文本到图像的合成。这个方向是自然语言处理与计算机视觉碰撞的结果。任务描述为:从给定的一段文字描述,生成一张和图像文字匹配的图像。例如,根据文字"一只黑色冠冕和黄色喙的白色的鸟"生成文字所描述的图像。

④风格迁移。风格迁移指迁移图像的风格。

⑤图像超分辨率。图像超分辨率是一个很重要的研究课题,比较重要的是对天文图像和卫星图像做超分辨率,不管是在天文、军事还是其他方面,都有很重要的应用。在生活中,如果有标清的视频可以变为高清的视频。

⑥图像域的转换。GAN 很适合学习数据的分布,要求数据是连续的,对于离散的文本数据效果不是很好,同时也能完成域转换的任务,即一个域到另一个域的转换。可以做多个图像翻译任务,比如更换头发颜色、表情变化、年龄变换等。

⑦图像修复。在图像修复上,利用 GAN 可以给定一张缺失的图像,修复出完整的图像。

2. 恶意攻击检测

通过给深度神经网络一些特异生产的训练数据,深度学习生成的模型是可以被黑客攻击,利用甚至控制的。为了对抗这样的逆向攻击,可以训练对抗神经网络去生成更多的虚假训练数据作为假想敌,让模型在演习中去识别出这些虚假数据,就如同人类打疫苗,GAN 生成的虚假数据让正在做分类的模型更加稳健。

另一个在安全领域的应用是加密传输,在图片中,可以使用额外的像素加密一段文字,从而以为接收的是一幅普通的图片,但实际上通过解密,却可以发现其中包含了加密的信息。通过在传统的 GAN 模型中增加一个判别器,可以识别出这种加密后的图像,也可以用于更高效地生成上述加密信息,如图 7-12 所示。

3. 数据生成

在特定的应用场景下,例如医疗领域,缺少训练数据是应用深度学习的最大障碍。数据增强的传统做法是将原图像拉伸旋转剪切,但这毕竟还是原来的图像,通过使用 GAN,能够生成更多类似的数据。

4. 注意力预测

人类在看一张图片时，往往只关注特定的部分，这就是前述的注意力问题。通过 GAN 模型，可以预测出关注的区域。例如，对注意力的预测，可以指导广告的投送，例如在电视中植入广告前，可以先预测植入的区域是不是在注意力的热点区。类似的方法还可以反过来使用，假设不同类型的人有不同的注意力热点模式，根据一个人关注图片中的那个部分，来对人群进行分类。

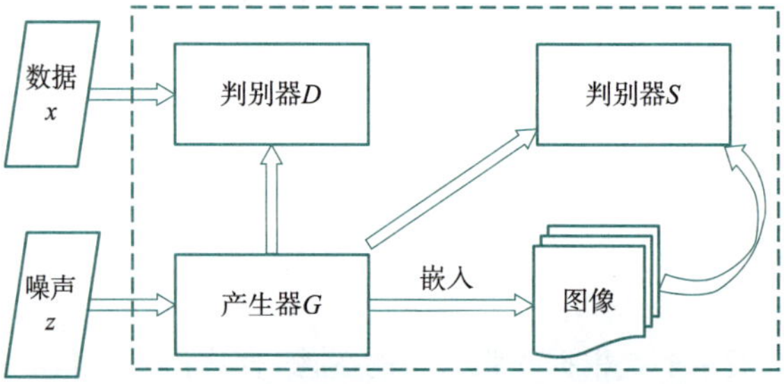

图 7-12 加密后图像的识别

5. 三维结构生成

应用 GAN 工具，能够根据手绘的二维图片，生成对应的三维结构，不仅有对应的形状，还可以生成对应的颜色，有了这样的工具，就能降低 3D 建模的门槛，从而让 3D 打印更容易落地。

标注数据总是少数的，未标注的数据才是待开掘的资源。GAN 可以通过标注数据，生成模拟数据，也可以用在自监督学习中，让模型具备从部分标记的数据中学习的能力。在视频、有向图及自然语言处理上，GAN 也有诸多应用，结合贝叶斯网络，GAN 还可以应用在因果推理中。

小 结

GAN 的基本思想源自博弈论的零和博弈，GAN 由一个生成器和一个判别器构成，通过对抗学习的方式来迭代训练，逼近纳什平衡。GAN 作为一种生成模型，不直接估计数据样本的分布，而是通过模型学习来估测其潜在分布并生成同分布的新样本。GAN 有时会陷入一个局部最优解，也就是模式崩溃问题。解决问题的一种方法是 GAN 的学习能力，使其进入最优解；另一种思路是在 GAN 的基础上，显式地要求 GAN 更多的模式，如多 GAN 结构、多判别器单生成器结构、单判别器多生成器结构、多判别器多生成器结构。这种从潜在分布具有生成无限新样本的能力，在图像和视觉计算、语音和语言处理、信息安全等领域具有重大的应用价值。

思考与练习

1. 解释零和博弈、纳什平衡和模式崩溃术语。
2. 画出生成对抗网络的结构图。
3. 说明生成对抗网络的工作过程。
4. 写出损失函数，并说明其含义。
5. 说明生成对抗网络的训练过程。

第8章 深度信念网络

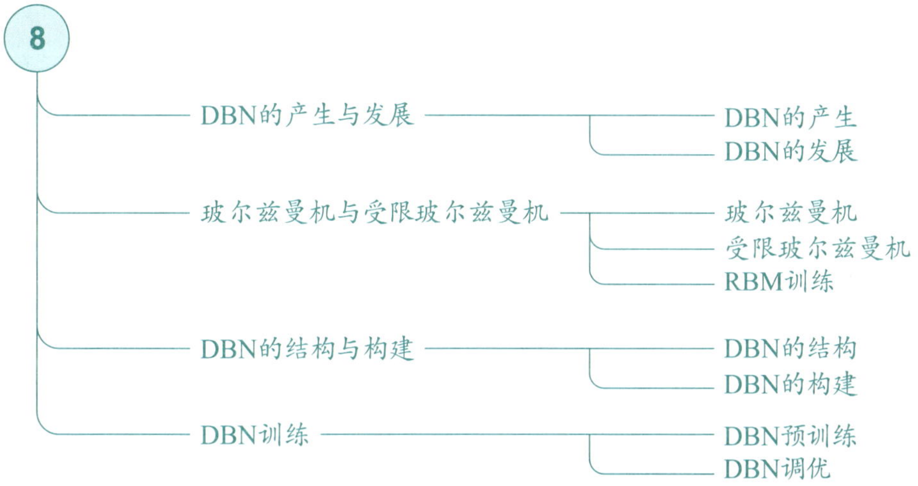

深度信念网络(deep belief network,DBN)于2006年被提出,它是一种生成模型,通过训练其神经元间的权重,可以使得整个DBN按照最大概率生成训练数据。除了可以用它生成数据之外,还可以使用DBN识别特征、分类数据等。

8.1 DBN的产生与发展

DBN的分层学习机理克服了传统梯度算法在处理深层结构学习所面临的梯度消失问题,近几年来DBN已成为深度学习领域的研究热点之一。

8.1.1 DBN的产生

前馈神经网络的局限性及产生原因如下:

①传统前馈神经网络一般有一个或多个隐藏层,当神经网络隐藏层太多时,模型的参数数量迅速增大、模型训练的时间增长。

②前馈神经网络随着层数的增加,采用随机梯度下降方法很难找到最优解,容易陷入局部最优解。在反向传播过程中也容易出现梯度消失或梯度饱和的情况。

③当前馈神经网络层数较多时,深度神经网络的模型参数很多,这就要求在训练时需要很多带

标签的训练数据,当训练数据少时,很难找到最优解。

基于以上的限制,多层前馈神经网络训练困难,从而使深度神经网络的发展一度停滞不前。

8.1.2 DBN 的发展

深度信念网络通过逐层训练的方式,解决了深层神经网络的优化问题。逐层训练可为整个网络赋予较好的初始权值,使得整个网络只要经过微调就可以获得最优解。而在逐层训练时起到最重要作用的是受限玻尔兹曼机(restricted Boltzmann machines,RBM),受限玻尔兹曼机是指受到限制的玻尔兹曼机。

深度信念网络是拥有深层架构的前馈神经网络,由多个受限玻尔兹曼机堆叠而成,其中包含多个隐藏层,而使用深度信念网络的障碍是如何训练这样的深层网络。

DBN 作为深度学习的一种重要模型,其理论基础与算法原理得到了进一步深入研究和阐述。这包括层次预训练和有监督微调等方面。

1. 与传统神经网络的比较

DBN 与深度神经网络、深度自编码器等其他深度学习模型在结构和性能上的差异和优缺点得到了更详细的分析。

2. 应用领域的扩展

DBN 在图像识别、语音识别、自然语言处理等领域得到了广泛应用。例如,在图像识别领域,DBN 可以用于识别手写数字、面部表情等;在语音识别领域,DBN 用于学习语音信号的特征表示,提高识别精度和效率;在自然语言处理领域,DBN 用于识别词向量表示,以便更好地理解文本的含义和语义关系。

3. 未来发展关系

DBN 的未来发展包括不同的无监督预训练和有监督算法的研究,以及模型性能的进一步提升。此外,DBN 在处理深层结构时克服梯度消失问题,使其成为深度学习领域的研究热点之一。

8.2 玻尔兹曼机与受限玻尔兹曼机

玻尔兹曼机是一种随机神经网络,受限玻尔兹曼机是通过学习数据的概率密度分布来提取特征。

8.2.1 玻尔兹曼机

在 1985 年,Hinton、Sejnowski 和 Acldey 等人借助统计物理学的概念与方法提出了玻尔兹曼机(Boltzmann machine,BM)模型。由于模型的概率分布采用了统计物理学中的 Boltzmann 分布,因此将这种网络模型称为玻尔兹曼机。玻尔兹曼机是随机神经网络模型的典型代表。

1. 玻尔兹曼机的主要特点

①玻尔兹曼机中的单元具有 1 或 0 双值状态。

②具有概率状态转移机制。

③隐单元用来捕捉学习中的高阶规则。

④其连接是双向的,连接权是单元连接起来的客观要求的一种等价测度。

⑤单元受连接权所表示的客观要求的制约并试图与各自的状态保持最大限度的一致性。

⑥为了将各单元的状态调节到邻近单元的状态,采用模拟退火算法的控制概率转移机制。

玻尔兹曼机是一种基于能量的模型，其为网络状态定义一个能量，当能量最小化时网络达到理想状态。它由可见层与隐藏层两层结构组成，可见层代表输入也代表输出，隐藏层则被理解为数据的内部表达，神经元是布尔型。图 8-1 所示为玻尔兹曼机的结构，网络中神经元无显式层次连接，网络状态按概率分布而变化。

玻尔兹曼机中各单元的状态取值为 1 或 0，并且每个单元状态的转换是随机函数。如果将拒绝和接受分别用 0 和 1 来表示，则两个单元间的连接权可看作与两个单元状态相一致的程度，玻尔兹曼机尽量达到最大一致性。

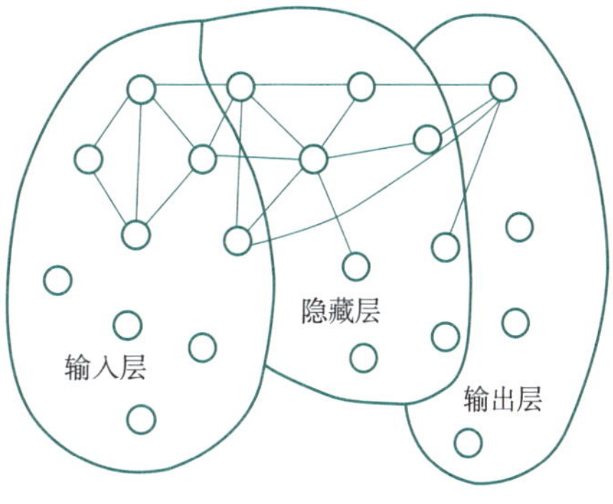

图 8-1　玻尔兹曼机结构 S_i^k

2. 玻尔兹曼机结构

如果玻尔兹曼机由 N 个神经元（节点）组成，则用无向图 (U,L) 表示如下：

$U=(u_0,u_1,\cdots,u_{N-1})$ 为节点集；

$L=U\times U$ 为节点间连接集；

$\{u_i,u_j\}\in L$ 为节点 u_i 和 u_j 间连接。连接可包括回路及自反馈（偏置），即 $\{\{u_i,u_j\}\mid u_i,u_j\in U\}\in L$

玻尔兹曼机由 N 个神经元组成，每个神经元具有 0 或 1 两种状态。玻尔兹曼机的状态由全部神经元的状态决定。如果玻尔兹曼机的状态为 k，则神经元 u_i 的状态为 S_i^k。状态空间 R 为所有可能系统状态的集合，$|R|=2^k$。如果 $S_i^k S_j^k=1$，则在状态 k 下 (u_i,u_j) 被激活，神经元 u_i 与 u_j 间连接权 w_{ij} 为其激活程度的度量。如果 $w_{ij}\gg 0$，则 (u_i,u_j) 的激活很强，正强度表示为激励，负强度表示为抑制。

3. 玻尔兹曼机能量函数

玻尔兹曼机在状态 k 下的能量函数 E^k 为

$$E^k=-\sum_{i\neq j}S_i^k S_j^k w_{ij}+\sum_i S_i^k\theta_i$$

式中，$S_i^k,S_j^k\in\{0,1\}$，θ_i 为第 i 个神经元的阈值。

假设神经元之间的连接权是对称的，即权值为

$$w_{ij}=w_{ji},\quad i,j=1,2,\cdots,n$$

在玻尔兹曼机中，当神经元的输入总和发生变化时，将导致神经元状态的变化。各神经元的状态变化是非同步的，用概率分析方法来描述。神经元的状态 S 为 1 的概率为

$$p_i(S_i=1)=\frac{1}{1+\exp(-\Delta E_i/T)}$$

式中，T 为网络的温度，$T\geqslant 0$；ΔE_i 表示 i 神经元的状态为 0，状态为 1 时系统的能量差为

$$\Delta E_i=\sum_{i\neq j}w_{ij}S_j^k-\theta_i$$

概率 p_i 的变化曲线如图 8-2 所示。

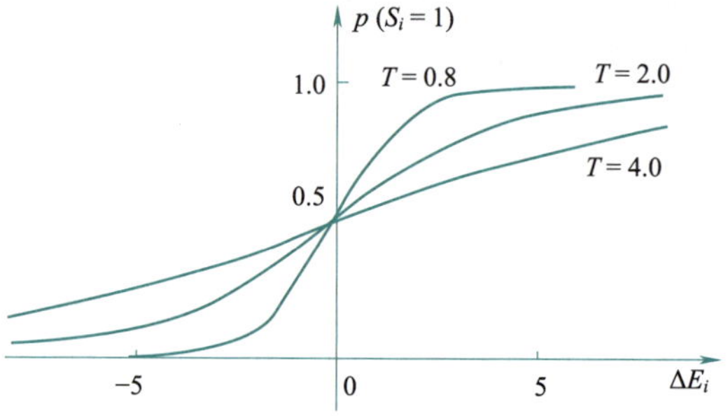

图 8-2 p_i概率变化曲线

4. 马尔可夫过程平衡分布

从图 8-2 中可以看出，在一般情况下，当输入增大时，状态为 1 的概率 $p_i(S_i=1)$将提高。同时概率 p_i还与温度 T 有关，若温度高，则概率变化较平缓。当 $T\to 0$ 时，概率 p_i的曲线接近于阶跃函数。在某温度下，从某个初始状态出发，根据上式的变化规则演化，网络将最终达到某一个平衡态。这种平衡态是概率意义下的平衡态，在平衡态下，网络中各神经元的状态仍在不断变化，但是系统状态的概率分布保持不变，这就是马尔可夫过程的平衡分布。

5. 模拟退火概念

玻尔兹曼机有两种状态：分别记为 S^α 和 S^β；所对应的能量分别为 $E(S^\alpha)$ 和 $E(S^\beta)$；S^α 出现的概率为 p_α，S^β 出现的概率为 p_β，则

$$p_\alpha / p_\beta = \mathrm{e}^{-(E(S^\alpha)-E(S^\beta))/T}$$

由上式可以看出网络状态服从统计学的玻尔兹曼分布，两个状态出现的概率之比只与它们的能量有关。温度参数值越大则状态的变化越容易。为了使网络收敛到低温下的平衡态，可在开始时给定一个较高温度，然后采用模拟退火技术逐渐降低温度，最后系统以相当高的概率收敛到网络的最小能量状态。这就是模拟退火算法在玻尔兹曼机中的概念与应用原理。利用模拟退火算法可以有效地达到全局能量最小状态。图 8-3 给出了快速下降法和模拟退火算法搜索能量最小点的过程。显然，图 8-3(b)所示的模拟退火算法更易达到能量的全局最小点。

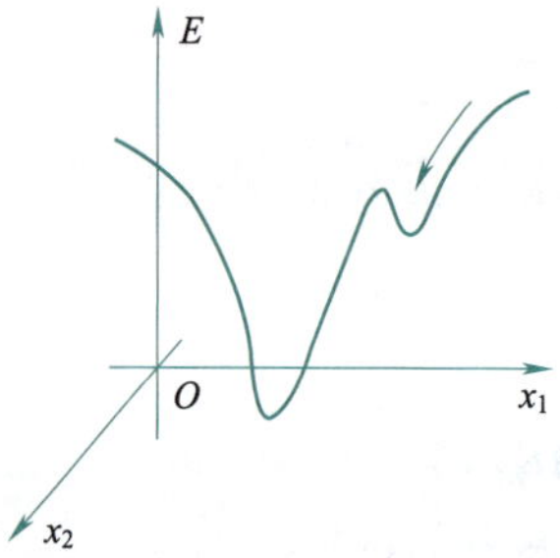

(a) 快速下降法

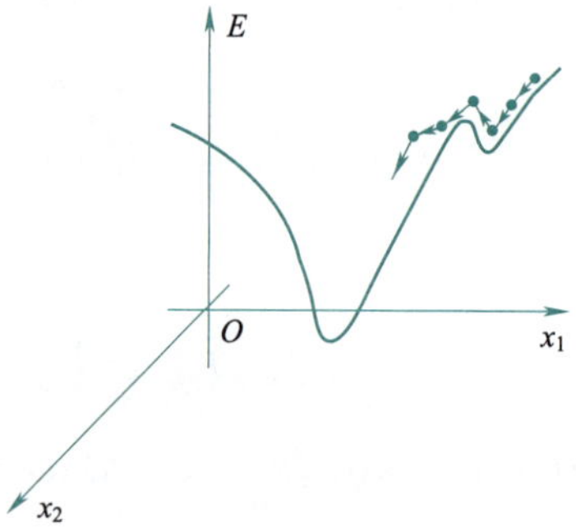

(b) 模拟退火算法

图 8-3 能量最小点的搜索比较

6. 玻尔兹曼机学习算法

玻尔兹曼机学习算法要完成的任务是：通过环境给出的一组输入输出示例，求出玻尔兹曼机中

各单元之间的连接权 w_{ij}。

学习算法如下:

①设置高温 T,并随机设置全部权值。

②外加一个输入向量,用当前权重值计算目标函数 $G(W)$。

③根据玻尔兹曼分布 $p(x)=\exp(-x^2/T^2)$,随机地改变每个权值。

④重新计算目标函数,如果减少,则转至⑤,否则转至③。

⑤根据 $T(n+1)=T(0)(1/\lg(1+n))$ 计算新的温度值。

⑥重复③~⑥。

8.2.2　受限玻尔兹曼机

玻尔兹曼机是将模拟退火算法和玻尔兹曼分布结合到传统神经网络中构成的一种随机型神经网络模型,基本解决了由梯度下降法带来的局部最优问题。但是,仍存在训练过程时间漫长问题,所以在实际运用中并不多。为了解决这些问题,提出了 RBM 模型。其本质上是一种可用随机神经网络解释的概率图模型。随机指网络中的神经元是随机神经元,其输出状态只有两种(未激活和激活),状态的具体取值根据概率统计法则决定。

1. RBM 结构

RBM 是 BM 的简化,是一种无向二分图模型,具有两层神经网络:可见层(V 层)及隐藏层(H 层),如图 8-4 所示。

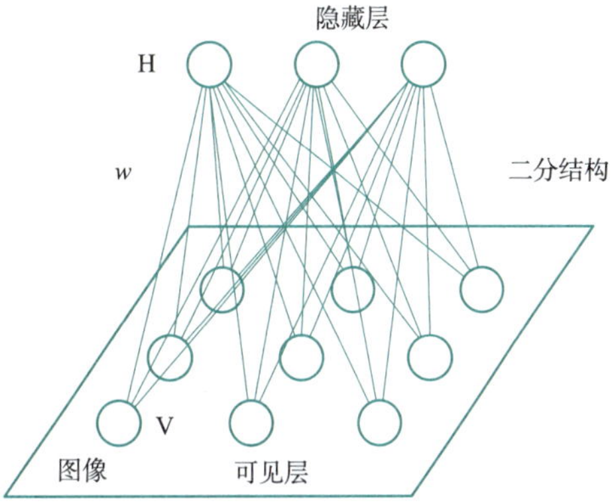

图 8-4　受限玻尔兹曼机结构

主要特点如下:

①RBM 可见层与隐藏层之间是双向全连接,各层内神经元之间无连接。在给定可见层单元状态(输入数据)时,各隐藏层单元的激活条件是独立的(隐藏层内无连接),同样,在给定隐藏层单元状态时,可见层单元的激活条件也是独立的(可见层内无连接),RBM 和 BM 结构如图 8-5 所示。可以看出,两者的主要区别是 BM 层内有连接,而 RBM 层内无连接。

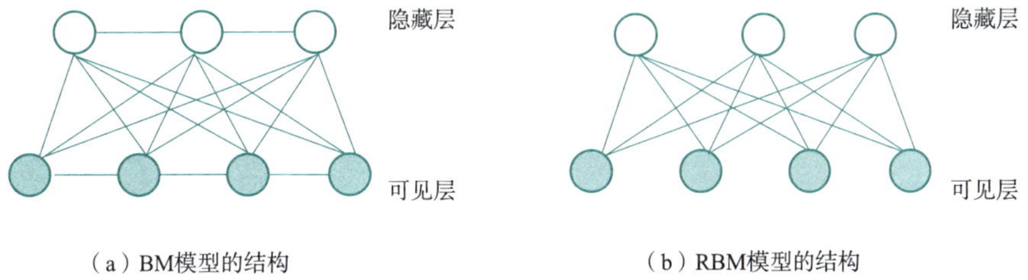

图 8-5　玻尔兹曼机与受限玻尔兹曼机

②RBM 中的神经元只有激活和不激活两种(也就是 0 或者 1),也就是状态双值化的。

③可见层和隐藏层之间的权重可以用张量来表示,是同等大小的实数矩阵。

2. RBM 的能量模型

RBM 能量模型表示每种状态都对应着一个能量 E,这个能量由能量函数来定义,在某种状态的概率可以通过这种状态具有的能量来定义,一种状态对应一个能量值,而且状态的概率 p 可以用 E

来表示，即 $p=f(E)$，其中 f 是能量函数，能量越小，概率值越大、状态越不稳定。也就是说，RBM 采用能量模型来表示系统稳态的一种测度。因为 RBM 是一种随机网络，主要特点如下。

（1）概率分布函数

各个节点的取值状态是随机的、概率的函数，可以用三种概率分布来描述整个 RBM 网络，联合概率密度、条件概率密度和边缘概率密度。

①联合概率密度：表示两个随机信号同时落入某一指定范围内的概率。

②条件概率密度：事件 A 在另外一个事件 B 已经发生条件下的发生概率。

③边缘概率密度：根据变量的范围，对联合概率密度函数进行积分，得到积分的边缘概率密度。

（2）能量函数

随机神经网络的基础是统计力学，能量函数是描述整个系统状态的一种测度。系统越有序概率分布越集中，系统的能量越小，反之，系统越无序、概率分布越发散，则系统的能量越大。能量函数的最小值，对应着整个系统最稳定的状态。这点与之前提到的最大熵模型相同。RBM 能量模型的作用如下：

①RBM 是一种无监督学习的网络，可以最大限度地拟合输入数据和输出数据。

②对于一组输入数据，如果不知道它的分布，难以对该数据进行学习。例如，如果有其高斯函数，就可以写出其似然函数，就可以进行求解，就可知大致的参数。然而，根据统计力学，任何概率分布都可以转变成基于能量的模型，即使这个概率分布是未知的，仍然可以将该分布改写成能量函数。

③能量函数能够为无监督学习方法提供目标函数和目标解两个特殊的概念。

使用能量模型可以使得数学模型训练容易可行，将最优解的求解嵌入能量模型中，能量模型要捕获变量之间的相关性，变量之间的相关程度决定了能量的高低。通过定义求解网络的能量函数，可以得到输入样本的分布，这样就相当于有了目标函数，就可以对其进行训练。

在 RBM 中，任意两个相连的神经元之间有一个权值 w 表示其连接强度，每个神经元自身有一个偏置系数 b（对可见层神经元）和 c（对隐藏层神经元）来表示其自身权重，可用下述函数表示 RBM 的能量：

$$E(v,h)=-\sum_{i,j=1}^{N_v,N} w_{ij}v_ih_j-\sum_{i=1}^{N_v}b_iv_i-\sum_{j=1}^{N_h}c_jh_j$$

在 RBM 中隐藏层任一个神经元 h_j 有 0 或者 1 两种状态，h_j 被激活的概率为：

$$p(h_j\mid v)=\sigma\left(c_j+\sum_i W_{i,j}v_i\right)$$

由于是双向连接，可见层神经元同样也能被隐藏层神经元激活：

$$p(v_i\mid h)=\sigma\left(b_i+\sum_j W_{i,j}h_j\right)$$

式中，σ 为 sigmoid 函数，也可以是其他函数，因为受限玻尔兹曼机的同一层内神经元之间是独立的，所以概率密度满足独立性。

将样本输入到模型中，首先将数据赋予可见层，计算可见层神经元被激活的概率，同样可以计算出隐藏层神经元被开启激活的概率。

3. 重建数据

（1）重建数据过程

每一个节点都是处理是否传递输入的参数都是随机初始化的。输入层（即可见层）以数据集样本中的低级特征作为输入。例如，对于一个由灰度图组成的数据集，每个输入节点都将接收图像中的一个像素值。如果数据集中数据有 784 个像素点，那么接受它们的神经网络必须有 784 个输入节点。

一个 $y=f(\boldsymbol{WX}+b)$ 的输入路径如图 8-6 所示。获得输入之后，$\boldsymbol{x}$ 和一个权重相乘，然后再加上一个偏置项，这两个运算的结果可作为非线性激活函数的输入，在给定输入 $\boldsymbol{x}$ 时激活函数能给出这个隐藏层节点的输出，或者信号通过它之后的强度。

因为所有可见（或输入）节点的输入都被传递到所有隐藏节点，其中每个隐藏节点都与每个可见节点相连，并且每条边 (i,j) 所关联的两个顶点 i 和 j 分别属于这两个不同的顶点集，在 A 中的 i，在 B 中的 j，所以 RBM 可以被定义为对称二分图。

多个输入单元汇合于一个隐藏节点，每个输入 $\boldsymbol{x}$ 乘以一个独立的权重，然后相加后再加一个偏置项，最后将结果传递到激活函数产生输出，如图 8-7 所示。

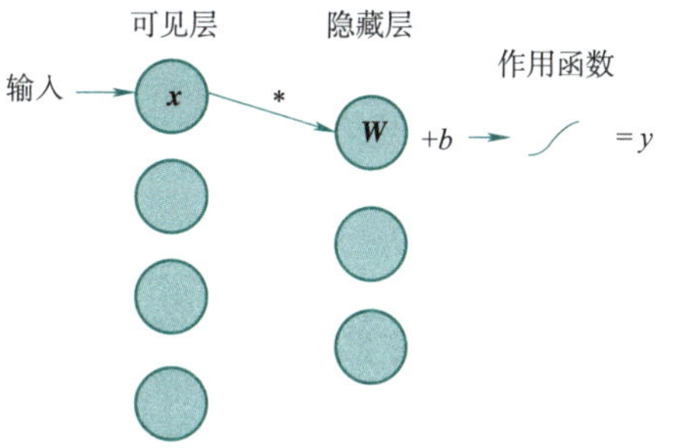

图 8-6　一个输入路径

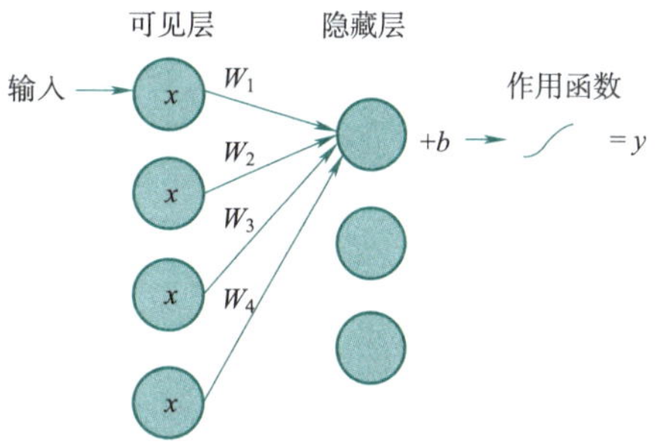

图 8-7　多个输入结合在一个隐藏节点

RBM 以无监督的方式重建数据，这使得在不涉及更深层网络的情况下，可见层和隐藏层之间可以数次前向和反向传播。需要注意的是，每个节点（包括输入节点）都含有偏置。在重建数据阶段，第一个隐藏层的激活状态变成了反向传递过程中的输入。它们与每个连接边相同的权重相乘，就像 $\boldsymbol{x}$ 在前向传递的过程中随着权重调节一样。这些乘积的和在每个可见节点处又与可见层的偏置项相加，这些运算的输出就是一次重建，也就是对原始输入的一个逼近，如图 8-8 所示。

图 8-8 中的各个 b 值各不相同。因为 RBM 的权重是随机初始化的，所以重建结果和原始输入的差距通常比较大。可以将重建新的输出 r 和输入值之间的差值作为重建误差，然后这个误差会沿着 RBM 的权重反向传播，以一个迭代学习的过程不断反向传播，直至达到某个误差最小值。

在前向传递过程中，给定权重的情况下 RBM 使用输入来预测节点的激活值，或者输出的概率：$p(y|x,w)$；但是在反向传递的过程中，当激活值作为输入并输出原始数据的重建或者预测时，RBM 将在给定激活值 y 的情况下估计输入 x 的概率，它具有与前向传递过程中相同的权重参数 $p(x \mid y,w)$。上述两种预测值相结合，这两个概率估计将共同得到关于输入 x 和激活值 y 的联合概率分布，或者 $p(x,y)$。

重构与回归、分类运算不同。回归运算根据许多输入值估测一个连续值，分类运算是猜测应当为一个特定的输入样例添加何种具体的标签。而重构则是在猜测原始输入的概率分布，即同时预测许多不同点的值。这被称为生成学习，必须和分类器所进行的判别学习区分开来，后者是将输入值映射至标签，用直线将数据点划分为不同的组。

(2)输入的概率分布与重构概率分布

如果输入数据和重构数据是形状不同的常态曲线，两者仅有部分重叠。图 8-9 所示为一组输入

的概率分布 p 及其重构概率分布 q。

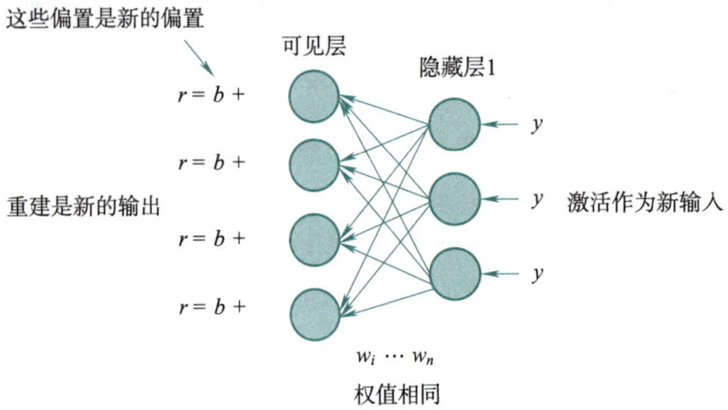

图 8-8　重建数据

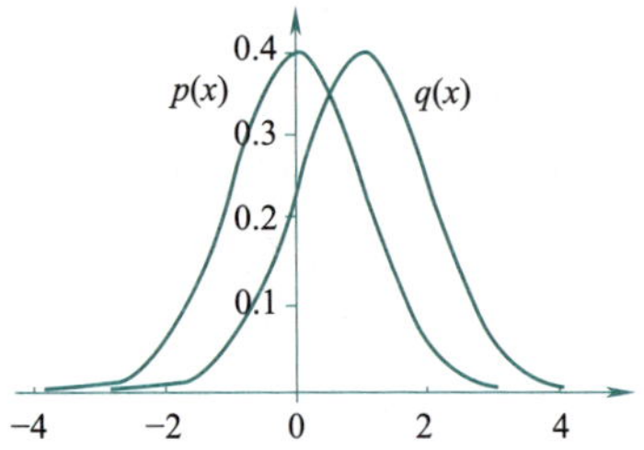

图 8-9　两个分布的相似性

(3)使用 KL 散度衡量重建效果

可用 KL 散度衡量重建效果。KL 散度又称 KL 距离、相对熵,其定义为:

$$\mathrm{KL}=D(P\parallel Q)=\sum P(x)\lg\frac{P(x)}{Q(x)}$$

当 $P(x)$ 和 $Q(x)$ 的相似度越高,KL 散度越小。KL 散度主要有两个性质:

①不对称性。尽管 KL 散度从直观上是一个度量或距离函数,但它并不是一个真正的度量或者距离,因为它不具有对称性,即 $D(P\parallel Q)\neq D(Q\parallel P)$。

②非负性。KL 散度是非负值,即 $D(P\parallel Q)>0$。

例 8-1　KL 散度计算。

假设有四个类别,方法 A 得到四个类别的概率分别是 0.1、0.2、0.3、0.4。方法 B 得到四个类别的概率分别是 0.4、0.3、0.2、0.1,那么这两个分布的 KL 散度为:

$$\begin{aligned}\text{KL-Distance}(A,B)&=0.1\times\lg(0.1/0.4)+0.2\times\lg(0.2/0.3)\\&\quad+0.3\times\lg(0.3/0.2)+0.4\times\lg(0.4/0.1)\end{aligned}$$

可以看出 KL-Distance( ) $\geqslant 0$,KL-Distance$(A,B)\neq$KL-Distance(B,A)。

为了衡量输入数据的预测概率分布和真实分布之间的距离,使用 KL 散度度量两个分布的相似性。KL 散度测量的是两条曲线的非重叠区域,RBM 的优化目的就是最小化这些非重叠区域,所以将共享权重与隐藏层的激活值相乘结果可以得出原始输入的近似。

4. 多层受限玻尔兹曼机

在多层 RBM 中,当学到了与第一隐藏层激活值有关的输入数据的结构,那么数据就将沿着网络向下传递一层。第一个隐藏层就成为新的可见层或输入层。这一层的激活值将和第二个隐藏层的权重相乘,以产生另一组激活,依此类推。对于每一个新的隐藏层,权重都通过迭代反复调整,直至该层能够逼近来自前一层的输入。这是贪婪的、逐层的、无监督的预训练。它不需要使用标签改善网络的权重,这表明可以在无标签的数据集上进行训练,而这些数据没有经过人工处理,这是现实中绝大多数的数据。通常,拥有更多数据可产生更准确的结果。

好的权重初始化以方便以后的任务,因为这些权重早已接近数据的特征,所以在使用深度信念网络进行以后的任务(如图像分类)时,后续的监督学习阶段可以更简单地学习。从某种程度上,它们完成了某种类似于反向传播的功能，能够很好地调整权重，以对数据进行更好的建模。

8.2.3　RBM 训练

给定一个 N 维的随机向量 $\boldsymbol{X}=(x_1,x_2,\cdots,x_n)$，直接求取 $\boldsymbol{X}$ 的联合分布 $p(x_1,x_2,\cdots,x_N)$ 非常困难，但在给定其他分量时，求得第 k 个分量的条件分布 $p(x_k|x_{k-})$，其中 $x_{k-}=(x_1,x_2,\cdots,x_{k-1},x_{k+1},\cdots,x_N)$ 是排除 X_k 的其他 X_{N-1} 维的随机向量，则可以从 $\boldsymbol{X}$ 的一个任意状态 $[x_1^{(0)},x_2^{(0)},\cdots,x_k^{(0)}]$ 开始，利用条件分布，对各分量依次迭代采样。随着采样次数的增加，随机变量 $[x_1^{(n)},x_2^{(n)},\cdots,x_k^{(n)}]$ 将以几何级数的速度收敛于联合分布 $p(X_1,X_2,\cdots,X_N)$。

1. Gibbs 采样

采样是将一个不太好解决的问题转化为一个可以通过采样解决的问题，用什么方法采样比较好，一般没有固定的解法。常见的采样方法有直接采样、接受-拒绝抽样、重要性抽样等。Gibbs 采样的基本思想是，虽然联合分布难以处理，但能够容易地从每个变量的条件分布中采样。Gibbs 采样过程如下：

给定当前状态：

$\boldsymbol{X}^{(t)}=(x_1^{(t)},\cdots,x_d^{(t)})$

①产生 $x_1^{(t+1)}=\pi(x_1^{(t)}\mid x_2^{(t)},\cdots,x_d^{(t)})$

②产生 $x_2^{(t+1)}=\pi(x_2^{(t)}\mid x_1^{(t)},x_3^{(t)},\cdots,x_{d-1}^{(t)})$

…………

ⓓ产生 $x_d^{(t+1)}=\pi(x_d^{(t)}\mid x_1^{(t)},x_3^{(t)},\cdots,x_d^{(t)})$

对于马尔可夫随机场（Markov random field，DRF）：

$$\pi(x_i\mid x_1,\cdots,x_{i-1},x_{i+1},\cdots,x_d)=\pi(x_i\mid x_{[-i]})=\pi(x_i|x_c)$$

式中，$x_{[-i]}$ 是除 i 之外所有点，x_c 是 i 邻居节点。

Gibbs 采样的目的是获得一个样本 π，不是计算概率，但可以通过其他方法统计概率。

在 RBM 环境中，只需要考虑可见层和隐藏层的状态，所以整个采样其实考虑的情况是：先从输入得到当前层的结果，相当于得到了当前层的总概率（此时已经更新了当前层）再将当前层得到结果作为输入传入另一层，所以只有四种情况，分别是可见层的计算结果，以可见层计算结果进行采样的隐藏层结果、隐藏层的计算结果和以隐藏层计算结果进行采样的可见层结果。每次更新的时候 Gibbs 采样只会产生两个结果，一种是隐藏层对可见层，另一种是可见层对隐藏层。

重构后的可见层也可以向下传播，被随机选择后去重构原始的输入信号，因为它既是本层的可见层，也是下层的隐藏层，将上述这种反复过程称为 Gibbs 采样。

Gibbs 抽样方法需要知道样本中一个属性在其他所有属性下的条件概率，然后利用这个条件概率来分布产生各个属性的样本值。使用 Gibbs 采样算法具有通用性好的优点，但是由于采样收敛度缓慢，需要很长的时间，因此也限制了其应用。学习 RBM 的任务是求出参数的值，来拟合给定的训练数据。

2. 受限玻尔兹曼机训练过程

Hinton 提出了对比散度（contrastive divergence，CD）快速学习算法。对比散度能够有效地进行 RBM 学习，而且能够避免求取对数似然函数梯度的麻烦，因此在基于 RBM 构建的深度模型中广泛使用。G. Hitton 提出了对比散度的学习算法简述如下：

输入：可见层向量 $\boldsymbol{v}$、隐藏层单元个数 m、学习效率 λ、激励函数 σ。

输出：连接权重矩阵 $\boldsymbol{W}$、可见层的偏置向量 $\boldsymbol{b}$、隐藏层的偏置向量 $\boldsymbol{c}$。

①初始化：连接权重矩阵 $\boldsymbol{W}$、可见层的偏置向量 $\boldsymbol{b}$、隐藏层的偏置向量 $\boldsymbol{c}$ 为较小的随机数。

②for i = 1,2,…,m（对所有隐藏层神经元）

{

计算使隐藏层神经元被开启的概率：$p(h_i = 1 \mid v) = \sigma(c_i + \sum_j \boldsymbol{W}_{ji} v_j)$

从计算出的概率分布 $p(h_i = 1 \mid v)$ 中抽取 $h_i \in \{0,1\}$

}

③for i = 1,2,…,d（对所有可见层神经元）

{

计算 $p(v_i^* = 1 \mid h) = \sigma(b_i + \sum_j \boldsymbol{W}_{ij} h_j)$，重构可见层

从计算出的概率分布 $p(v_i^* = 1 \mid h)$ 中抽取 $v_i^* \in \{0,1\}$

}

④for i = 1,2,…,m（对所有隐藏层神经元）

{

计算 $p(h_i^* = 1 \mid v^*) = \sigma(c_i + \sum_j \boldsymbol{W}_{ji} v_j^*)$

}

⑤更新各个参数值

$$\boldsymbol{W} \leftarrow \boldsymbol{W} + \lambda [p(h = 1 \mid v) v^{\mathrm{T}} - p(h^* = 1 \mid v^*)] v^{*\mathrm{T}}$$

$$\boldsymbol{b} \leftarrow \boldsymbol{b} + \lambda (v - v^*)$$

$$\boldsymbol{c} \leftarrow \boldsymbol{c} + \lambda [p(h = 1 \mid v) - p(h^* = 1 \mid v^*)]$$

上述算法说明：

● 多次进行上述训练后，隐藏层不仅能较精确地显示可见层的特征，同时还能够还原可见层，这是训练结束的条件。如果隐藏层神经元数量小于可见层，则将产生数据压缩的效果，类似于自编码器。

● 用多次循环可充分训练每一个 RBM，多训练几次隐藏层即可精准地显示可见层的特征且能够还原可见层。

● RBM 的 wake-sleep 方法，在 wake 步骤，因为在 RBM 中，可见节点和隐藏节点都是相互独立的，因此 RBM 的 wake 步骤可以直接计算，不需要采样；在 sleep 步骤，仍然需要采样，但是有更加结构化的 Gibbs 采样方法，利用可见节点数据采样隐藏节点；利用采样出来的隐藏节点，来采样隐藏节点。每个采样步骤都可以并行。

例 8-2 使用 RBM 的过程。

假设已经得到一个训练好的 RBM，隐藏神经元（简称隐元）和可见神经元（简称显元）之间的权重矩阵 $\boldsymbol{W}$ 如下：

$$\boldsymbol{W} = \begin{pmatrix} w_{1,1} & w_{2,1} & \cdots & w_{M,1} \\ w_{1,2} & w_{2,2} & \cdots & w_{M,2} \\ \vdots & \vdots & & \vdots \\ w_{I,N} & w_{2,N} & \cdots & w_{M,N} \end{pmatrix}$$

M 代表显元个数，N 代表隐元个数。

当将新来的数据赋给可见层后，RBM 依照权值 $\boldsymbol{W}$ 决定开启或关闭隐元，具体操作如下：

①（并行）计算出每个隐元的激励值。

②将每个隐元的激励值用 S 形函数进行标准化，变成它们处于开启状态（用 1 表示）的概率值。

③由此得到每个隐元的开启和关闭概率，此时将开启的概率与从一个[0,1]均匀分布中的随机抽取值进行比较，决定每个神经元开启或者关闭的概率。

④给定隐藏层，可见层的计算概率是一样的。

这时就要进行训练 RBM，实际上是求一个最能产生训练样本的概率分布。

8.3　DBN 的结构与构建

DBN 既可以用于非监督学习，类似于一个自编码器，也可以用于监督学习，作为分类器使用。从非监督学习来看，其目的是尽可能地保留原始特征的特点，同时降低特征的维度。从监督学习来看，其目的在于使得分类错误率尽可能小。而不论是监督学习还是非监督学习，其本质都是特征学习的过程，是为了得到更好的特征表达。

8.3.1　DBN 的结构

belief 是信念的意思，这个信念其实说的就是概率，概率越大，说明答案越准确。信念认为是事实或者必将成为事实，是对事物的判断、观点或看法。因为对事实或者将成为事实的事物非常有信心。

DBN 由若干层神经元构成，RBM 是 DBN 的构建子块。在 DBN 中，相邻两层为一个 RBM，每个 RBM 层以上一个 RBM 层的输出(h)为下一层的输入(v)，并向下一层 RBM 提供输入(v)。像堆积木一样一层层叠加上去，构成了图 8-10 所示的深度学习模型 DBN。

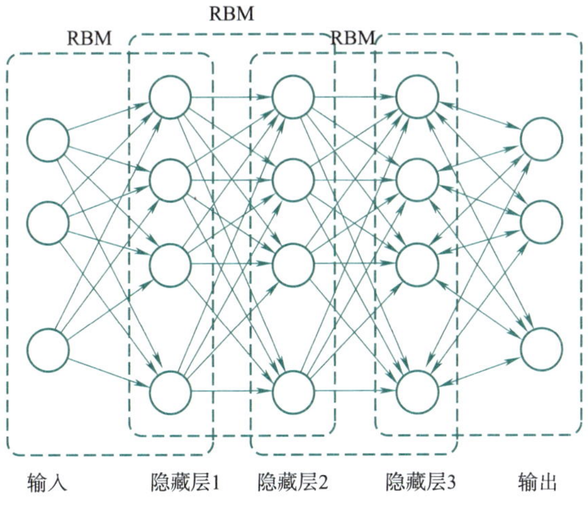

图 8-10　深度信念网络

DBN 中的神经元又分为可见神经元和隐藏神经元（以下简称显元和隐元）。显元用于接受输入，隐元用于提取特征，隐元又称特征检测器。最低层代表了数据向量，每一个神经元代表数据向量的一维。DBN 是一种概率有向图模型，其图结构由多层节点构成。每层节点的内部没有连接，相邻两层的节点之间为全连接。网络的最低层为可观测的变量，其他层节点都为隐变量。最顶部的两层间的连接是无向的，其他层之间的连接是有向的。

8.3.2 DBN 的构建

构建 DBN 的方法是将其作为 RBM 的分层集合。这些 RMB 的功能是作为自编码器，每个隐藏层作为下一个可见层。DBN 将为训练前阶段提供多层 RBM，然后为微调阶段提供一个前馈网络。训练的第一步是从可见单元中学习一层特性。下一步是从以前训练过的特性中获取激活，并使它们成为新的可见单元。然后重复这个过程，这样就可以在第二个隐藏层中学习更多的特性。然后对所有隐藏层继续执行该过程。

网络前向运算时，输入数据从低层 RBM 输入网络，逐层向前运算，得到网络输出。网络训练过程，不同于传统的人工神经网络，分为预训练和全局微调两个阶段。

预训练阶段，从低层开始，每个 RBM 单独训练，以最小化 RBM 的网络能量为训练目标。低层 RBM 训练完成后，其隐藏层输出作为高层 RBM 的输入，继续训练高层 RBM。依此类推，逐层训练，直至所有 RBM 训练完成。预训练阶段只使用了输入数据，没有使用数据标签，属于无监督学习。

全局微调阶段，以训练好的 RBM 之间的权重和偏置作为深度信念网络的初始权重和偏置，以数据的标签作为监督信号来计算网络误差，利用 BP 算法计算各层误差，完成各层权重和偏置的调节。

如图 8-11 所示。可将若干个 RBM 串联起来构成一个 DBN，其中，前一个 RBM 的隐藏层为后一个 RBM 的可见层，前一个 RBM 的输出即为后一个 RBM 的输入。DBN 网络结构是由若干层 RBM 和一层 BP 神经网组成的一种深层神经网络。

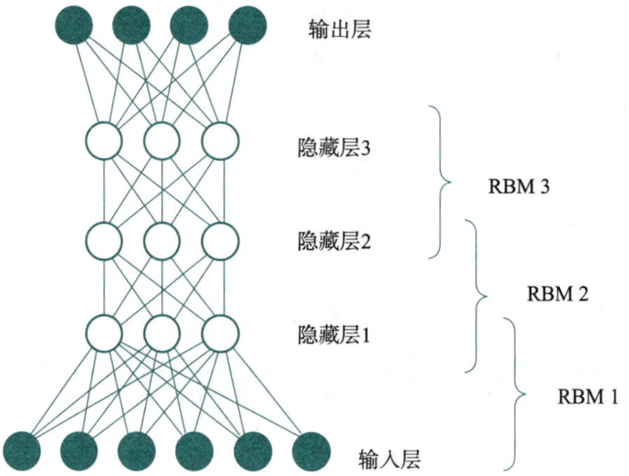

图 8-11　RBM 串联构成 DBN

8.4 DBN 训练

DBN 在训练时，采用了逐层无监督的方法来学习参数。DBN 的训练过程是逐层训练，就是训练好一个 RBM，将这个隐藏层作为下一个 RBM 的可见层，训练好第二个，如此循环，一直训练好整个网络；如图 8-12 所示，首先将数据向量 $\boldsymbol{x}$ 和第一层隐藏层作为一个 RBM，训练出这个 RBM 的参数（连接 $\boldsymbol{x}$ 和 $\boldsymbol{h}_1$ 的权重，$\boldsymbol{x}$ 和 $\boldsymbol{h}_1$ 各个节点的偏置等），然后固定这个 RBM 的参数，将 $\boldsymbol{h}_1$ 视作可见向量，

将 h_2 视作隐藏向量，训练第二个 RBM，得到其参数，然后固定这些参数，训练 h_2 和 h_3 构成的 RBM。

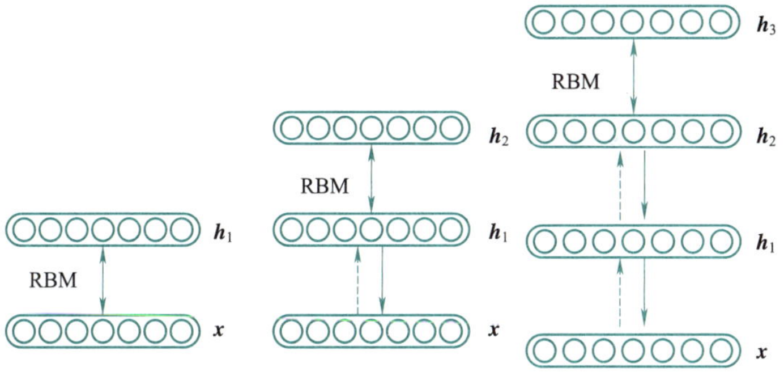

图 8-12　逐层无监督学习参数

多个 RBM 堆叠起来构成 DBN，前一个 RBM 的隐藏层作为下一个 RBM 的可见层，每次训练时，将下层的 RBM 训练好后再训练上层的 RBM，每次训练一层，直至最后。DBN 的训练过程是使用非监督贪婪逐层方法去预训练获得权值。训练 DBN 的过程是逐层进行的。

DBN 类似于一个自编码器，DBN 的本质都是特征学习的过程，也就是得到更好的特征表达。DBN 训练全过程分为预训练和调优两步骤，DBN 更详细的训练过程如图 8-13 所示。

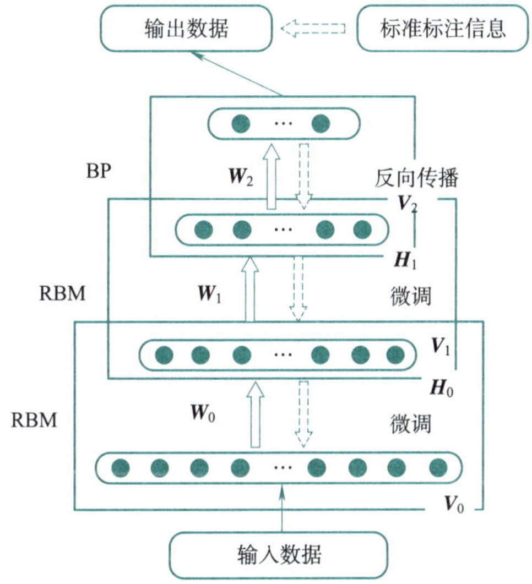

图 8-13　DBN 训练全过程

DBN 在训练模型的过程中主要分为如下两步：

①分别单独无监督地训练每一层 RBM 网络，确保特征向量映射到不同特征空间时，都尽可能多地保留特征信息。

②在 DBN 的最后一层设置 BP 网络，接收 RBM 的输出特征向量作为其输入特征向量，有监督地训练实体关系分类器，而且每一层 RBM 网络只能确保自身层内的权值对该层特征向量映射达到最优，并不是对整个 DBN 的特征向量映射达到最优，所以反向传播网络还将错误信息自顶向下传播至每一层 RBM，微调整个 DBN 网络。

RBM 网络训练模型的过程可以看作对一个深层 BP 网络权值参数的初始化，使 DBN 克服了 BP

网络因随机初始化权值参数而容易陷入局部最优和训练时间长的缺点。

8.4.1 DBN 预训练

使用层次无监督贪婪预训练方法来分层预训练 RBM,将得到的结果作为监督学习训练概率模型的初始值,这样训练过程使得学习性能可以得到很大改善。通过无监督预训练使网络获得高阶抽象特征,并且提供较好的初始权值,将权值限定在对全局训练有利的范围内,使用层与层之间的局部信息进行逐层训练,注重训练数据自身的特性,能够减小对学习目标过拟合的风险,并避免误差累积传递过长的问题。

DBN 可用于特征提取和数据分类等。基于 RBM 的 DBN 由多个 RBM 堆叠而成,其预训练如图 8-14 所示。

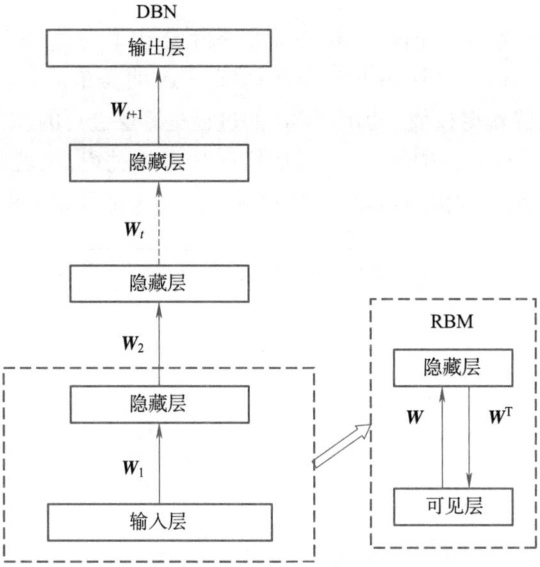

图 8-14 DBN 预训练

预训练是训练中的第 1 步,分别单独无监督地训练每一层 RBM,确保特征向量映射到不同特征空间,都尽可能地保留特征信息;它通过一个非监督贪婪逐层方法预训练获得权重(即不要类标,不断拟合输入,依次逐层)。在这个过程中,数据输入到可见层,生成一个向量 $\boldsymbol{V}$,再通过权值 $\boldsymbol{w}$ 传给隐藏层,得到 $\boldsymbol{h}$,由于隐藏层之间是无连接的,所以可以并行得到隐藏层所有节点值。利用隐藏层激活单元和可见层输入之间的相关性差别,使用能量函数来度量网络的稳定性,优化函数根据能量函数归一化,然后使用最大似然就作为权值更新的主要依据。

对于单层的 RBM 训练,可见层用来接收输入信号,隐藏层用来提取特征,RBM 是通过无监督学习自动找到问题的最佳特征。具体的训练过程如上述的受限玻尔兹曼机训练方法。

DBN 预训练过程如下:

DBN 是由多层 RBM 组成的一个神经网络,它既可以看作一个生成模型,也可以看作一个判别模型(最后一层加 label 进行 BP 算法输出训练)。

其训练过程是,使用非监督贪婪逐层方法预训练获得权值。训练过程如下:

①充分训练第一个 RBM。

②固定第一个 RBM 的权重和偏移量,然后使用其隐藏神经元的状态,作为第二个 RBM 的输入

向量。

③充分训练第二个 RBM 后，将第二个 RBM 堆叠在第一个 RBM 的上方。

④重复以上三个步骤任意多次。

⑤如果训练集中的数据有标签，那么在顶层的 RBM 训练时，这个 RBM 的可见层中除了显性神经元，还需要有代表分类标签的神经元，一起进行训练。

当 DBN 用于 BP 网络分类时，RBM 的训练特点导致训练时间显著减少，因为只需要单个步骤就可以接近最大似然学习。在预训练后，DBN 可以通过利用带标签数据用 BP 算法对判别性能进行调整。一个标签集将被附加到顶层，通过一个自下向上的，学习到的识别权值获得一个网络的分类面。这个性能会比单纯的 BP 算法训练的网络好。这可以很直观地解释，DBN 的 BP 算法只需要对权值参数空间进行一个局部的搜索，这相比前向神经网络来说，训练要快，而且收敛的时间也少。

8.4.2　DBN 调优

每一层 RBM 网络只能确保自身层内的权值对该层特征向量映射达到最优，并不是对整个 DBN 的特征向量映射达到最优，所以反向传播网络还将错误信息自顶向下传播至每一层 RBM，微调整个 DBN 网络。RBM 网络的预训练模型的过程可以看作对一个深层 BP 网络权值参数的初始化，使 DBN 克服 BP 网络因随机初始化权值参数而容易陷入局部最优和训练时间长的缺点。

根据具体的应用领域可以换成任何分类器模型，而不必一定是 BP 网络。

DBN 微调过程如下：

①除了顶层 RBM，其他层 RBM 的权重被分成向上的认知权重和向下的生成权重。

②唤醒阶段：认知过程，通过外界的特征和向上的权重（认知权重）产生每一层的抽象表示（节点状态），并且使用梯度下降修改层间的下行权重（生成权重）。

③沉睡阶段：生成过程，通过顶层表示（醒时学得的概念）和向下权重，生成底层的状态，同时修改层间向上的权重。

这个过程在训练 DBN 时反复进行，提高唤醒和沉睡阶段的交替，使网络逐渐学会更好地表示输入数据，并优化生成和表示过程。

例 8-3　通过示例说明深度信念网络（DBN）的训练过程。假设有一个手写数字识别的任务，使用 MNIST 数据集，这是一个常用的手写数字数据集，包含 0～9 的灰度图像。

1. 预训练阶段

（1）初始化

· 假设设计一个 DBN，包含三个 RBM 层，每层有 500 个隐藏单元。

· 初始化每个 RBM 的权重和偏置为小的随机值。

（2）逐层训练 RBM

训练第一个 RBM（RBM1）：

①输入：原始的 MNIST 图像数据（28 × 28 像素）。

②过程：

· 正向传播：图像数据作为可见层输入，通过权重和偏置传递到隐藏层。

· 重构：从隐藏层生成可见层的重构数据。

· 对比散度（contrastive divergence，CD）算法：使用 CD 算法更新 RBM1 的权重和偏置。

训练第二个 RBM（RBM2）：

①输入：RBM1 的隐藏层输出。

②过程：

·与 RBM1 类似,但输入是 RBM1 的输出。

·训练第三个 RBM(RBM3):

①输入:RBM2 的隐藏层输出。

②过程:与 RBM1 和 RBM2 类似,但输入是 RBM2 的输出。

(3)堆叠 RBM

将训练好的三个 RBM 堆叠起来,形成 DBN。RBM1 的输出作为 RBM2 的输入,RBM2 的输出作为 RBM3 的输入。

2. 微调阶段

(1)添加分类器

在 DBN 的顶部添加一个 Softmax 回归器,用于将 RBM3 的隐藏层输出分类为 0 ~ 9 的数字。

(2)反向传播

使用反向传播算法和梯度下降法微调整个 DBN 的参数。

①输入:原始的图像数据。

②过程:

·正向传播:图像数据通过 DBN 的各层 RBM 传递到 Softmax 回归器。

·计算误差:比较 Softmax 回归器的输出和真实标签之间的差异。

·反向传播:将误差反向传播回网络,更新所有 RBM 和 Softmax 回归器的权重和偏置。

(3)迭代优化

通过多次迭代优化,直到网络的分类准确率达到满意为止。

更具体的操作步骤如下:

(1)预训练 RBM1

①输入:MNIST 图像(28 × 28 像素)。

②训练:使用 CD 算法,迭代更新 RBM1 的权重和偏置。

③输出:RBM1 的隐藏层特征表示。

(2)预训练 RBM2

①输入:RBM1 的隐藏层输出。

②训练:使用 CD 算法,迭代更新 RBM2 的权重和偏置。

③输出:RBM2 的隐藏层特征表示。

(3)预训练 RBM3

①输入:RBM2 的隐藏层输出。

②训练:使用 CD 算法,迭代更新 RBM3 的权重和偏置。

③输出:RBM3 的隐藏层特征表示。

(4)微调 DBN

①输入:MNIST 图像数据集。

②正向传播:图像通过 RBM1、RBM2、RBM3 到达 Softmax 回归器。

③计算误差:比较 Softmax 输出和真实标签。

④反向传播:更新整个网络的权重和偏置。

⑤迭代:重复上述过程,直到网络收敛。

通过这个例子,可以看到 DBN 是如何通过预训练和微调两个阶段来学习数据的深层次特征,并最终用于分类任务的。在实际应用中,根据具体任务和数据集的不同,DBN 的结构和训练过程可能会有所调整。

小　　结

深度信念网络通过训练其神经元间的权重,可以使得整个 DBN 神经网络按照最大概率生成训练数据。除了可以用它来生成数据之外,还可以使用 DBN 神经网络识别特征、分类数据等。深度信念网络是一个概率生成模型,其分层学习机理克服了传统梯度算法在处理深层结构学习所面临的梯度消失问题。本章主要介绍 BM 与 RBM、深度信念网络结构、深度信念网络训练算法等,对其应用也做了简单说明。

思考与练习

1. 简述前馈神经网络的局限性。
2. 玻尔兹曼机的主要特点是什么?
3. 受限玻尔兹曼机主要特点是什么?
4. 形式化描述受限玻尔兹曼机训练算法。
5. 说明 DBN 结构。
6. 用流程图描述 DBN 的训练过程。

第9章 强化学习模型

9

- 强化学习原理
  - 智能体及其特性
  - RL模型与工作过程
  - RL算法分类
- SARSA算法
  - SARSA算法基本原理
  - SARSA算法流程
  - SARSA(λ)算法
- Q-Learning算法
  - Q-Learning算法基本原理
  - Q-Learning算法流程
  - Q-Learning算法与SARSA算法比较
- 策略梯度算法
  - 基于值的RL算法的局限性
  - 基于策略算法
  - 蒙特卡罗策略梯度过程
- Actor-Critic RL算法
  - Actor-Critic RL算法基本原理
  - Actor-Critic RL算法流程
- 深度强化学习模型与算法
  - 深度Q网络算法
  - 深度确定性策略梯度算法
- RL的应用
  - RL应用方法
  - RL应用流程
  - RL应用领域

强化学习（reinforcement learning,RL）又称增强学习,是机器学习的重要学习方式之一。在智能体与环境的交互过程中,是通过学习策略达成回报最大化或者实现特定目标。强化学习的目的是让智能体通过不断的学习,找到解决问题的最好步骤序列。强化学习不同于监督学习和非监督学习,不要求预先给定任何数据,而是通过接收环境对动作的奖罚获得学习信息并更新模型参数,这是强化学习的精髓。

有限理性原理是寻找满意解的理论依据，强化学习可以解释有限理性条件下的平衡态、设计机器人交互系统。一些复杂的强化学习算法在一定程度上具备了解决复杂问题的通用人工智能，是更接近于通用人工智能的范式。

如图 9-1 所示，强化学习与计算机科学、工程、数学、经济学、心理学、神经科学、机器学习、最优控制、运筹学、博弈论、条件反射、奖赏系统等都有内在的联系。强化学习、运筹学、最优控制这些学科都以应用数学、优化、统计为基础，同时为科学工程各方面的应用提供工具。强化学习可以不用模型，直接通过数据进行训练，从而做出接近最优或最优的决策。数据可以来自完美模型、精准仿真器或大数据。强化学习可以处理复杂的问题。

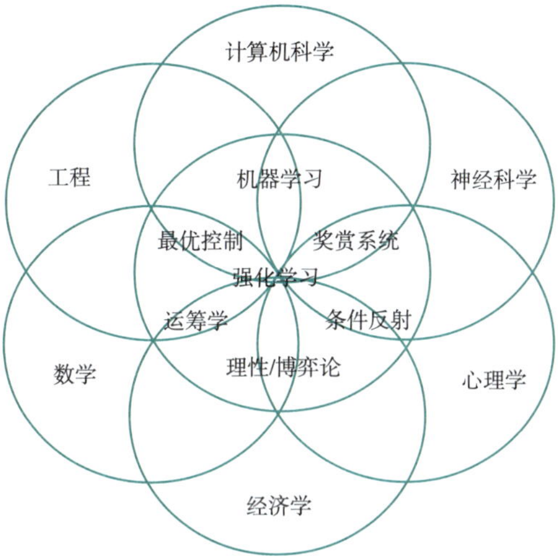

图 9-1　强化学习与各领域的联系

深度学习模型在强化学习中应用形成了深度强化学习（deep reinforcement learning，DRL）。DRL 是一种崭新的机器学习方式，这种方式是深度学习与强化学习的结合，感知能力和决策能力结合涵盖了算法、规则和框架，并广泛应用于智能机器人控制、多智能体、推荐系统、多任务迁移等领域，具有极高的理论与应用价值。

9.1　强化学习原理

强化学习是智能体以试错的方式进行学习，通过与环境交互获得的奖赏来指导动作，其目标是使智能体获得最大的奖赏。

9.1.1　智能体及其特性

1. 智能体

智能体（intelligent agent）是人工智能领域中的一个基本概念，它是指一个能够自主感知其环境并采取行动以实现某种目标的系统。智能体可以是软件程序，也可以是具有智能的物理设备。智能体能够在没有人类直接指导的情况下，通过传感器感知环境信息，通过执行器对环境进行操作，以完成特定的任务或目标。智能体的定义主要包含以下几个关键要素：

①自主性：智能体能够独立运行，根据自身的感知和内部状态来决定行动，而不是完全受外部控制。

②感知能力：智能体通过传感器来获取关于环境的信息，这些信息是智能体做出决策的基础。

③推理与决策能力：智能体拥有一定的推理能力，能够根据感知到的信息以及预设的目标，做出合理的决策。

④学习能力：高级的智能体还具备学习能力，能够从经验中学习，以改进其未来的行为。

⑤交流协作能力：智能体可能需要与其他智能体进行交流协作，以实现更复杂的目标。

⑥适应性：智能体应能够适应环境的变化，调整自身行为以达到预定的目标。

基于不同的角度，提出了多种智能体的定义，常见的有以下几种。

①FIPA（foundation for intelligent physical）是一个致力于智能体技术标准化的组织，它提出的智能体定义是：智能体是驻留于环境中的实体，它可以解释从环境中获得的反映环境中所发生事件的数据，并执行对环境产生影响的行动。在这个定义中，将智能体定义为既可以是硬件（如机器人），也可以是软件。

②Wooldridge 等提出智能体弱定义和智能体强定义两种定义：弱定义智能体是指具有自主性、社会性、反应性和能动性等基本特性的智能体；强定义智能体是指不仅具有弱定义中的基本特性，而且具有移动性、通信能力、理性或其他特性的智能体。

③Franklin 和 Graesser 将智能体描述为一个处于环境之中并且作为这个环境一部分的系统，它随时可以感测环境并且执行相应的动作，逐渐建立自己的活动规划以应对未来可能感测到的环境变化。

④Hayes-Roth 认为智能体能够持续执行三项功能；感知环境中的动态条件；执行动作影响环境条件；进行推理以解释感知信息、求解问题、产生推断和决定动作。

2. 智能体特性

由以上定义可以归纳出智能体的基本特性如下：

①自治性：智能体能根据外界环境的变化，自动地对自己的动作和状态进行调整，而不是仅被动地接受外界的刺激，具有自我管理和自我调节的能力。

②反应性：能够感知环境，并通过动作改变环境，具有对外界的刺激作出自反应的能力。

③主动性：对于外界环境的改变，智能体能主动采取活动的能力。

④社会性：智能体具有与其他智能体或人进行合作的能力，不同的智能体可根据各自的意图与其他智能体进行交互，以达到解决问题的目的。交互需要信息交流，信息交流的方式是相互通信。

9.1.2 RL 模型与工作过程

RL 模型由智能体、状态、动作、奖励和策略等组成。RL 与其他机器学习不同之处是没有教师信号也没有标签数据，只有奖罚信号；反馈有延时，但不是能立即返回；数据是序列数据，数据与数据之间相关，而不是独立无关；智能体当前执行的动作将影响后面的数据。RL 解决的问题是针对一个具体问题得到一个最优的策略，使得在该策略下获得最大的长期回报。智能体与环境的交互主要包括动作、奖励和状态。

1. 智能体与环境的交互过程

为简单起见，可将智能体与环境的交互看作离散的时间序列。具体步骤如下：

①智能体感知到的初始环境状态 s_0，产生一个相应的动作 a_0。

②环境相应改变为新的状态 s_1，并反馈给智能体一个即时奖罚 r_1。

③智能体根据状态 s_1 产生一个动作 a_1，环境相应改变为 s_2，并反馈奖罚 r_2，…，这样的交互可以一直进行下去：$s_0, a_0, s_1, r_1, a_1, \cdots$。

图 9-2 描述了智能体与环境的交互过程。新状态与上一个状态、上一个行为有关。

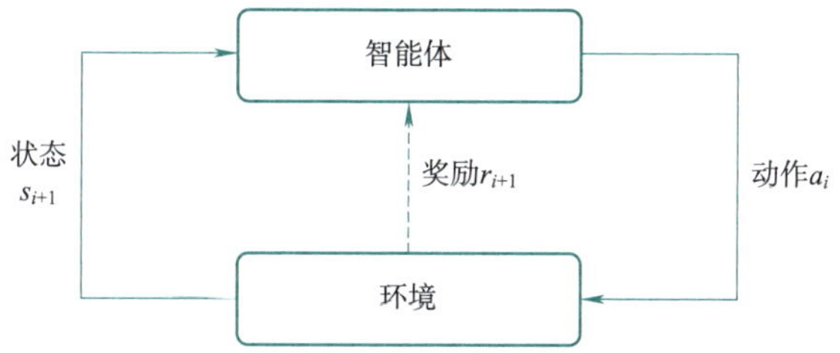

图 9-2 智能体与环境的交互

智能体与环境的交互过程可以看作一个马尔可夫决策过程（Markov decision process，MDP）。在强化学习中，有两个进行交互的对象：智能体和环境。

①智能体：可以感知外界环境的状态（state）和反馈的奖罚（reward），并进行学习和决策。智能体的决策功能是指根据外界环境的状态做出不同的动作（action），而学习功能是指根据外界环境的奖罚来调整策略。

②环境：是智能体外部的所有事物，并受智能体动作的影响而改变其状态，反馈给智能体相应的奖罚。环境将发生改变也就是状态将发生改变。

③奖罚：当状态发生改变时，环境将给予一定的奖罚。

智能体通过不断地尝试发现环境的最大奖罚的动作。动作不仅影响瞬时奖罚，还将影响下一个状态，并由此影响后续的奖罚。

2. RL 的四元组

在交互中学习是 RL 的最大特点。智能体在与环境的交互中，根据获得的奖罚，使之更加适应环境。RL 的范式类似于人类学习知识的过程，也正因为如此，RL 被视为实现强人工智能的重要途径。

$<a, s, r, p>$ 是 RL 中经典的四元组。a 代表的是智能体的所有动作；s 代表智能体所能感知的状态；r 代表奖罚；p 代表环境的状态转移概率。

(1)策略

策略是指智能体在状态 s 时，所要做出动作的选择，用 π 表示策略。策略可以视为在智能体感知到环境后，状态 s 到动作 a 的一个映射。如果策略是随机的，则根据每个动作概率选择动作；如果策略是确定性的，策略则是直接根据状态 s 选择动作。

(2)奖罚信号

奖罚信号定义了智能体的学习目标。智能体每次与环境交互，环境返回信息，告诉智能体动作是好的，还是不好的，可以理解为对智能体的奖罚，智能体与环境交互的序列流如图 9-3 所示。需要注意的是奖罚不等于目标，智能体的目标并非当前奖罚最大值，而是平均累计回报的最大值。

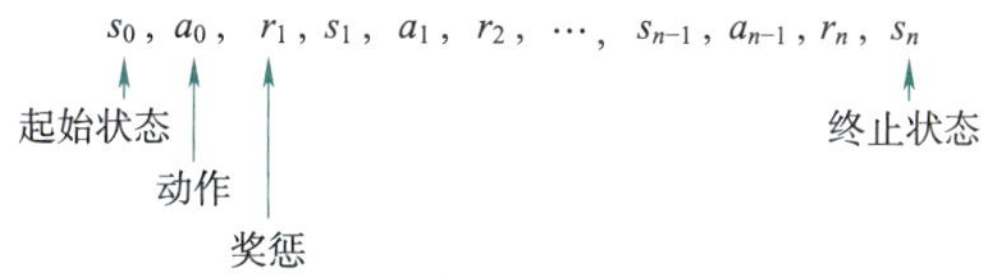

图 9-3 智能体与环境交互的序列流

(3)值函数

值函数分为状态值函数和动作值函数。状态值函数表示在给定状态下,遵循某一策略,从当前状态开始,到最终状态的期望回报。动作值函数表示在给定状态下,采用某一动作后,遵循某一策略,从当前状态和动作开始,到最终状态的期望回报。动作值函数不仅考虑了当前状态,还考虑了在当前状态下采取的特定动作。

(4)状态转移概率

状态转移概率:$p(s_{t+1},r_{t+1} \mid s_t,a_t)$

表示在 t 时刻,处于 s_t 的状态,选择了 a_t 的动作的情况下,转移到 s_{t+1} 状态,并且获得 r_{t+1} 奖罚的概率。

3. 环境描述

在强化学习中,环境是指智能体进行学习和决策的场所。环境通常由一系列状态组成,每个状态都可能对应着不同的奖励和下一步可采取的动作。智能体通过与环境的互动来学习如何在不同状态下选择最优的动作,以达到最大化累积奖励。环境可以是各种各样的,从简单的棋盘游戏到复杂的机器人控制问题,甚至是模拟现实世界的计算机模型。在强化学习的框架中,环境通常被视为一个外部系统,它根据智能体的动作做出反应,并给出奖励信号,而智能体的目标是找到一个最优策略来应对环境的变化。环境主要包括:

①状态空间:所有可能的状态的集合。

②动作空间:对于每个状态,智能体可以采取的所有可能动作的集合。

③转移概率:在当前状态下采取某个动作后,转移到下一个状态的概率 $p(s_{t+1},r_{t+1} \mid s_t,a_t)$,反映了一个环境的随机性:在一个状态下作出的决策可能有多种结果,不同结果存在不同的概率

④奖励函数:根据智能体的动作和状态的改变,环境给出的即时奖励 $r(s_t,a_t)$ 。

智能体在与环境的互动中,通过试错的方式学习,这个过程通常涉及以下几个基本元素:

①策略:智能体用于决策的规则,它定义了在给定状态下应该采取的动作。

②值函数:$v(s_t)$ 表示在 t 时刻的状态 s_t,可以评估状态或状态-动作对的好坏。

③模型:环境的抽象表示,包括状态转移概率和奖励函数。在模型未知的情况下,智能体需要通过探索来学习环境。

强化学习的目标是通过学习一个优化的策略,使得智能体在与环境的互动中能够获得最大的累积奖励。在基于模型情况下,p 函数和 r 函数都为已知,可以根据现有条件作出最优规划。

4. Q 表格

Q 表格表示状态动作价值,是累积的经验,也是获得成功所需要的知识。

例9-1 在某一状态 s 下,可以采取 a 和 b 两个动作。采取 a 动作以后,100% 获得 10 分;采取 b 动作以后,90% 获得 5 分,10% 获得 15 分,则:

$$Q(s,a) = 100\% \times 10 = 10$$

$$Q(s,b) = 90\% \times 5 + 10\% \times 15 = 6$$

在例 9-1 中,之所以知道概率分布,是因为这个 Q 表是训练后的结果。

(1)Q 表中累积知识

Q 表中存储的是学习到的知识积累,所以很自然地在 s 状态下选择 a 的动作,以获得最大的回报。上面的例子仅是一次选择。在实际中,将面对多次选择,需要看的是完成了一系列选择以后,环境给出的最大总回报才是最优路径。因为预估后续的所有收益及其对应概率,都累积到当前状态下

做计算，所以在强化学习中，利用环境给的奖罚反馈非常重要。

(2) Q 表的目标导向型

总收益（又称回报或累积奖励）是指在某个状态下采取一系列动作后，智能体预期可以获得的奖励总和。在强化学习中，目标就是最大化总收益。需要根据总收益，来更新 Q 表。每一步设定的 $Q(s,a)$ 不是仅看当前这一步的收益，需要看未来总收益 G：

$$G = r_1 + r_2 + r_3 + r_4 + \cdots + r_t$$

例 9-2　快速到达目的地的悬崖问题。

在一张地图上，要从起点 S 到达终点 G，每走一步奖罚为 -1（因为希望越快到达越好），掉下悬崖一次奖罚为 -100（所以希望避免发生），并回到起点。到达终点 G 时，游戏结束。

设定奖罚的衰减因子为 γ；

当前时刻 t，可获得的收益预期总计：

$$G_t = r_{t+1} + \gamma r_{t+2} + \gamma^2 r_{t+3} + \cdots$$

γ 是折现因子，其值介于 0 和 1 之间，用于平衡即时奖励和未来奖励的重要性。取 0 代表目光短浅，γ 取 1 代表目光长远。

选择一条路走完之后，就可以知道这条路径上的每一个状态路径的价值。当多次尝试以后，就可以得出更优的选择。而不断地尝试，不断地更新 Q 值表格，由该 Q 值表指导每一步动作。该表格的维度是状态总数、每个状态下的动作总数，初始化时都为 0，智能体与环境的交互就是不断地更新 Q 值表。更新 Q 值表格利用到时序差分更新方法，由于每一次都用下一个状态来更新这一个状态，于是最后累积的奖罚将向前传递，最终影响整个路径。

模型是对真实环境世界的模拟，建模是智能体采样动作后环境的反应。使用模型和规划的方法称为有模型方法，反之是不使用模型，而是通过尝试的学习策略方法称为无模型方法。

9.1.3　RL 算法分类

RL 算法可以分为三大类：基于值、基于策略和基于值-策略复合算法，主要的 RL 算法如图 9-4 所示。

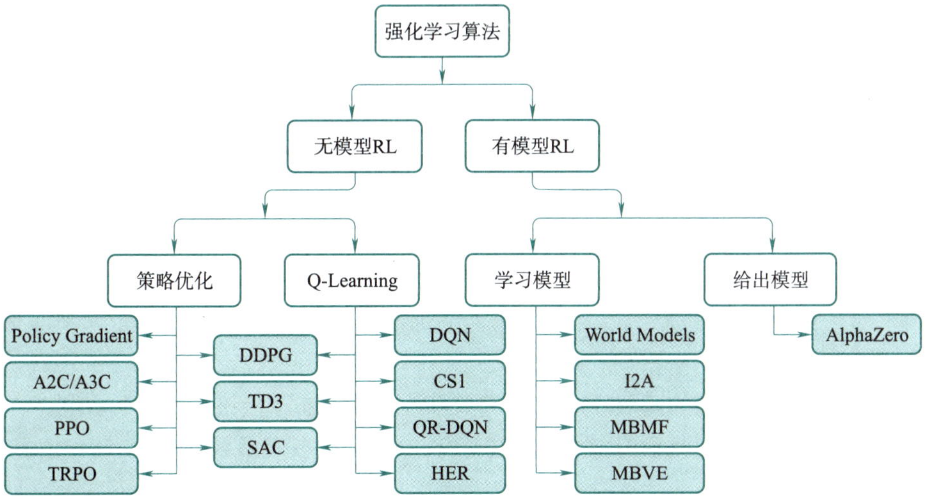

图 9-4　强化学习算法分类

RL 算法分类主要依据如下：

1. 无模型和有模型

无模型算法就是不去学习和理解环境，环境给出什么信息就是什么信息，常见的方法是策略梯度和 Q-learning 算法。有模型是去学习和理解环境，学会用一个模型来模拟环境，通过模拟的环境得到反馈。有模型算法比无模型多了模拟环境环节，通过模拟环境预判接下来将发生的所有情况，然后选择最佳的情况。

有模型的 RL 算法与无模型的 RL 算法的共同点是通过与环境交互获得数据，不同点是利用数据的方式不同。基于模型的 RL 算法利用与环境交互建立的数据学习系统或者环境模型，再基于模型进行序贯决策（用于随机性或不确定性动态系统最优化的决策方法）。无模型的 RL 算法则是直接利用与环境交互获得的数据改善自身的动作。两类方法各有优缺点，基于模型的 RL 算法效率要比无模型的 RL 算法效率更高，因为智能体在探索环境时可以利用模型信息。无模型的 RL 算法不需要建模，所以与基于模型的 RL 算法相比，更具有通用性。

2. 策略与值

基于策略的算法直接输出下一步动作的概率，根据概率选取动作。但不一定选择概率最高的动作，还需要从整体进行考虑，常用的算法有策略梯度算法。基于值的算法输出的是动作的价值，选择值最高的动作。适用于非连续的动作。常见的方法有 Q-learning 和 SARSA 算法。将策略和值两者结合提出了 Actor-Critic（演员-评论家）算法，Actor 根据概率做出动作，Critic 根据动作给出值，从而加速学习过程。

3. 回合更新和单步更新

回合更新的方法是指整个学习过程全部结束后再进行更新，单步更新的方法是指学习过程中的每一步都在更新，不用等到回合全部结束后再进行更新，常见的单步更新方法有 SARSA、Q-Learning 和升级版的策略梯度算法，单步更新的算法效率更高。

4. 在线控制与离线控制

时序差分法的控制问题可以分为两类，一类是在线控制，而另一类是离线控制。在线控制是始终使用一个策略来更新价值函数和选择新的动作，而离线控制则使用两个控制策略，一个策略用于更新价值函数，另一个策略用于选择新的动作。

5. 正向 RL 和逆向 RL

根据回报函数是否已知进行分类。正向 RL 是已知回报函数，寻找策略。而逆向 RL 则是给定一个专家策略后，学习寻找最佳的回报函数，即根据专家实例学习回报函数。

6. 强化学习的要素

①智能体：执行动作并学习优化策略的实体。

② 环境：智能体所处的环境，它提供状态给智能体，并根据智能体的动作给出反馈。

③状态：描述智能体在环境中的具体环境或位置。

④动作：智能体在某个状态下可以采取的行为。

⑤奖励：智能体采取某个动作后，环境给出的立即反馈，通常是一个数值，指导智能体调整其行为。

⑥策略：智能体用于决策的函数或规则，它定义了在给定状态下应该采取哪个动作。

⑦值函数：评估某个状态或状态-动作对的“好坏”，分为状态值函数 $V(s)$ 和动作值函数 $Q(s,a)$。

⑧模型：环境的抽象表示，可以预测环境如何响应智能体的动作。在某些类型的强化学习中，模

型是已知的，而在其他类型（如模型自由强化学习）中，模型是未知的，智能体必须通过探索来学习。

⑨探索-利用权衡：智能体必须决定是利用已知信息来最大化即时奖励，还是探索未知领域以获得更多信息。

9.2　SARSA 算法

目前主流的强化学习求解问题的方法是时序差分法，现在绝大部分强化学习的求解都是以时序差分的思想为基础。时序差分（temporal difference，TD）在线控制算法最常用的是 SARSA 算法，时序差分的离线控制算法最常用的是 Q-Learning 算法。

9.2.1　SARSA 算法基本原理

时序差分法直接从智能体与环境交互的经验中学习，即可以边交互边学习。预测就是在给定强化学习的 5 个要素：状态集 s，动作集 a，即时奖罚 r，衰减因子 γ，给定策略 π 下，求解最优的动作价值函数值 $v(\pi)$。

1. 时序差分

当自变量 x 变到 $x+1$ 时，函数 $y=y(x)$ 的改变量为

$$\Delta y_x = y_{x+1} - y_x \quad x=0,1,2,\cdots$$

将 Δy_x 称为函数 $y(x)$ 在点 x 的一阶差分。

例 9-3　*差分。*

某统计数据的值与计算的差分值见表 9-1。

表 9-1　统计数据的值与差分值

时　间	值	差 分 值
2024/4/2	20	
2024/4/5	60	40
2024/4/6	130	
2024/4/7	150	20
2024/4/8	160	
2024/4/9	150	-10
2024/4/12	130	
2024/4/13	60	-70
2024/4/14	20	
2024/4/15	20	0

一阶差分值是将值的后项减去前项的值。例如值中的前两项之差（60 - 20 = 40）成为差分后的第一项。依此类推，可使得到的值序列趋于平稳。

2. 基于时序差分的 SARSA 算法

SARSA 的名称来源于图 9-5 所示的序列描述：给定一个状态 s，智能体通过动作策略产生一个动作 a，即产生一个状态动作对 (s,a)，环境收到智能体的动作后将返回即时奖罚 r 以及后续状态 s'；智能体在状态 s' 时遵循当前的动作策略产生一个新动作 a'，智能体此时并不执行该动作，而是通过动

作值函数得到后一个状态动作对(s', a')的值,利用这个新的值和即时奖罚 r 来更新前一个状态动作对(s, a)的值。SARSA 算法在单个状态序列内的每一个时间步,在状态 s 下采取一个动作 a 到达新状态 s' 所需要更新状态动作对(s,a)的值 $Q(s,a)$,其中,值函数 Q 是一个表格。

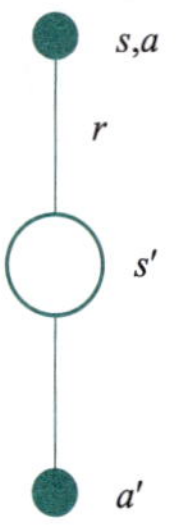

图 9-5 SARSA 算法示意图

SARSA 算法采用的是时序差分单步更新的方式,每一步都更新 Q 值表。Q 值表的更新是 SARSA 算法最核心的部分,它是将 Q 值不断逼近目标值,这个目标值也就是总收益。

(1)问题求解是价值迭代

SARSA 算法的问题求解不需要将环境的状态转化为模型,即 SARSA 是无模型的 RL 算法。它的问题求解是值迭代,即通过值函数的更新来更新当前的策略,再通过新的策略来产生新的状态和即时奖罚,进而更新值函数,周而复始地进行下去,直到值函数和策略都收敛为止。

(2)更新计算

SARSA 算法的目的是学习特定状态下,特定动作的值 Q,最终建立和优化一个 Q 值表,以状态为行,动作为列,根据与环境交互得到的奖罚来更新 Q 值表,更新采用了下式差分计算:

$$Q(s,a)=Q(s,a)+\alpha[r+\gamma Q(s',a')-Q(s,a)]$$

式中,γ 是衰减因子。在训练中为了更好地探索环境,采用 ε-贪婪选择概率来训练,获得输出动作。

(3) ε-贪婪策略

在 ε-贪婪策略中,通常操作如下:

- 以 ε 的概率随机选择一个动作,这个随机选择有助于探索环境,防止算法过早地收敛到一个局部最优解。
- 以 $1-\varepsilon$ 的概率选择当前估计下的最优动作。这意味着在大多数情况下($1-\varepsilon$ 的比例),算法会选择那些根据当前 Q 值估计能带来最大回报的动作。

具体来说,ε-贪婪策略的工作方式如下:

①在每一时间步,首先生成一个[0,1]区间内的随机数。

②如果这个随机数小于 ε,那么就随机选择一个动作(探索)。

③如果这个随机数大于或等于 ε,那么就选择 Q 值最大的动作(利用)。

这里的 Q 值是基于之前的经验对每个状态-动作对的期望回报的估计。选择 Q 值最大的动作通常意味着选择那些看起来最有前途的动作,这是基于当前的知识。

ε-贪婪策略中的 ε 是一个超参数,它控制了探索与利用之间的平衡。如果 ε 很大,那么算法会更多地探索,这有助于发现新的状态和动作。如果 ε 很小,那么算法会更多地利用当前最好的策略,这有助于优化已知的好的策略。在实际应用中,ε 通常会随着时间逐渐减小,这样算法就可以从更多的探索转向更多的利用。

9.2.2 SARSA 算法流程

SARSA 算法流程如下:

①初始化。对于所有状态 s 和动作 a,初始化 $Q(s,a)$ 为任意值(通常是 0)。

- 选择初始状态 s。
- 选择一个小的正数 α 作为学习率。

- 选择一个介于 0 和 1 之间的 ε 作为探索率，用于 ε-贪婪策略。
- 选择一个小于 1 的正数 γ 作为折扣因子。

②对于每个回合（episode）：

- 初始化状态 s。
- 使用 ε-贪婪策略基于 Q 值选择动作 a。
- 初始化时间步长 t 为 0。

③对于每个时间步长 t：

- 执行动作 a，观察奖励 r 和新状态 s'。
- 使用 ε-贪婪策略基于 Q 值从状态 s' 中选择新动作 a'。
- 计算 TD 目标值：
- 如果 s' 是终止状态，则 TD 的目标值为 r。
- 否则，TD 的目标值为 $r + \gamma Q(s',a')$。
- 更新 Q 值：
- $Q(s,a) \leftarrow Q(s,a) + \alpha(R + \gamma Q(s',a') - Q(s,a))$
- 设置 $s \leftarrow s'$ 和 $a \leftarrow a'$，并重复步骤③，直到 s 是终止状态。

④当回合结束时，重复步骤②，直到满足停止条件（例如，达到预定的迭代次数或 Q 值收敛）。

⑤当所有的回合都结束后，算法结束。此时，$Q(s,a)$ 提供了在给定策略下的状态-动作值函数的估计，而最优策略可以通过选择具有最大 Q 值的动作来获得。

SARSA 算法的伪代码形式化描述为：

```
Initialize Q(s,a) arbitrarily
Repeat (for each episode):
    Initialize s
    Choose a from s using policy derived from Q (e.g., ε-greedy)
    Repeat (for each step of episode):
        Take action a ,observe r,s'
        Choose a' from s' using policy derived from Q (e.g.,ε-greedy)
        Q(s,a)←Q(s,a) +a[r +γQ(s',a') -Q(s,a)]
        s←s';a←a';
    until 8 is terminal
```

SARSA 算法解释说明如下：

①TD 代表“时差学习”（temporal difference learning），时差学习算法通过比较连续时间步的预测值来更新预测值。具体来说，TD 目标是由即时奖励和下一个时间步的预测值组成的，这个预测值通常会通过当前的状态-动作值函数来估算。TD 目标的公式通常表示为

$$\text{TD 目标} = R + \gamma Q(S',A')$$

式中，R 是在状态 S 执行动作 A 后得到的即时奖励；γ 是折扣因子，用于权衡即时奖励和未来奖励的重要性；$Q(S',A')$ 是在状态 S' 执行动作 A' 的预测值函数。

②SARSA 算法通过最小化预测值 $Q(S,A)$ 和 TD 目标之间的差异来更新 Q 函数，该过程通过比较连续时间步的预测值来更新状态-动作值函数。在每个回合结束后进行策略评估和更新。具体来说，SARSA 算法在每个时间步都会更新值函数，但通常关注一个完整的回合后来评估算法的性能。

③在每个回合结束后，智能体可以使用整个回合中的所有经验来评估和调整其策略。然后，智

能体开始下一个回合,继续学习和改进其策略。

④保障收敛的措施。

步长 α 一般需要随着迭代的进行逐渐变小,这样才能保证动作价值函数 Q 可以收敛。当 Q 收敛时,ε-贪婪策略也就收敛了。ε 探索率随着迭代的进行逐渐减小。

使用 SARSA 算法在网格中寻路的基本思想是训练一个智能体在给定的网格环境中学习最优路径以到达目标,其过程如下:

①初始化环境:首先定义一个网格环境,其中包含起始点、目标点、障碍物和空白区域。每个格子可以是一个状态。

②定义动作:智能体可以执行的动作通常包括上、下、左、右移动。如果智能体撞到障碍物或网格边界,它将保持在当前状态。

③初始化 Q 表:创建一个 Q 表,其中包含每个状态-动作对的初始 Q 值。通常,这些值被初始化为较小的随机数。

④定义奖励:为每个状态-动作对定义奖励。通常,到达目标状态会得到正奖励,撞到障碍物或走出网格边界会得到负奖励,其他状态移动通常得到 0 奖励。

⑤训练智能体:使用 SARSA 算法训练智能体。在每个时间步,智能体执行以下步骤:

- 根据当前策略(如 ε-贪婪策略)在当前状态选择一个动作。
- 执行动作,观察新的状态和获得的奖励。
- 根据新状态和当前策略选择下一个动作。
- 使用 SARSA 更新规则更新 Q 值:

$$Q(s,a) \leftarrow Q(s,a) + \alpha[r + \gamma * Q(s',a') - Q(s,a)]$$

- 将新状态设置为当前状态,重复上述过程。

⑥探索与利用:在训练过程中,智能体需要平衡探索(尝试未知的动作)和利用(根据已知的 Q 值选择动作)。ε-贪婪策略是一种常用的方法,其中智能体以 ε 的概率随机选择一个动作,以 $1-\varepsilon$ 的概率选择当前 Q 值最高的动作。

⑦停止条件:训练继续进行,直到达到一定的迭代次数,或者 Q 表的变化小于某个阈值,这表明智能体已经学会了网格环境中的最优路径。

⑧测试智能体:在训练完成后,智能体可以使用学到的策略在网格中寻路,不再进行随机探索。

智能体可以使用 SARSA 算法在网格环境中学习如何从任意起始点找到通往目标的最优路径。

例如,一个 9 格子寻路过程,即从左下角到右上角。

在 9 格子问题中,创建一个 3×3 网格,如图 9-6 所示。

1	2	3(G)
4	5	6
7(S)	8	9

图 9-6　3×3 网格

智能体需要从左下角的格子(S)移动到右上角的格子(G)。智能体在每个格子上的移动可以选择上、下、左、右四个方向,但智能体不能移动出网格边界。如果智能体移动到目标格子 G,它将获得 +1 的奖励并结束当前回合。每次移动到非目标格子都会获得 -0.1 的惩罚。现在让我们通过以下步骤来详细说明 SARSA 算法的寻路过程。

(1)环境设置

①网格:一个 3×3 网格,共有 9 个格子,从左上角开始顺时针编号为 1 到 9。

②起点:左下角,编号为 7 的格子。

③终点:右上角,编号为 3 的格子。

④奖励:到达终点获得 +1 的奖励,其他格子每次移动获得 -0.1 的惩罚。

(2)SARSA 算法寻路过程

假设使用 ε-贪婪策略来进行探索和利用。

初始化:

①Q 表初始化为 0,对于每个状态(格子)和可能的动作(上、下、左、右),Q 值都是 0。

②设定 $\varepsilon=0.1$,学习率 $\alpha=0.1$,折扣因子 $\gamma=0.99$。

迭代过程:

①初始状态:智能体位于格子 7。

②选择动作:根据 ε-贪婪策略,以 ε 的概率随机选择动作,或者选择具有最大 Q 值的动作。假设智能体选择向上移动。

③执行动作:智能体从格子 7 移动到格子 4。

④观察奖励和下一个状态:智能体在格子 4,获得 -0.1 的奖励。

⑤选择下一个动作:在格子 4,智能体再次使用 ε-贪婪策略选择动作。假设智能体选择向右移动。

⑥更新 Q 值:使用 SARSA 更新规则。

$$Q(s,a)=Q(s,a)+\alpha[r+\gamma Q(s',a')-Q(s,a)]$$

式中,s 是当前状态(格子 7),a 是执行的动作(上移),s'是下一个状态(格子 4),a'是下一个动作(右移)。

$$Q(7,\text{上})=Q(7,\text{上})+0.1[-0.1+0.99\,Q(4,\text{右})-Q(7,\text{上})]$$

⑦重复步骤③~⑥,直到智能体到达终点。

经过多次迭代,得到最短路径如下:

第 1 步:智能体在格子 7,选择向上移动到格子 4,获得 -0.1 奖励,更新 $Q(7,\text{上})$。

第 2 步:智能体在格子 4,选择向右移动到格子 5,获得 -0.1 奖励,更新 $Q(4,\text{右})$。

第 3 步:智能体在格子 5,选择向上移动到格子 2,获得 -0.1 奖励,更新 $Q(5,\text{上})$。

第 4 步:智能体在格子 2,选择向右移动到格子 3,获得 +1 奖励,更新 $Q(2,\text{右})$。

通过多次迭代,智能体将逐渐学习到最佳策略,即从格子 7 向上移动到格子 4,然后向右移动到格子 5,再向上移动到格子 2,最后向右移动到终点格子 3。

如图 9-7 所示,一个 10×7 的网格,起始位置 S 和一个终止目标位置 G,格子下方的数字表示对应列的风强度。当智能体进入该列的某个格子时,将按图中箭头所示的方向自动移动数字表示的格数,借此来模拟风的作用。格子是有边界的,智能体任意时刻只能处在网格内部的一个格中。智能体并不清楚这个网格世界的构造以及有风,也就是它不知道网格是长方形的,也不知道边界在哪里,也不知道自己移步后下一个格子与之前格子的相对位置关系,当然它也不清楚起始位置和终止目标的具体位置。但是智能体能够记住曾经经过的格子,下次进入这个格子时,它能准确地辨认出这个格子何时是否来过。

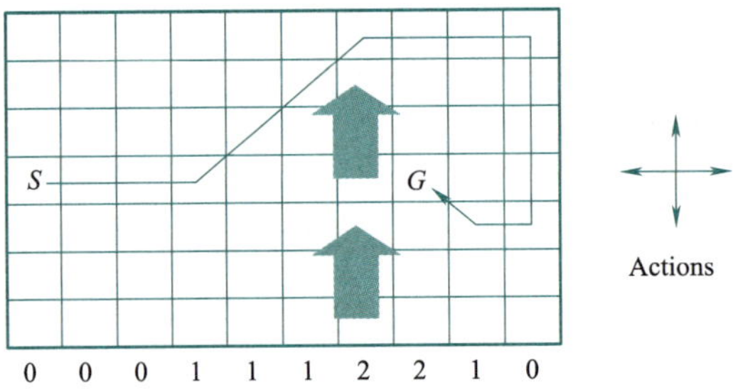

图 9-7 网格

格子移动策略如下：

智能体能尽快地从起始位置到达目标位置的策略如下：由于智能体的每一步移动都将受到风的影响，所以在移动时需要考虑风的影响。

①正常移动情况下，坐标(1,1)向右动作将移动到坐标(1,2)，但如果受到由下向上的风影响，则可能移动到坐标(2,3)。虽然风速场可固定不变，但却是未知的，对于存在影响状态转换的未知因素的模型很难构建，所以使用基于统计方法的 SARSA 算法求解。

②先给出环境设定：四周都是围墙，也就是不可能被风吹出环境之外，即设定跳出网格之外的格子风速场为 0。如图 9-6 所示，从 S 出发，要到达 G，有上、下、左、右四个方向可以走，0、1、2 表示风力，也就是在不同的列将受到风力的影响，导致实际的方向和走的方向将有区别，每移动一步只要不是进入目标位置都给予一个"－1"的惩罚，直到进入目标位置后获得奖罚 0，同时永久停留在该位置。

③要求解的问题是能尽快从起始位置到达目标位置、给出多风的网格的最优策略，箭头指向为处于每个格子中的最优选择，格子(4,1)为起始点，(4,8)为目标点，线段表示最优路线为 15 步。

④S 为起点，G 为终点，每次能前、后、左、右、左前、左后、右前、右后移动。当到达第 4～9 列的某一列时，将在某一状态的基础上向上被风吹移动一格。如某一时刻到达了第 4 行第 4 列，则被风吹移动到第 3 行第 4 列。在第 4 行第 7 列则被风吹移动到第 2 行第 7 列。设每步的奖罚都为 －1，无折扣，更新步长 α 为 0.1，对于所有状态 s 和动作 a，初始值函数 $Q(s,a)=0$，ε-贪婪选择方法的 $\varepsilon=0.1$，求起点到终点的最优路径。

⑤将每个状态标号，从左到右、从上到下为 1～70。从起点 S 状态开始，用 SARSA RL 算法更新每个状态-动作的值函数 Q，选择 ε-贪婪策略，直至到达终点 G。这为一条完整的采样，再循环以上过程 N 次，N 的值可为成千上万，N 越大越接近真实值。最后得到完整的值函数 Q 表，从起点开始，每步选择使 Q 最大的动作，直到终点 G，走过的路径即为最优路径。

9.2.3 SARSA(λ)算法

1. SARSA(λ)算法基本原理

SARSA(λ)算法是一种强化学习算法，它是 SARSA 算法的扩展，属于时序差分学习(temporal difference，TD)方法的范畴。SARSA 算法本身是用于求解最优策略的 on-policy TD 控制算法，而 SARSA(λ)通过引入资格迹，以更加高效的方式来更新价值函数。

SARSA(λ)算法都是在得到奖励后只更新上一步状态和动作对应的 Q 表值，是单步更新算法。但是在得到当前奖励值之前所走的每一步(即一个轨迹)都与最终得到的奖励值有关，所以不应该只更新上一步状态对应的 Q 值，应该更新多步状态对应的 Q 值。于是就有了多步更新算法——

SARSA(n)。对于多步更新的 SARSA 算法用 SARSA(λ) 来表示，其中 λ 的取值范围是 [0,1]，其本质是一个衰减值。资格迹就是指状态、动作和奖励的一个历史序列。

2. SARSA(λ)算法流程

SARSA(λ)算法比 SARSA 算法中多了一个资格迹矩阵 $\boldsymbol{E}$，它用来保存在路径中所经历的每一步，并其值不断地衰减。该矩阵的所有元素在每个回合的开始会初始化为 0，如果状态 s 和动作 a 对应的 $E(S,A)$ 值被访问过，则其值加 1。并且矩阵 $\boldsymbol{E}$ 中所有元素的值在每步后都会进行衰减，这保证了距离获得当前奖励越近的步骤越重要，如果前期智能体在原地打转时，经过多次衰减后其 E 值接近于 0，对应的 Q 值几乎没有更新。

值得注意的是，在更新 $Q(s,a)$ 和 $E(S,A)$ 时，是对全表进行更新，但是因为资格迹矩阵 $\boldsymbol{E}$ 的初始值是 0，只有智能体走过的位置才有值，所以并不是真正地对全表进行更新，而是仅更新获得奖励值之前走过的所有步骤。那些没有走过的步骤因为对应的 $E(s,a)$ 值为 0，所以 $Q(s,a)=Q(s,a)+\alpha\cdot\delta E(s,a)$，保持原值不变。

SARSA(λ)算法流程如下：

1. 初始化参数

对于所有的 $s\in S$ 和 $a\in A(s)$，初始化 $Q(s,a)$，通常可以设为 0；对于所有的 $s\in S$，初始化 $E(s,a)$，也通常设为 0。这里，$Q(s,a)$ 是状态动作值函数，而 $E(s,a)$ 是资格迹。

2. 对于每个回合(episode)执行以下操作

(1) 选择初始状态 s，并基于当前策略选择动作 a。

(2) 重复以下步骤直到达到终止状态：

①根据当前策略，在状态 s 选择动作 a，观察奖励 r 和下一个状态 s'。

②在状态 s' 根据当前策略选择下一个动作 a'。

③更新资格迹：$E(s,a)\leftarrow E(s,a)+1$。

④计算 TD 误差：$\delta\leftarrow r+\gamma Q(s',a')-Q(s,a)$。

⑤更新所有状态动作对的值函数：对于所有的 s、a，执行 $Q(s,a)\leftarrow Q(s,a)+\alpha\delta E(s,a)$。

⑥更新所有状态动作对的资格迹：对于所有的 s、a，执行 $E(s,a)\leftarrow\gamma\lambda E(s,a)$。

⑦$s\leftarrow s'$ 和 $a\leftarrow a'$。

(3) 当回合结束时，重置资格迹：对于所有的 s、a，执行 $E(s,a)\leftarrow 0$。其中，γ 是折扣因子，α 是学习率。

Sarsa(λ)算法的伪代码形式化描述为：

```
Initialize Q (s,a) arbitrarily, for all s ∈ S, a ∈ A(s)
Repeat (for each episode):
    E(s,a) = 0, for all s ∈ S, a ∈ A(s)
    Initialize S, A
    Repeat (for each step of episode):
        Take action A, observe R, S'
        Choose A' from S' using policy derived from Q (e.g., ε-greedy)
        δ←R + γQ(S',A') - Q(S,A)
        E(S,A)←E(S,A) + 1
        For all s ∈ S, a ∈ A(s):
            Q(s,a)←Q(s,a) + αδE(s,a)
            E(s,a)←rλE(s,a)
        S←S'; A←A'
    until S is terminal
```

3. Sarsa(λ)算法的解释说明

(1)矩阵 **E** 的两种更新方式

①累积跟踪:每次走到当前状态,则将当前的矩阵 **E** 的元素值 +1,即

$$\boldsymbol{E}(S,A)=\boldsymbol{E}(S,A)+1$$

②替换跟踪:给矩阵 **E** 的元素值设置上限,使得其所有值在 [0,1] 之间,所以每次更新时先将当前状态所在的行清零,再将对应的 $\boldsymbol{E}(S,A)$ 置 1。

上述第二种更新方式更好,更常用。

(2)SARSA 算法是以单步更新动作准则来更新 Q,每走一步都更新 Q 一次,可用 SARSA(0)表示。因为走完一步直接更新,所以无间隙。SARSA(λ)是基于 SARSA 算法的一种提速算法。

SARSA(λ)的 λ 可以理解为:步衰减值(类似于之前提到的奖罚衰减值 γ)在[0,1]闭区间,它可以了解到距离奖罚越远的步可能并不是最快能拿到奖罚的步。从目标角度来看,离目标越近的步,看得越清楚,越远的步越渺小,因此离奖罚越近的步越重要,越需要更新 Q。

- λ = 0,就是单步更新,为 SARSA 算法。
- λ = 1,就是回合更新。
- 0 < λ < 1,表示距离奖罚越近的步,动作准则更新力度越大。

(3)在 RL 中使用时序差分法求解多步时序差分 TD(λ)的价值函数迭代方法,同样的,SARSA(λ)算法是对应多步时序差分在线控制算法。在 SARSA 算法中,使用一个大表来存储 $Q(s,a)$ 的值,如果状态和动作都达到百万乃至千万级,需要在内存中保存的这张大表超级大,甚至溢出,因此不适合解决规模很大的问题。当然,对于不是特别复杂的问题,使用 SARSA 还是一种好的选择。

例 9-5 以格子世界为例说明 SARSA(λ)算法的工作过程。

假设图 9-8(a)描述的路线是智能体采取 SARSA(λ)算法可得到的一个完整回合的路径。为了更方便解释这个算法的工作过程,约定如下:

- 每一步的即时奖罚为 0,直到终点处即时奖罚为 1;
- 根据算法,除了终点以外的任何状态动作对的 Q 值可以是任意的,但设定所有的 Q 初始值均为 0;
- 该路线是第一次找到终点的路线。

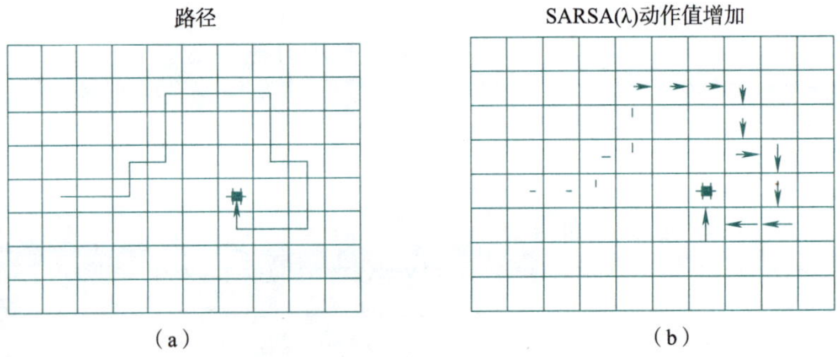

图 9-8 格子世界的 SARSA(λ)算法

SARSA(λ)算法还针对每一回合同时维护一个关于状态-动作对 $<s,A>$ 的 E 表,初始时 E 表值均为 0。当智能体首次在起点 s_0 决定移动一步 A_0(向右)时,环境告知新位置为 s_1,此时发生:首先智能体做一个标记,使 $E<s_0,A_0>$ 的值增加 1,表明智能体经历过这个 $<s_0,A_0>$ 事件;其次估计这个事

件对于解决整个问题的价值，也就是估计 TD 误差，此时依据公式结果为 0，说明智能体在起点处向右走无价值，这个无价值含义如下：

不仅表明在 s_0 处往右走目前对解决问题无积极帮助，而且表明智能体认为所有能够到达 s_0 状态的状态-动作对的价值无任何积极或消极的变化。

随后智能体将要更新该回合中所有已经经历的 $Q<s,a>$ 值，由于存在 E 值，那些在 $<s_0,A_0>$ 之前近期发生或频繁发生的 $<s,A>$ 的 Q 值将改变得比其他 Q 值更明显，此外智能体还要更新其 E 值，以备下次使用。对于刚从起点出发的智能体，这次更新没有使得任何 Q 值发生变化，仅在 $E<s_0,A_0>$ 处有了一个实质的变化。随后的过程类似，对智能体有意义的发现是其对路径有一个记忆，体现在 E 中具体的 Q 值没发生变化。这一情况直到智能体到达终点位置时发生改变。此时智能体得到了一个即时奖罚 1，它将发现这一次变化（从采取向上动作 A_H 到达 S_G）价值明显，它将计算这个 TD 误差为 1，同时告诉整个经历过程中所有 $<s,a>$，根据其与 $<S_H,A_H>$ 的密切关系更新这些状态-动作对的价值 Q。如图 9-7(b) 所示，智能体在这个回合中经历的所有状态-动作对的 Q 值都将得到一个非 0 的更新，但是那些在智能体到达 S_H 之前就近发生以及频繁发生的状态动作对的价值提升更加明显。

SARSA(λ) 算法在状态每发生一次变化后都对整个状态空间和动作空间的 Q 和 E 值进行更新，而事实上在每一个回合中，只有智能体经历过的状态-动作对的 E 才可能不为 0，对该回合涉及的状态-动作对进行更新的原因是：理论上是可以仅对回合中涉及的状态动作对的 E 和 Q 进行更新，不过这要额外维护一个表，而往这个额外的表中添加新的状态-动作对的 E 和 Q 值比更新总的状态-动作空间要烦琐，特别是在早期智能体没有一个较好的策略的时候，需要花费很长时间才能找到终点位置，这在一定程度上反而没有更新状态空间省时。不过随着学习深入、策略得到优化，此表的规模将变小。

9.3　Q-Learning 算法

Q-learning 是一种基于值的无模型 RL 算法，是与 SARSA 相似的另一种算法，即 Q 算法，它是异策略（off-policy）学习算法，它在更新 Q 值时使用的是最优策略，而不是当前策略。这表明 Q 算法在选择动作时可能遵循一个策略，而在更新 Q 值时则考虑另一个策略。

9.3.1　Q-Learning 算法基本原理

1. 行为准则与决策

如果现在处于状态 s_1，有两个行为 a_1、a_2，在 s_1 状态下，a_2 带来的潜在奖励回报要比 a_1 高，所以判断要选择 a_2 作为下一个行为。更新状态为 s_2 后，还是有两个选择，重复上面的过程。在 Q-Learning 算法中，潜在奖励用一个关于 s 和 a 的 Q 表格代替。在 Q 表格中，如果 $Q(s_1,a_1)=-2$ 小于 $Q(s_1,a_2)=1$，可在 Q 表中寻找到 $Q(s_2,a_1)$ 和 $Q(s_2,a_2)$ 的值后，并比较它们的大小，选取比较大的一个。接着根据 a_2 到达 s_3 并在此重复上面的决策过程。

2. Q-Learning 更新

在 Q-Learning 中，行为准则 Q 表是可以通过更新来修改和提升的。回到例 9-5 的流程，根据 Q 表的估计，因为在 s_1 中，a_2 的值比较大，通过决策，在 s_1 采取了 a_2，并到达 s_2，这时开始更新用于决策的 Q 表，但接着并没有在实际中采取任何行为，而是再想象自己在 s_2 上采取了每种行为，分别检测两种行为中最大的一个 Q 值，如果 $Q(s_2,a_2)$ 的值比 $Q(s_2,a_1)$ 的大，可将大的 $Q(s_2,a_2)$ 乘上一个衰减值 γ（如0.9）并加上到达 s_2 时所获取的奖励 R（这里奖励为0），因为会获取实实在在的奖励 R，将这个作为现实中 $Q(s_1,a_2)$ 的值，但是之前是根据 Q 表估计 $Q(s_1,a_2)$ 的值。所以有了现实和估计值，就能更新 $Q(s_1,a_2)$，根据估计与现实的差距，将这个差距乘以一个学习效率 α 累加上老的 $Q(s_1,a_2)$ 的值变成新的值。但是，虽然用 $\max Q(s_2)$ 估算了一下 s_2 的状态，但还没有在 s_2 上做出任何行为，s_2 的行为决策要等到更新完了以后再重新做。这就是无策略的 Q-Learning 是决策和学习优化决策的过程。

3. ε-贪婪选择动作

ε-贪婪选择动作的流程如下：智能体观测到状态 s 时，首先以 $1-\varepsilon$ 的概率在 Q 表中选择 Q 值最大所对应的动作，然后以 ε 的概率随机选择动作。不再使用完全贪婪的算法，而是有一定动作选择的完全随机性，这样就可以保证在迭代次数足够多的情况下 Q 表中的所有动作都会被更新。

例9-6 如果使用 Q-Learning 算法，观看在 s_2 上选取哪一个动作将带来最大的奖罚，但是在真正要做决定时，却不一定选取到那个带来最大奖罚的动作。Q-Learning 在这一步只是估计了一下接下来的动作值，而 SARSA 算法则是在 s_2 这一步估算的动作也是接下来要做的动作。Q-Learning 的 $Q(s_1,a_2)$ 现实的计算值也将改动，去掉最大 Q，取而代之的是在 s_2 选取的 a_2 的 Q 值，求出现实和估计的差距并更新 Q 表中的 $Q(s_1,\mathrm{a}_2)$。

4. Q 表结构

$Q(s,a)$ 是在状态 s 时采取动作 a 之后可以获得的奖罚期望值。$Q(s,a)$ 越大，则智能体采取更好的动作，Q 表的结构见表9-2。

表9-2 Q 表

状态 s	动作 a_1	动作 a_2	动作 a_3
s_1	$Q(s_1,a_1)$	$Q(s_1,a_2)$	$Q(s_1,a_3)$
s_2	$Q(s_2,a_1)$	$Q(s_2,a_2)$	$Q(s_2,a_3)$
s_3	$Q(s_3,a_1)$	$Q(s_3,a_2)$	$Q(s_3,a_3)$
s_4	$Q(s_4,a_1)$	$Q(s_4,a_2)$	$Q(s_4,a_3)$

Q 表可以间接决定智能体的决策，因为 Q 表记录了所有状态和动作的组合情况，例如，智能体在状态 s_2 时，将在状态 s_2 所在的行选取最大的 Q 值所对应的动作。

假设下表是已经更新完成了的 Q 表。

状态	动作 a_1	动作 a_2	动作 a_3
s_1	-1	1	3
s_2	2	0	1
s_3	1	5	7
s_4	5	6	3

智能体根据 Q 表完成决策的过程：当 $t=1$ 时，智能体观测到状态 s_2，于是查找状态 s_2 所在的行，发现 $Q(s_2,a_1)>Q(s_2,a_3)>Q(s_2,a_2)$，因此选择动作 a_1。如此时环境发生变化，智能体观测到环境的状态 s_4，接着查找状态 s_4 所在的行，智能体发现 $Q(s_4,a_2)>Q(s_4,a_1)>Q(s_4,a_3)$，于是智能体采取决策选择动作 a_2。

5. 更新公式

根据以上推导可以对 Q 值进行计算，有了 Q 值就可以进行学习，也就是 Q 表的更新过程，其中

α 为学习率，γ 为奖罚性衰变系数，采用时间差分的方法进行更新。

$$Q(s,a) \leftarrow Q(s,a) + \alpha[r + \gamma \max_{a'} Q(s',a') - Q(s,a)]$$

上式就是 Q-Learning 更新的公式，根据下一个状态 s' 中选取最大的 $Q(s',a')$ 值乘以衰变 γ 加上最大真实回报值为 Q 现实值，而根据过往 Q 表中的 $Q(s,a)$ 作为 Q 估计值。

例 9-7 Q 表：

	a_1	a_2
S_1	−2	−1
S_2	−4	2

$Q(s_1,a_2)$ 现实：$r + \gamma \times \max Q(s_2)$

$Q(s_1,a_2)$ 估计：$Q(s_1,a_2)$

差距 = 现实 − 估计 = $r + \gamma \max Q(s_2) - Q(s_1,a_2)$

新 $Q(s_1,a_2)$ = 老 $Q(s_1,a_2)$ + $\alpha \times$ 差距

= 老 $Q(s_1,a_2)$ + $\alpha \times (r + \gamma \max Q(s_2) - Q(s_1,a_2))$

6. 更新 Q 表的方法

算法开始的时候，需要随机初始化 Q 表，更新 Q 表就是一件非常关键的事情。

首先随机初始化一个 Q 表，然后任意初始化一个状态 s，也可以理解为智能体观测到的环境的状态，根据 Q 表使用 ε-贪婪选择动作选择状态 s 对应的动作 a，因为智能体做出了一个动作，将从环境中获得一个奖罚 r，环境发生变化，智能体又观测到一个新的状态 s'，根据 Q 表在状态 s' 所在的行，查询 Q 表，求得最大值，然后按照公式更新 Q 表。

当 $r + \gamma \max_{a'} Q(s',a') = Q(s,a)$ 时，迭代收敛，也就是 Q 表的更新完成。

9.3.2 Q-Learning 算法流程

SARSA 算法中 Q 表的更新公式为

$$Q(S_t,A_t) \leftarrow Q(S_t,A_t) + \alpha[R_{t+1} + \gamma Q(S_{t+1},A_{t+1}) - Q(S_t,A_t)]$$

式中，$Q(S_{t+1},A_{t+1})$ 是下一时刻的状态和实际采取的行动对应的 Q 值。而在 Q-Learning 中是下一时刻的状态对应的 Q 值的最大值，但是在实际中可能不采用该最大值对应的动作。SARSA 算法和 Q-Learning 算法除了在 Q-target 上有所不同，其他的都一样。

SARSA 是 on-policy 学习方法，因为它始终只有一个策略，使用 ε-贪婪方法选择出 $Q(S_t,A_t)$ 和 $Q(S'_{t+1},A'_{t+1})$。而 Q-Learning 算法是 off-policy 算法，选择 $Q(S_t,A_t)$ 时使用 ε-贪婪方法，而计算 $Q(S',A')$ 时使用了最大值算法，学习和行动分别采用了两套不同的策略。

利用 Q-Learning 算法，可以通过训练，得到一个尽量完美的 Q 表。Q-Learning 算法流程描述如下：

1. 初始化参数

对于所有的 $s \in S$ 和 $a \in A(s)$，初始化 Q 值 $Q(s,a)$ 为任意值（通常设为 0）。可以选择一个小的正数 ε 作为探索率，以及一个折扣因子 γ（通常在 0 和 1 之间）。

2. 对于每个回合执行以下操作

(1) 选择初始状态 s。

(2)重复以下步骤直到达到终止状态：

①使用ε-贪婪策略选择动作a：以概率$1-\varepsilon$选择当前Q值最大的动作，以概率ε随机选择一个动作。

②执行动作a，观察奖励r和下一个状态s'。

③更新Q值：$Q(s,a)\leftarrow Q(s,a)+\alpha(r+\gamma max_{a'}Q(s',a')-Q(s,a))$，其中$\alpha$是学习率。

④$s\leftarrow s'$。

(3)当回合结束时，如果环境不是回合的，可以选择一个随机的非终止状态作为下一个回合的初始状态。

3. 重复步骤2直到Q值收敛到最优策略

Q-Learning算法用伪代码形式化描述为：

```
Initialize Q(s,a) arbitrary
Repeat (for each episode):
    Initialize s
    Repeat (for each step of episode):
        Choose a from s using policy derived from Q (e.g., ε-greedy)
        Take action a,observe r,s'
        Q(s,a)←Q(s,a)+α[r+γmax_a' Q(s',a') -Q(s,a)]
        s←s'
    until is terminal
```

Q-Learning算法说明如下：

①贝尔曼最优性原理可以表述为：一个最优策略具有这样的性质，不论初始状态和初始决策如何，其余的决策必然构成一个最优策略，即一个最优策略的子策略也是最优的。

②Q-Learning的关键更新步骤是Q值的更新公式，它基于贝尔曼最优性原理，目标是在每个状态下最大化未来的期望回报。通过不断更新Q值，Q-Learning最终能够学习到最优的策略，即在每个状态下选择具有最大Q值的动作。

Q-Learning算法的优点是它简单、易于实现，并且不需要环境模型，这使得它适用于许多实际问题。然而，Q-Learning在连续或大型动作空间上可能会遇到困难，因为它需要评估每个动作的Q值。在这种情况下，可以使用函数近似(如神经网络)来近似Q函数，这导致了深度Q网络(DQN)的发展。

③首先从一个回合开始，随机选择(初始化)第一个状态s_1。

进入第1次循环：

基于ε-贪婪策略在状态s_1中选择动作。选择并执行a_1之后，观察下一个状态s_2，并得到s_2的即时回报。此时，立即进行Q函数的更新，更新中的$\max_a Q_k(s_2,a_2)$为直接选择s_2下所有动作中具有最大Q值的动作，这点与SARAS算法不同。

更新完成后，进入第2次循环：

基于ε-贪婪策略选择动作，在状态s_2中选择动作与环境互动(此前在状态s_2时并未采取动作与环境互动)。值得注意的是，在第1次循环中，更新所选取s_2的动作a_2是唯一的(人为强制选择)，即具有最大价值Q的动作$\max_a Q_k(s_2,a_2)$；而循环2中作为需要与环境互动的第2动作a_2，则是基于ε-贪婪选择策略，这点与SARSA算法一致。

④一个回合(episode)是指从初始状态开始，到终止状态为止的一系列动作和状态的序列。一般情况下，一个回合结束后，并不需要重新初始化Q表。Q表是智能体在整个学习过程中逐渐积累

和更新的，它记录了智能体在每个状态下采取不同动作的价值估计。

在一个回合结束后，智能体通常会根据在这个回合中的经历来更新 Q 表。这个过程称为策略评估或策略改进，是强化学习算法中的一部分。智能体通过比较实际获得的回报和之前估计的价值来调整 Q 值，这个过程通常使用 Q 学习算法中的更新规则来完成。

9.3.3　Q-Learning 算法与 SARSA 算法比较

1. Q-Learning 算法

Q-Learning 是强化学习算法中基于值的一种算法，Q 即为 $Q(s,a)$ 就是在某一时刻的 s 状态下 $(s\in S)$，采取动作 $a(a\in A)$ 能够获得收益的期望，环境根据智能体的动作反馈相应的奖励值 r，所以算法的主要思想就是将状态与作用构建成一张 Q 表来存储 Q 值，然后根据 Q 值选取能够获得最大收益的动作。

更简单的理解就是基于状态 s 利用贪婪选择出动作 a，然后执行动作 a，得出下一状态 s' 以及奖励值 r

$$Q(s,a)\leftarrow Q(s,a)+\alpha[r+\gamma\max_{a'}Q(s',a')-Q(s,a)]$$

式中，s 代表当前状态；a 表示当前的行为；α 是学习率；r 是奖励值；a' 表示当前可选行为集；γ 是折扣率，也就是当前奖励的价值权重。

2. SARSA 算法

SARSA 算法和 Q-Learning 算法一样，都是采用 Q 表的方式进行决策，在 Q 表中挑选值比较大的动作实施在环境中来换取奖赏。但是更新不同。SARSA 五个字母的含义即 S(当前在状态)，A(当前行为)，R(奖励)，S(下一步状态)，A(下一步行为)，也就是说在进行这一步操作时已经想到当前 s 对应的 a，并且想好了下一个 s' 和 a'。SARSA 的计算如下：

$$Q(s,a)\leftarrow Q(s,a)+\alpha(r+\gamma Q(s',a')-Q(s,a))$$

3. 两种算法特点比较

Q-Learning 算法和 SARSA 算法都是从状态 s 开始，根据当前的 Q 表使用一定的策略（ε-贪婪选择）选择一个 a，然后观测到下一个状态 s'，并再次根据 Q 表选择动作 a'。只不过两者选取 a' 的方法不同。根据算法描述，在选择新状态 s' 的动作 a' 时，Q-Learning 使用贪婪选择，即选取值最大的 a'，此时只是计算出哪个 a' 可以使 $Q(s,a)$ 取到最大值，并没有真正采用这个动作 a'；而 SARSA 则是仍使用 ε-贪婪选择策略，并真正采用了这个动作 a'，如图 9-9 所示。

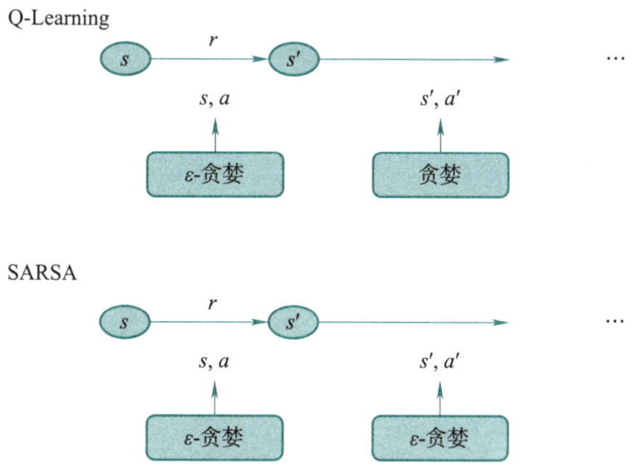

图 9-9　两种算法比较

由于更新方法的不同导致 Q-Learning 是一个贪婪、勇敢的算法,不在乎陷阱,而 SARSA 则是一个保守的算法,对于错误、死亡都十分敏感,不同的场景中应使用不同的算法。

9.4 策略梯度算法

9.4.1 基于值的 RL 算法的局限性

①对连续动作的处理能力不足,建模困难。

②对受限状态下的问题处理能力不足,当使用特征描述状态空间的某个状态时,有可能由于智能体观测或建模的局限,导致真实环境下本来不同的两个状态却在建模后有相同的特征描述,进而无法找到最优解。

③无法解决随机策略问题。基于值算法对应的最优策略通常是确定性策略,因为它是从众多动作价值中选择一个最大价值的动作,但是,某些问题的最优策略为随机策略,无法通过基于值的学习来求解。

9.4.2 基于策略算法

基于值的 RL 算法是根据当前的状态,计算采取每个动作的值,然后根据贪婪或 ε-贪婪选择方式选择动作。但是,基于策略算法不必计算值,省略中间的步骤,直接根据当前的状态输出动作或动作的概率。

在基于策略的算法中,对策略 π_θ近似表示如下:

$$\pi_\theta(s,a)=P(a \mid s,\theta)\approx\pi(a \mid s)$$

式中,θ 为参数,在训练神经网络时,使用最多的就是反向传播法,需要一个误差函数,通过梯度下降来使损失最小。但对于 RL,由于不知道动作的正确与否,只能通过奖罚值判断该动作的相对好坏。如果一个动作得到的奖罚多,那么就使其出现的概率增加,如果一个动作得到的奖罚少,则使其出现的概率减小。根据这个思想构造损失函数:

$$\text{loss}=-\log(\text{prob})\ v_t$$

log(prob)表示如果概率越小,反向的 log(prob)反而越大。v_t表示当前状态 s 下采取动作 a 所能得到的奖罚,是当前的奖罚和未来奖罚值的求和(也就是说策略梯度算法必须完成一个完整的回合才可以进行参数更新,而不是像基于值算法那样,每一个 (s,a,r,s') 都可以进行参数更新)。如果概率很小的情况下,得到了一个大的奖罚,也就是大的 v_t,则损失(loss)更大。

9.4.3 蒙特卡罗策略梯度过程

1. 最简单的策略梯度算法

最简单的策略梯度算法是使用价值函数 $v(s)$ 近似代替策略梯度公式中的 $Q_\pi(s,a)$,算法的流程如下所示:

```
输入:N 个蒙特卡罗完整序列,训练步长α 。
输出:策略函数的参数θ 。
for 每个蒙特卡罗序列:
    (1)用蒙特卡罗法计算序列每个时间位置t 的状态价值v_t。
```

(2)对序列每个时间位置t,使用梯度上升法,更新策略函数的参数θ:

$$\theta = \theta + \alpha \nabla_\theta \log \pi_\theta (s_t, a_t) v_t$$

返回策略函数的参数θ

2. 策略梯度

- 算法输出的是动作概率,而不是Q值。
- 需要一次完整的回合才可进行参数的更新。

强化的目的是策略的优化,希望通过学习能够获得最优策略,策略指的是一个函数,输入一个当前状态,输出一个动作的分布,相当于给智能体指明了一条路线,告诉智能体在这个状态下应该如何行动。显然,希望求得这个最优策略,可对这些算法及算法之间的关系进行大致的分类,主要考虑策略的本质(给定状态进行动作选择),先对策略进行评估,获得遵循该策略全空间的价值函数,之后再根据评估的结果按照贪婪的原则对策略进行修正,直到收敛为止。应说明的是,RL的最终目标并不是完整的环境信息,而是一个优秀的策略,所以策略优化才是最终目标。策略优化算法直接基于策略优化。

蒙特卡罗算法(Monte-Carlo based approach,MC)是一种基于随机采样来估计期望值的算法,在MC算法中利用蒙特卡罗算法采样其实就相当于构建了一个状态转移概率矩阵,状态与状态之间通过采样的形式转移。在已知状态转移概率矩阵时,通过贝尔曼公式可以得到状态-动作价值函数:

$$v_\pi(s) = \sum_a \pi(a|s) Q_\pi(s,a)$$

式中,$v_\pi(s)$为状态值;$Q_\pi(s,a)$为动作值。

基于价值的RL算法首先计算每个状态对应的动作的Q值,再选择Q值最大的动作执行。基于策略的算法是直接计算每个状态对应的动作或者动作的概率。策略梯度算法就是对策略函数进行建模,然后用梯度下降更新网络的参数。但是在RL中并没有实际的损失函数,而策略梯度算法的目的是最大化累计奖罚的期望值,因此将累计奖罚的期望值作为损失函数,使用梯度上升算法进行计算。基于策略算法具有两个基本要素:目标函数和策略优化。

- 目标函数用于衡量选择策略的好坏,目标函数可以采用开始价值和平均价值衡量,价值又可以通过MC或TD采样获得。
- 策略优化的目标是指使得执行策略后,得到目标函数的最大值。目前已有多种优化算法。如果选择梯度下降作为策略优化算法,则通过梯度下降算法优化,使得采用策略能够获得最大的价值。

9.5 Actor-Critic RL 算法

Actor-Critic RL算法吸收了基于价值和基于策略两类RL算法的特点。

9.5.1 Actor-Critic RL 算法基本原理

基于策略算法和基于值算法都是无模型RL的算法,前者是直接学习策略,不学习值函数;后者是学习值函数。随着RL的不断发展,这两类算法在不断交汇融合,出现了既学习价值函数又有学习策略的Actor-Critic算法,推动了RL的发展。三种算法的关系如图9-10所示。

Actor-Critic算法分为两部分,Actor的前身是策略梯度,可以在连续动作空间内选择合适的动作,但因为是基于回合更新,所以学习效率比较低。基于价值的算法完成这些工作时因为空间过大,易产生组合爆炸。这时可以使用基于值算法作为 Critic，可以实现单步更新，Actor 使用策略函数负责生成动作，并与环境交互，形成了两种算法互补的 Actor-Critic。评价者使用价值函数评价演员的表现，并指导演员后续动作。

基于价值和基于策略是 RL 的两种不同学习方式。基于价值需要先学习价值评估，再根据价值选择最优动作。基于策略则是直接学习策略，再按策略选择最优动作。

Actor 基于概率选动作，Critic 基于 Actor 的动作评判动作的得分，Actor 根据 Critic 的评分修改选动作的概率。Actor-Critic 算法的优点是可以进行单步更新，相较于传统的回合更快；Actor-Critic 算法的缺点是 Actor 的动作取决于 Critic 的值，但是因为 Critic 本身很难收敛，与 Actor 一起更新更难收敛。为了解决收敛问题，融合了 DQN 的优势，解决了收敛难的问题。

为了得到尽量高的奖罚，需要一个输入状态和输出动作的策略。可以用神经网络近似这个函数。剩下的任务就是如何训练神经网络得到更高的奖罚，将这个网络称为 Actor（演员）。

因为 Actor 是基于策略的，Critic 是基于值的，所以需要 Critic 来计算出对应 Actor 的 value 反馈给 Actor，告诉它表现如何，这就需要使用到之前的 Q 值。这个 Q 函数也可以用神经网络近似，将这个网络称为 Critic，如图 9-11 所示。

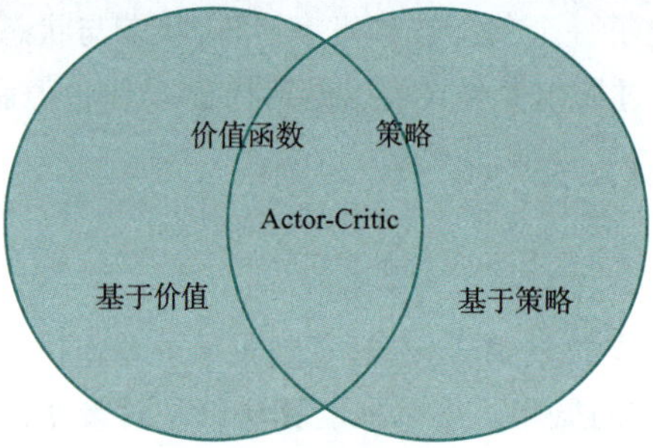

图 9-10　三种算法的关系

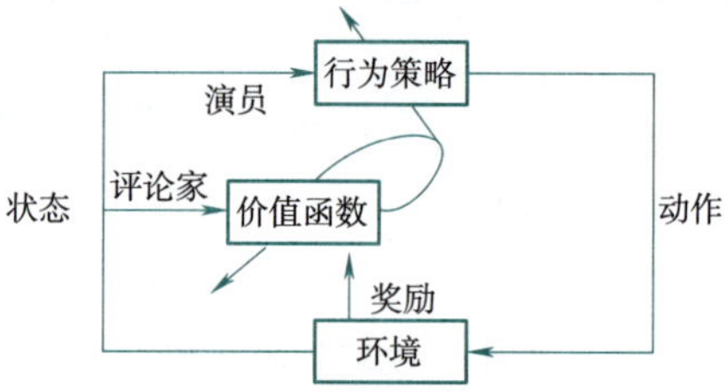

图 9-11　Actor-Critic 算法

策略 $\pi(s)$ 表示了智能体的动作，其输出是单个动作，是选择动作的概率分布，所以一个状态下的所有动作概率之和应当为 1。

$\pi(a \mid s)$ 表示策略。

首先来看 Critic 的策略值函数，即策略 π 的 $V_\pi(s)$ 为：

$$V_\pi(s)=E_\pi[r+\gamma V_\pi(s')]$$

策略的动作值函数如下：

$$Q_\pi(s,a)=R_s^a+\gamma V_\pi(s')$$

此处提出了优势函数 A，优势函数表示在状态 s 下，选择动作 a 如何。如果动作 a 比平均值要好，那么，优势函数就是正的，否则，就是负的。

$$A_\pi(s,a)=Q_\pi(s,a)-V_\pi(s)=r+\gamma V_\pi(s')-V_\pi(s)$$

9.5.2　Actor-Critic RL 算法流程

这里给一个 Actor-Critic 算法的流程总结，评估点基于 TD 误差，Critic 使用神经网络计算 TD 误差并更新网络参数，Actor 也使用神经网络更新网络参数。

算法输入：迭代轮数 T，状态特征维度 n，动作集 A，步长 α、β，衰减因子 γ，探索率 ε，Critic 网络结构和 Actor 网络结构。

算法输出：Actor 网络参数 θ，Critic 网络参数 w。

(1)随机初始化所有的状态和动作对应的价值 Q。

(2)for i from 1 to T，进行迭代。

①初始化 s 为当前状态序列的第一个状态，得到其特征向量 $\phi(s)$。

②在 Actor 网络中使用 $\phi(s)$ 作为输入，输出动作 A，基于动作 A 得到新的状态 s'，反馈 R。

③在 Critic 网络中分别使用 $\phi(s)$、$\phi(s')$ 作为输入，得到 Q 值输出 $V(s)$、$V(s')$ 。

④计算 TD 误差 $\delta = R + \gamma V(s') - V(s)$。

⑤使用均方差损失函数 $\sum (R + \gamma V(s') - V(s,w))^2$ 进行 Critic 网络参数 w 的梯度更新。

⑥更新 Actor 网络参数 θ：

$$\theta = \theta + \alpha \nabla_\theta \log \pi_\theta (s_t, A) \delta$$

对于 Actor 的分值函数 $\nabla_\theta \log \pi_\theta (s_t, A)$，可以选择 Softmax 或者高斯分值函数。

上述 Actor-Critic 算法已经是一个算法框架，但是离实际应用还比较远。主要原因是这里有两个神经网络，都需要梯度更新，而且互相依赖。但是了解这个算法过程后，其他基于 Actor-Critic 的算法就好理解了。

9.6 深度强化学习模型与算法

深度 RL 是人工智能的一种途径，因为它通过探索和接收来自环境的反馈来反映人类的学习。深度学习具有较强的感知能力，但是缺乏一定的决策能力，而 RL 具有决策能力，但对感知问题束手无策。因此，深度强化学习将两者结合起来，优势互补，为复杂系统的感知决策问题提供了一种新的解决算法。

深度强化学习系统是一种端对端的感知与控制系统，具有很强的通用性，其学习过程可以描述为：

①在每个时刻智能体与环境交互得到一个高维度的观察结果，并利用深度学习算法来感知观察结构，并以具体的状态特征表示。

②基于预期回报来评价各动作的价值函数，并通过某种策略将当前状态映射为相应的动作。

③环境对此动作做出反应，并得到下一个观察。

通过不断循环以上过程，最终可以得到实现目标的最优策略。

9.6.1 深度 Q 网络算法

深度 Q 网络算法的基本思路来源于 Q-Learning 算法。但是与 Q-Learning 算法不同的地方是，它的 Q 值的计算不是直接通过状态值 s 和动作来计算，而是通过深度 Q 网络(deep Q-Learning，DQN)来计算的。

经典 QRL 算法和神经网络结合形成 DQN(deep Q network)算法，可以有效地解决 Q 学习算法计算效率低和数据内存受限的问题。DQN 算法是一个基于值的 DRL 算法，主要是目标网络和经验池，结构如图 9-12 所示。DQN 算法的网络结构由目标网络和估计网络组成，这两个网络的结构相同，但参数不同。估计网络具有最新的网络参数，计算当前状态-动作对的价值，并且定期更新目标网络的参数，完成目标 Q 值计算。双网络结构打破了数据之间的相关性，使得 DQN 算法具有更好的泛化性。经验回放部分存储了智能体历史动作信息，打破了经验池中数据相关性和非静态分布问题。

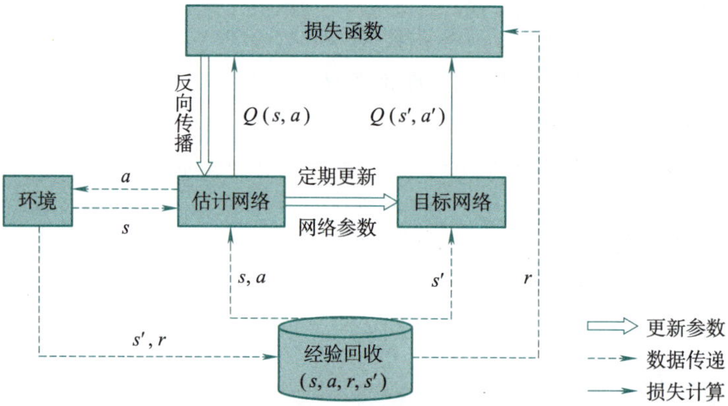

图 9-12　Q 网络结构

DQN 算法的 Q 更新方式为

$$Q(s,a) \leftarrow Q(s,a)+\alpha(r+\gamma \max_{a'} Q(s',a')-Q(s,a))$$

s'和 a'分别表示下一时刻的状态和动作，r 和 γ 分别表示动作奖罚和折扣因子。

DQN 算法的损失函数为

$$L(\theta)=E[(r+\gamma \max_{a'} Q(s',a';\theta)-Q(s,a;\theta))^2]$$

DQN 算法的动作策略为

$$a_t=\arg\max_a Q(\phi(s_t),a;\theta)$$

$\phi(s_t)$表示状态的特征向量，θ 为网络参数。在 DQN 算法的基础上，提出了多种改进算法。

9.6.2　深度确定性策略梯度算法

深度确定性策略梯度算法(deep deterministic policy gradient, DDPG)是一个基于策略的 DRL 算法，其结构如图 9-13 所示。

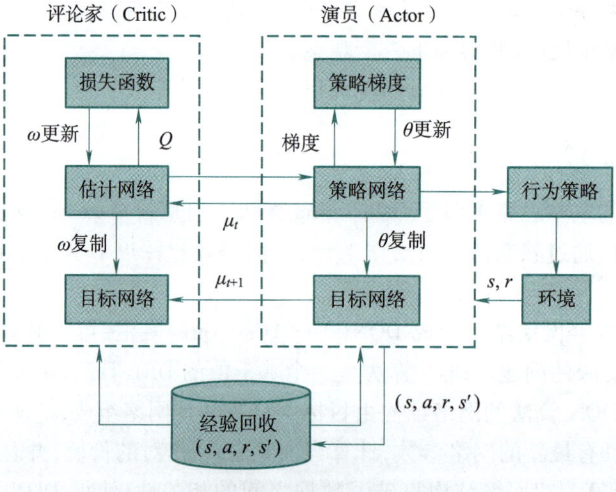

图 9-13　深度确定性策略梯度算法结构

DDPG 算法的网络结构分为评论家模块和演员模块，包含了四个神经网络。评论家模块采用时序差分误差(temporal difference error，TD-error)的方式更新网络参数 ω，并且定期复制 ω 到目标网络。演员模块采用 DPG 算法的方式更新网络参数 θ，并且动作策略根据其策略网络的输出结果选择动作作用于环境。DDPG 算法与 DQN 算法、AC 算法相比具有良好的稳定性，而且能够处理连续动作空间任务。但是 DDPG 算法对超参数的变化很敏感，需要经过长时间的参数微调才能实现较好的算法性能，而且评论家的 Q 函数存在高估 Q 值的问题，将导致动作策略学习不充分而收敛到非最优状态。

在 DDPG 算法的基础上，提出了下述改进算法。

1. 双延迟深度确定性策略梯度算法

DDPG 算法的优化包括三部分：采用双 Q 网络的方式解决了评论家中 Q 函数高估 Q 值的问题；通过延迟演员的策略更新使得演员的训练更加稳定；利用目标策略平滑化的算法在演员的目标网络计算 Q 值的过程中加入噪声，使网络准确且健壮。

2. MA-BDDPG(model-assisted bootstrapped DDPG)算法

将 DDPG 算法中的经验池分为传统经验池和想象经验池，想象经验池数据来自动力学模型生成的随机想象转换。训练前智能体计算当前状态动作序列 Q 值的不确定性。Q 值的不确定性越大，则智能体从想象经验池中采集数据的概率越大。该方法通过扩充训练数据集显著加快了训练速度。

9.7　RL 的应用

RL 算法的应用首先需要明确问题的定义，包括环境、智能体、状态、动作、奖赏等核心元素。如果监督学习更适合需要解决的问题，那么 RL 则不是最好的解决方案。RL 的应用场景是需要一定的资源，包括计算力、大数据等。

9.7.1　RL 应用方法

监督学习一般考虑一次性的问题、关注短期效益、考虑即时回报。RL 考虑问题则具有长远眼光、考虑长期回报。RL 的这种长远眼光对问题找到最优解非常重要。例如，在最短路径问题中，如果只考虑最近邻居节点，则可能无法找到最短路径。计算机科学中任何可以计算的问题，都可以表达成 RL 问题，所以对 RL 寄予厚望。

①成功的 RL 应用一般需要有足够的训练数据，可能来自完美的模型、很接近真实系统的仿真程序或通过与环境交互收集到的大量数据。收集到的数据可以根据问题做相应处理。

②一个模型或好的仿真程序可以产生足够的数据进行训练。如果数据不充足，可以采用动作策略产生的数据学习目标策略。

③特征工程一般需要大量的手工处理并结合很多相关行业知识。随着深度学习兴起的端到端学习模式，手工的特征工程已过时。

④需要考虑 RL 的表征问题，例如，需要什么样的神经网络来表达值函数和策略；是否考虑线性模型；而对于规模并不大的问题，甚至可以考虑表格的方式。

⑤有了数据、特征和表征，需要考虑选取什么算法来计算最优值函数和最优策略。RL 算法可以选择是在线的或离线的、同策略或异策略的、无模型或有模型的等。可根据问题的具体情况，选择几种算法，然后选择性能最好的算法。

9.7.2 RL 应用流程

当训练的 RL 算法性能足够好，就可将它部署到实际系统中，通过监控性能，不断调优算法。可能需要多次迭代前面几步调优系统性能。RL 应用流程如图 9-14 所示。

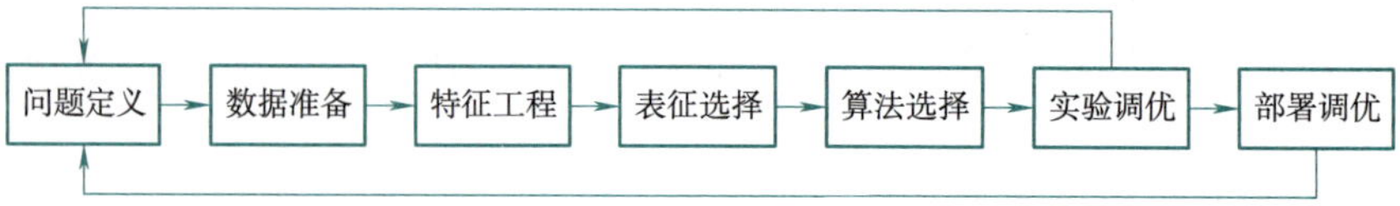

图 9-14 RL 应用流程

①定义 RL 问题。定义环境、智能体、状态、动作、奖赏这些核心元素。

②数据准备，收集数据，预处理。

③特征工程，一般根据领域知识手动生成，也可能以端到端的方式自动产生。

④选择表征方式，主要有深度神经元网络，其他非线性、线性甚至表格等表征方式。

⑤选择算法，根据问题选择几种算法。

⑥实验、调优系统。可能要多次迭代前面几步。

⑦部署、调优系统。可能要多次迭代前面几步。

RL 是学习、预测、决策方法的框架。如果一个问题可以描述成或转化成序列决策问题，可以对状态、动作、奖赏进行定义，那么 RL 可以帮助解决这个问题。

9.7.3 RL 应用领域

RL 已在推荐系统、游戏、计算机系统、健康医疗、教育、金融、机器人、交通、能源、制造等领域与方向广泛应用，如图 9-15 所示。

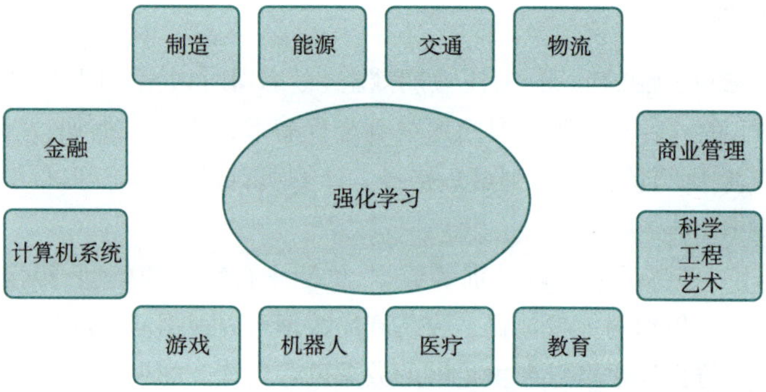

图 9-15 RL 的应用领域及方向

RL 在计算机系统中的各个方向，从底层的芯片设计、硬件系统，到操作系统、编译系统、数据库管理系统等软件系统，到云计算平台、通信网络系统等基础设施、游戏引擎、推荐系统等应用程序，都有广泛的应用。RL 的基本思想是通过最大化智能体从环境中获得的累计奖励值，来学习到完成目标的最优策略。因此 RL 更加侧重于学习解决问题的策略，被认为是迈向强人工强智能的重要途径。

小　　结

RL 是针对序列决策问题通过试错的方式学习最优策略。在每一个时间步骤，智能体接收到一个状态，根据策略选择一个动作，获得奖励，然后根据环境的动态模型转移到下一个状态。在 RL 中，策略就是状态到动作的映射，经验是指状态、动作、奖励、下一个状态系列的数据。RL 的适用范围非常广泛：状态和动作空间可以是离散的或连续的，RL 问题可以是确定性的、随机性的、动态的或者对抗性的。本章主要介绍了 SARSA 算法、SARSA(λ)算法、Q-Learning 算法、策略梯度算法和 Actor-Critic RL 典型算法，通过这些内容的学习，可为强化学习的应用建立基础。

思考与练习

1. 为什么 SARSA 算法是无模型的 RL 算法？
2. SARSA 算法为什么无法求解太复杂的问题？
3. SARSA(λ)算法与 SARSA 算法结构上的主要不同是什么？是由什么原因造成的？
4. Q-Learning 算法与 SARSA(λ)算法的区别是什么？
5. 深度强化学习算法的特点是什么？
6. 写出 SARSA 算法的 Python 描述。
7. 写出 Q-Learning 算法的 Python 描述。

参考文献

[1] 李德毅．人工智能导论[M]．北京:中国科学技术出版社,2018.

[2] 史忠植．神经网络[M]．北京:高等教育出版社,2009.

[3] 周志华．机器学习[M]．北京:清华大学出版社,2016.

[4] 黄理灿．深度学习原理与 TensorFlow 实践[M]．北京:人民邮电出版社,2019.

[5] 高随祥,文新,马艳军,等．深度学习导论与应用实践[M]．北京:清华大学出版社,2020.

[6] 陈明．神经网络模型[M]．大连:大连理工大学出版社,1995.

[7] 陈明．数据科学与大数据技术导论[M]．北京:清华大学出版社,2020.

[8] 陈明．人工智能基础[M]．北京:清华大学出版社,2023.